C语言程序设计
——基于单片机的应用开发

主　编　徐云晴　潘亚宾
副主编　宋　超　杨　骏　梅玉帆
郑　晓（企业）　施　健（企业）

北京理工大学出版社
BEIJING INSTITUTE OF TECHNOLOGY PRESS

内容简介

为贯彻落实党的二十大精神，推进产教融合，优化职业教育类型定位，教材组在“知行合一”理念的引导下创新性地引入工程领域中常用的单片机作为学生学习C语言编程的载体，充分设计基于单片机C语言的工程项目，使学生在开发工程项目的过程中掌握C语言程序设计的基础知识和基本技能，并且把C语言的工程化编程思想融于项目实践中。

本教材共9个基础项目、1个综合项目和7个附录。通过每个基础项目的学习，读者都能完成一个基于单片机应用开发的C语言编程项目。每一个项目都是以单片机开发的完整流程展开，通过C语言编程最终实现单片机功能。同时项目的设计又突出体现了各个项目的学习重点，前后项目既相对独立，又相互联系。项目十通过开发一个实现单片机功能的综合项目融会贯通C语言编程应用。每个项目划分为多个任务，读者在逐个完成一系列的任务后，也就实现了单片机的应用开发。

本教材既适合职业院校相关专业做教材使用，也可作为电子电气工程技术人员自学和参考使用。

图书在版编目（CIP）数据

C语言程序设计：基于单片机的应用开发 / 徐云晴，潘亚宾主编. -- 北京：北京理工大学出版社，2024. 12.

ISBN 978-7-5763-4890-3

Ⅰ. TP312. 8

中国国家版本馆CIP数据核字第2025129VD0号

责任编辑：王培凝　　**文案编辑**：李海燕
责任校对：周瑞红　　**责任印制**：施胜娟

出版发行 / 北京理工大学出版社有限责任公司
社　　址 / 北京市丰台区四合庄路6号
邮　　编 / 100070
电　　话 / （010）68914026（教材售后服务热线）
（010）63726648（课件资源服务热线）
网　　址 / http://www.bitpress.com.cn

版 印 次 / 2024年12月第1版第1次印刷
印　　刷 / 涿州市新华印刷有限公司
开　　本 / 787 mm×1092 mm　1/16
印　　张 / 19.5
字　　数 / 406千字
定　　价 / 88.00元

前言

党的二十大报告强调了数字化、智能化等新技术的发展和应用。其中，C语言作为一种被广泛使用的编程语言，发挥着重要的作用。“C语言程序设计”是电子信息类专业普遍开设的一门专业基础课程，但是在传统的C语言教学中，大量采用强调语法、语言的逻辑性的编程案例。经过多年的教学实践和相关的职业院校的调研，学校普遍反映学生对这样的教学提不起兴趣，C语言教学长期以来成为电子信息类相关专业教学中的堵点。

为贯彻落实党的二十大精神，推进产教融合，优化职业教育类型定位，教材组在“知行合一”理念的引导下创新性地引入工程领域中常用的单片机作为学生学习C语言编程的载体，充分设计基于单片机C语言的工程项目，使学生在开发工程项目的过程中掌握C语言程序设计的基础知识和基本技能，并且把C语言的工程化编程思想融于项目实践中。

本教材共9个基础项目、1个综合项目和7个附录。通过每个基础项目的学习，读者都能完成一个基于单片机应用开发的C语言编程项目。每一个项目都是以单片机开发的完整流程展开，通过C语言编程最终实现单片机功能。同时项目的设计又突出体现了各个项目的学习重点，前后项目既相对独立，又相互联系。项目十通过开发一个实现单片机功能的综合项目融会贯通C语言编程应用。

每个项目划分为多个任务，读者在逐个完成一系列的任务后，也就实现了单片机的应用开发。

本教材每个任务都配备了操作视频，部分图片也提供了彩色电子效果图，读者都可以通过手机扫一扫功能扫描视频二维码或者图片旁边的二维码，预览查看。

1. 项目主旨说明

教材项目	项目名称	项目主旨	内容及要求	建议学时	备注
项目一	制作我的单片机	熟悉硬件平台	认识常见的电子元件； 掌握单片机最小系统； 了解嘉立创EDA软件的使用； 熟悉单片机焊接	8	

续表

教材项目	项目名称	项目主旨	内容及要求	建议学时	备注
项目二	让我的单片机亮起来	创建第一个 C 语言程序	掌握标识符、变量与常量、十六进制、数据类型、赋值、赋值运算、算术运算等 C 语言的基本概念； 掌握单片机的烧录方式	8	
项目三	让我的单片机动起来	顺序结构	掌握三种基本结构的流程图的绘制； 理解 C 语言的顺序结构	8	
项目四	让我的单片机响起来	选择结构	理解 C 语言的选择结构； 掌握 if、if...else、关系运算、逻辑运算	8	
项目五	让我的单片机自动化	循环结构	理解 C 语言的循环结构； 掌握 for、while、do...while、break、continue	8	
项目六	让我的单片机数字化	数组	理解一维数组的概念； 掌握一维数组的定义、初始化、元素引用； ＊认识二维数组	6+4	
项目七	让我的单片机智能化	函数	了解函数的概念； 掌握函数的定义； 掌握函数的参数； 掌握函数的调用方法； 掌握函数的原型声明	8+2	
项目八	让我的单片机炫起来	指针	掌握指针的概念、定义和使用指针变量的方法； 理解指针与数组的关系； 了解指针与数组有关的算术运算； 掌握字符串指针的用法	8	
项目九	让我的单片机功能化	自定义数据类型	掌握结构体的定义及引用方法； 了解结构体数组； 掌握枚举类型的定义及引用方法； 了解联合体类型的定义和使用方法； 了解类型标识符的自定义	10+4	读者可根据自身实际情况适当调整学时数
		总计		72+10	
＊＊项目十	让我的单片机物联化	智能台灯	综合实训	30	

附录项目	附录内容
附录 1	C 语言关键字
附录 2	ASCII
附录 3	运算符
附录 4	Keil C51 常见编译错误
附录 5	原理图和 PCB 图
附录 6	仿真平台 Proteus
附录 7	教材配套资源

续表

说明：	＊为选修模块，其余为必修模块，必修模块 72 学时，选修模块 10 学时。 学时以 40~45 分钟计为 1 学时。 ＊＊根据教学课时安排选修，30 学时。
注：本教材附有配套的实验套装详细资料，便于读者自制。同时实验套装提供单独购买，请联系作者邮箱 pyb789@qq. com。	

2. 项目栏目说明

(1) 项目简介：说明项目主题和项目主旨。

(2) 项目目标：说明本项目包含的学习要点。

(3) 工作任务：说明项目分解的主体模块任务。

3. 任务栏目说明

(1) 任务描述：给出本任务的具体内容，并做任务分解。

(2) 任务目标：说明本任务的学习目标。

(3) 知识准备：对于完成任务时涉及的知识在此进行相对系统的说明，读者可选择性进行学习。

(4) 任务实施：按照任务实施分解的步骤顺序，做详细地操作指导。

(5) 小贴士：任务实施中出现的关键性技术要点给出提示。

(6) 想一想：任务实施中出现的易混淆的技术点提示读者思考归纳。

(7) 任务评价：通过列表形式对实施本任务需达成的学习指标进行评价。

(8) 素养小天地：说明本任务的思政供给。

(9) 思考练习：参考本任务的知识和技能要点，给出读者练习内容（偏理论）。

(10) 任务拓展：通过完成一个完整单片机项目开发使读者回顾本任务的学习重点，并尝试进一步对任务中的深入要求进行探究。

本教材开发团队由校企双方共同构成，其中无锡旅游商贸高等职业技术学校的徐云晴、潘亚宾担任主编，宋超、杨骏、梅玉帆担任副主编，无锡谨研物联科技有限公司郑晓担任副主编，中国移动通信集团江苏有限公司无锡分公司施健担任副主编。其中，梅玉帆编写了项目一，徐云晴编写了项目二并统筹了全稿，宋超编写了项目三，杨骏编写了项目四、项目五和项目六，潘亚宾编写了项目七、项目八、项目九以及附录，郑晓、施健共同编写了项目十。

本教材由常州工程职业技术学院杨小来老师担任主审，在此表示感谢。

编 者

目录

项目一

制作我的单片机——熟悉硬件平台

项目简介

让硬件案例融进枯燥的程序语言学习中，让学生动起手来是提高职业学校课堂效率的好方法，该项目让学生动起来制作“我的单片机”，学生在认识电子元件、熟悉电路图的同时，体验动手完成项目的成就感，提高今后学习 C 语言的兴趣。

项目目标

本项目以制作“我的单片机”为例，让学生了解常用的电子元器件，认识电子元件的外观和功能，在此基础上，读懂单片机工作的电路图，掌握焊接的工具和方法，根据电路图进行焊接，最终制作出一个能运行 C 语言程序的单片机。

在熟悉单片机硬件的学习过程中，深入掌握电子元件的功能和特性，强调精益求精、追求完美的工匠精神；理解单片机原理图的逻辑构造，探索国产 EDA 工具，传承创新精神与民族自信；通过焊接实践，锻炼操作技能和培养安全意识。

工作任务

根据制作“我的单片机”项目要求，基于工作过程，以任务驱动的方式，将项目分成以下三个任务：

（1）认识单片机的电子元件

（2）认识单片机系统的原理图

（3）动手焊接我的单片机

任务一　认识单片机的电子元件

任务描述

通过展示“我的单片机”成品（见图 1-1-1），让学生认识单片机各个电子元件的外观和功能。

图 1-1-1 “我的单片机”成品

任务目标

通过本次任务的学习，使学生理解单片机系统，认识 STC15W4K56S4 主芯片外观和功能，认识数码管、LED、蜂鸣器等，能根据实物说出电容的容量、电阻的大小、元器件的正负极等。

知识准备

1. 51 单片机

51 单片机是对所有兼容 Intel 8031 指令系统的单片机的统称。该系列单片机的始祖是 Intel 的 8004 单片机，后来随着 Flash ROM 技术的发展，8004 单片机取得了长足的进展，成为应用最广泛的 8 位单片机之一，其代表型号是 ATMEL 公司的 AT89 系列，它广泛应用于工业测控系统之中。

2. STC15W4K56S4 芯片

STC15W4K56S4 芯片和引脚图如图 1-1-2 和图 1-1-3 所示，是 STC 公司生产的一种低功耗、高性能 CMOS 8 位微控制器，具有 56K 字节 Flash 程序存储器。STC15W4K56S4 使用经典的 MCS-51 内核，但是做了很多的改进，使芯片具有传统的 51 单片机不具备的功能。在单芯片上，拥有灵巧的 8 位 CPU、可编程的 Flash 系统、SPI 高速同步串行通信接口、高速异步串行通信端口等，使 STC15W4K56S4 为众多嵌入式控制应用系统提供高灵活、超有效的解决方案。

3. 电阻

电阻是所有电子装置中应用最为广泛的一种元件，也是最便宜的电子元件之一，如图 1-1-4 所示。它是一种线性元件，在电路中的主要用途有限流、降压、分压、分流、匹配、负载、阻尼、取样等。

按电阻的制作材料来分，可分为金属膜电阻、碳膜电阻、合成膜电阻等。

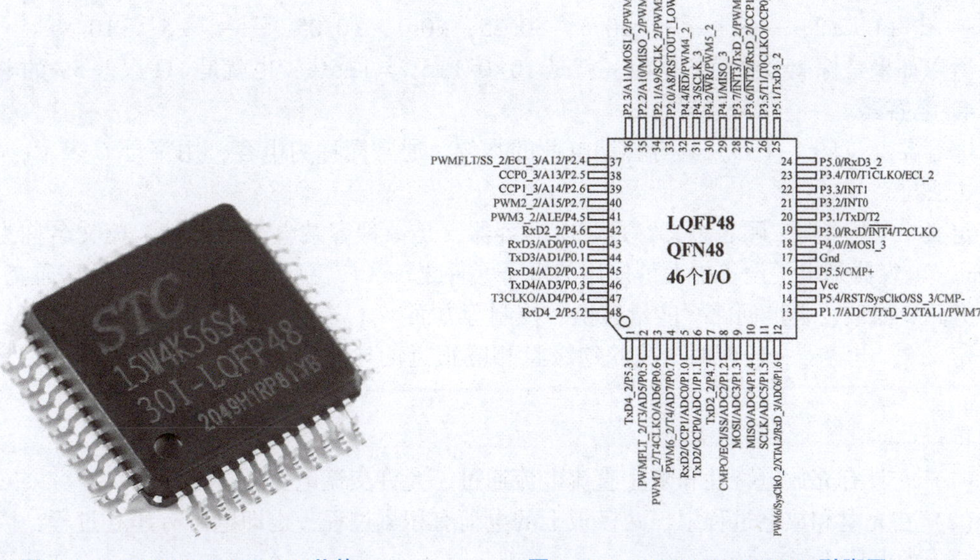

图 1-1-2　STC15W4K56S4 芯片　　　　**图 1-1-3　STC15W4K56S4 引脚图**

按电阻的数值能否变化来分，可分为固定电阻、可变电阻（电阻值变化范围小）、电位器（电阻值变化范围大）等。

按电阻的用途来分，可分为高频电阻、高温电阻、光敏电阻、热敏电阻等。

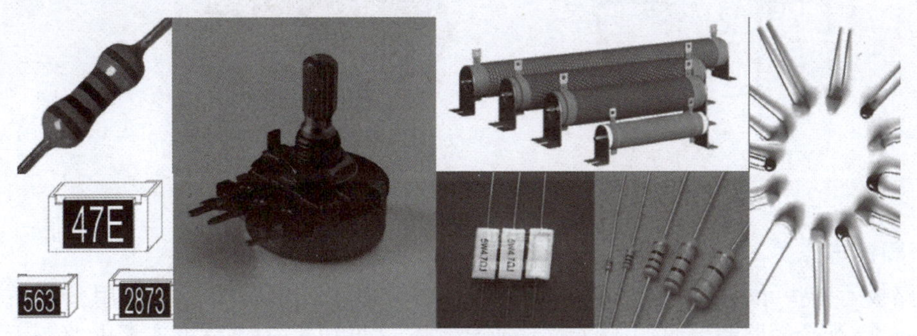

图 1-1-4　各种电阻

在电阻封装上（即电阻表面）涂上一定颜色的色环，来代表这个电阻的阻值。

以常用的四色环电阻为例：

前两个色环正常读数。比如，棕黑金金，棕黑就是 10。

黑，棕，红，橙，黄，绿，蓝，紫，灰，白，金，银

0，1，2，3，4，5，6，7，8，9，± 5%，±10%

倒数第二环，表示 10 的幂数。棕黑金金，倒数第二环的金就是 10 的 -1 次幂，就是 0.1。

黑，棕，红，橙，黄，绿，蓝，紫，灰，白，金，银

0，1，2，3，4，5，6，7，8，9，-1，-2

最后一位，表示误差。棕黑金金，最后一环的金就是±5%。

黑，棕，红，橙，黄，绿，蓝，紫，灰，白，金，银

---，±1，±2，---，---，±0.5，±0.25，±0.1，±0.05，---，±5，±10

所以如果是棕黑金金色的电阻，就是 10×0.1±5%=1±5%，也就是 1Ω 误差 5%的电阻。

4. 电容器

电容器（见图 1-1-5）具有容纳电荷的本领，通常简称为电容，用字母 C 表示，单位为 F（法拉）。

定义 1：电容器，顾名思义，是装电的容器，是一种容纳电荷的器件。英文名称为 capacitor。电容器是电子设备中大量使用的电子元件之一，广泛应用于电路中的隔直通交、耦合、旁路、滤波、调谐回路、能量转换、控制等方面。

定义 2：电容器，任何两个彼此绝缘且相隔很近的导体（包括导线）间都构成一个电容器。

特点：

（1）它具有充放电特性和阻止直流电流通过、允许交流电流通过的能力。

（2）在充电和放电过程中，两极板上的电荷有积累过程，也即电压有建立过程，因此，电容器上的电压不能突变。

图 1-1-5　电容器

5. 插针与开关

电路板上有些元件串联在电路中起着连接各个系统或电路模块的作用，如插针（见图 1-1-6），配合短路帽（见图 1-1-7）或杜邦线（见图 1-1-8）可连接电路板上的各个元件，此外，在电子元件中，还有各类开关（见图 1-1-9）控制电路的连通和断开。

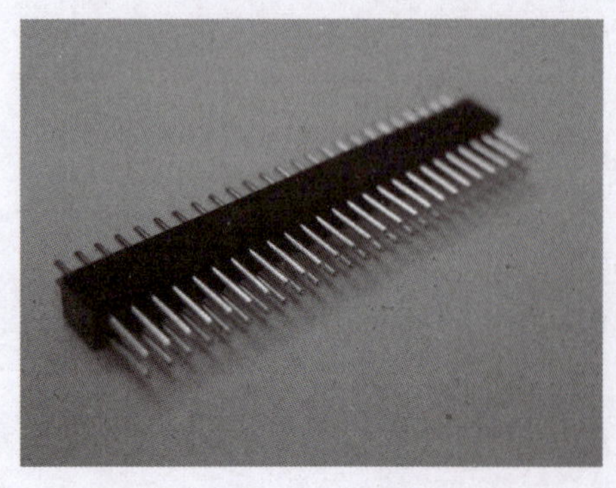

图 1-1-6　插针

图 1-1-7　短路帽

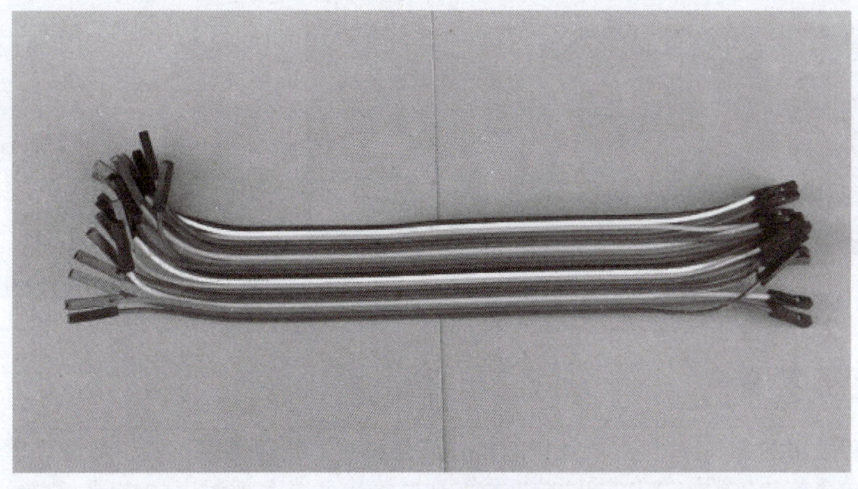

图 1-1-8　杜邦线

图 1-1-9　各类开关

6. 发光二极管

发光二极管（见图 1-1-10）简称为 LED，它由含镓（Ga）、砷（As）、磷（P）、氮（N）等的化合物制成。

图 1-1-10　发光二极管

当电子与空穴复合时，能辐射出可见光，因而可以用来制成发光二极管。在电路及仪器中作为指示灯，或者组成文字或数字显示。砷化镓二极管发红光，磷化镓二极管发绿光，碳化硅二极管发黄光，氮化镓二极管发蓝光。根据化学性质，又分为有机发光二极管 OLED 和无机发光二极管 LED。

LED 被称为第四代光源，具有节能、环保、安全、寿命长、低功耗、低热、高亮度、防水、微型、防震、易调光、光束集中、维护简便等特点，可以广泛应用于各种指示、显示、装饰、背光源、普通照明等领域。

7. 数码管

数码管，如图 1-1-11 所示，是一种可以显示数字和其他信息的电子设备。最常见的是 LED 数码管，由多个发光二极管封装在一起组成，每个数字或符号的笔画（段）对应一个独立的 LED。按发光二极管单元连接方式可分为共阳极数码管和共阴极数码管。通过控制不同 LED 段的亮灭来显示数字或字符。

图 1-1-11　数码管

单片机电子元件的认识

任务实施

本课程采用的 51 单片机由单片机的核心部分及相关外设组成，核心部分是单片机的最小系统，包含单片机的主芯片、电源开关、晶振等，可以实现程序的烧录、执行；外设部分包含 LED 灯、数码管、按钮等元件，负责单片机程序的显示和反馈。

步骤一　认识单片机核心部分的元件

51 单片机核心部分如图 1-1-12 所示，它由 STC15W4K56S4 芯片、电阻、晶振、按钮、开关、电源控制接口等元件组成。核心部分的主要功能是程序烧录、执行、储存等，其中 STC 芯片提供引脚的信号输出，复位按钮和电解电容组成的电路使芯片能恢复到初始状态，开关和电源指示灯等负责显示芯片板的上电情况，电源和烧写通过 Micro USB 连接线连接到电脑实现，如图 1-1-13 所示。

图 1-1-12　51 单片机核心部分

图 1-1-13　Micro USB 连接线

步骤二　认识单片机外设部分的元件

51 单片机外设部分如图 1-1-14 所示，它由按钮、电阻、发光二极管、数码管、蜂鸣器等元件组成。外设部分的主要功能是程序的显示和反馈，类似于计算机组成中的输入/输出设备。外设部分通过插针、杜邦线与核心部分相连。插针位置不同，对应控制的元件不同。

图 1-1-14　51 单片机外设部分

步骤三　连接核心部分和外设部分

图 1-1-15 所示是两个核心部分与外设部分连接并执行程序的例子，图 1-1-15（a）所示是核心部分控制外设中的数码管显示“1”，图 1-1-15（b）所示是核心部分控制外设发光二极管的亮、暗。

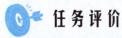

任务评价

序号	一级指标	分值	得分	备注
1	认识 STC15W4K56S4 芯片	20		
2	认识电容、电阻	20		
3	认识核心部分的其他元件	20		
4	说出外设部分插针与电子元件的对应关系	20		
5	正确连接核心部分和外设	10		
6	素养评价（关注细节，精益求精）	10		
合计		100		

(a)

(b)

图 1-1-15　连接核心部分和外设部分

素养小天地

在学习和应用单片机的过程中，要在电子元件的识别、选择和应用上做到准确无误，认识到每个电子元件的选择和连接都可能影响整个系统的稳定性和安全性。在设计和开发过程中，也需要考虑到产品的使用寿命、环境适应性等因素，确保产品的可靠性和安全性。

思考练习

1. 本次任务涉及的 51 单片机的主芯片是__________。
2. STC15W4K56S4 芯片是一种__________、__________ CMOS 8 位微控制器，具有__________字节系统可编程 Flash 存储器。
3. 电容通常用字母__________表示，单位为__________。
4. 电阻在电路中的主要用途有______________________________等。
5. 一个四色环电阻显示橙、棕、金、金，阻值为__________。
6. 一个四色环电阻显示黄、紫、红、银，阻值为__________。
7. 电容在电路中的主要特点有____。
8. 单片机板上的核心部分与外设部分通过__________连接。
9. 简述一下电阻和电容的区别。

10. 单片机板上用到的电子元件有哪些？分别有什么作用？

任务拓展

通过网络寻找一些常见的 51 单片机外设，如液晶、LED 点阵、A/D 转换芯片等，了解其功能以及单片机是如何控制它们的。

在寻找资料过程中，具体思考：

1. 51 单片机芯片各个引脚的功能。
2. 51 单片机芯片是如何控制矩阵按钮的。

任务二　认识单片机系统的原理图

任务描述

电路原理图是学生先修课程“电工电子基础”中的重点内容，本次任务通过对“我的单片机”核心和外设电路的介绍，不仅让学生重温了电子元件原理图相关知识，也使学生认识了单片机系统各部分的电路功能。

任务目标

通过本次任务的学习，使学生温习常见电子元件的标识，认识单片机系统电路，了解一些外设元件如数码管、LED、蜂鸣器的电路原理，学生能利用电路辅助设计软件绘制简单的电路原理图。

知识准备

1. 原理图

图 1-2-1 所示是用来体现电子电路的工作原理的一种电路图，又被叫作“电原理图”。这种图由于能直接体现电子电路结构的工作原理，所以一般用在电路的设计阶段。

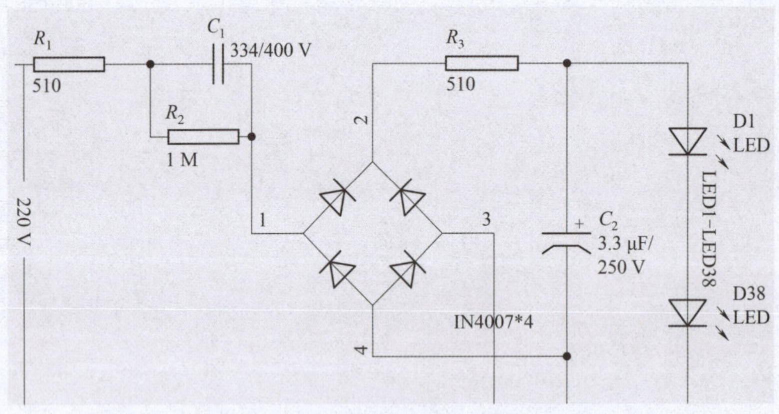

图 1-2-1　LED 节能灯电路原理图（交流降压转直流）

2. 常用的电子元件符号

绘制电路原理图是学习电工电子相关课程的基础环节，以下罗列了一些常见的电子元件符号标识，如图 1-2-2、图 1-2-3 所示。

3. Altium Designer 软件

Altium Designer 是原 Protel 软件开发商 Altium 公司推出的一体化的电子产品开发系统，主要运行在 Windows 操作系统，如图 1-2-4、图 1-2-5 所示。这套软件通过把原理图设计、电路仿真、PCB 绘制编辑、拓扑逻辑自动布线、信号完整性分析和设计输出等技术的完美融合，为设计者提供了全新的设计解决方案，使设计者可以轻松进行设计，熟练使用这一软件使电路设计的质量和效率大大提高。

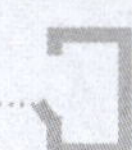

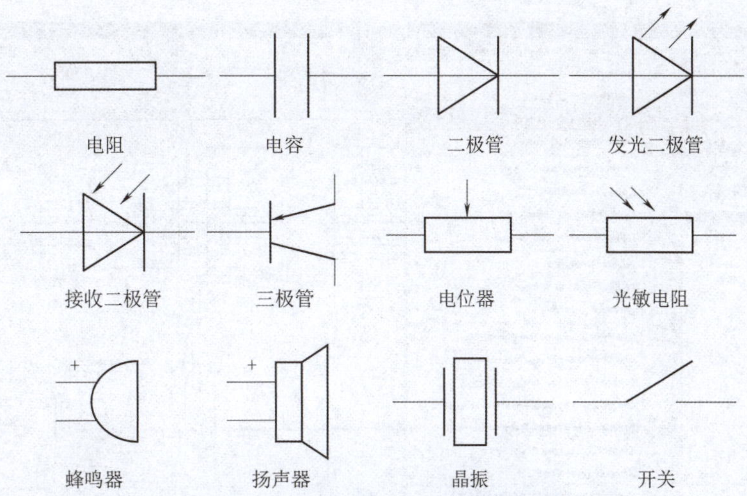

电阻
电容
二极管
发光二极管
接收二极管
三极管
电位器
光敏电阻
+
蜂鸣器
+
扬声器
晶振
开关

图 1-2-2　常见电子元件符号标识一

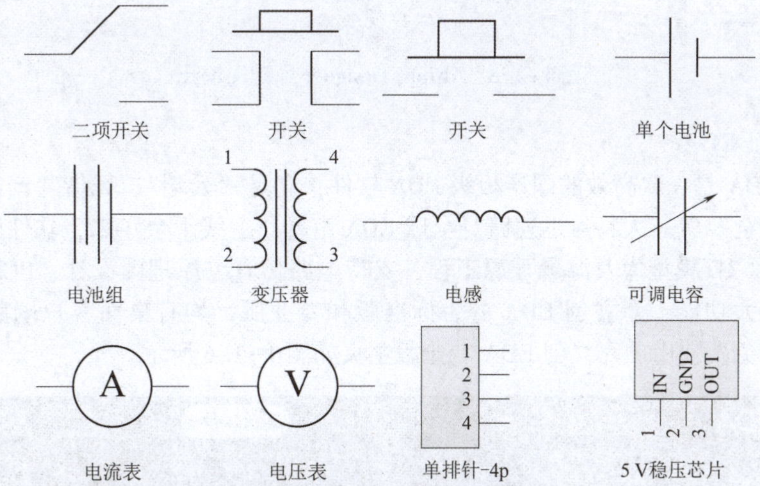

二项开关
开关
开关
单个电池
1
4
2
3
电池组
变压器
电感
可调电容
A
电流表
V
电压表
1
2
3
4
单排针-4p
IN
GND
OUT
1
2
3
5 V稳压芯片

图 1-2-3　常见电子元件符号标识二

Altium
Designer

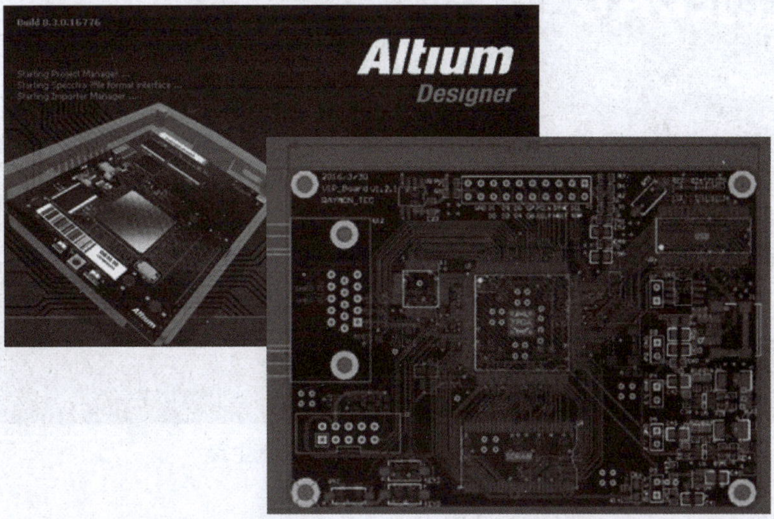

图 1-2-4　Altium Designer 界面及 PCB 板设计

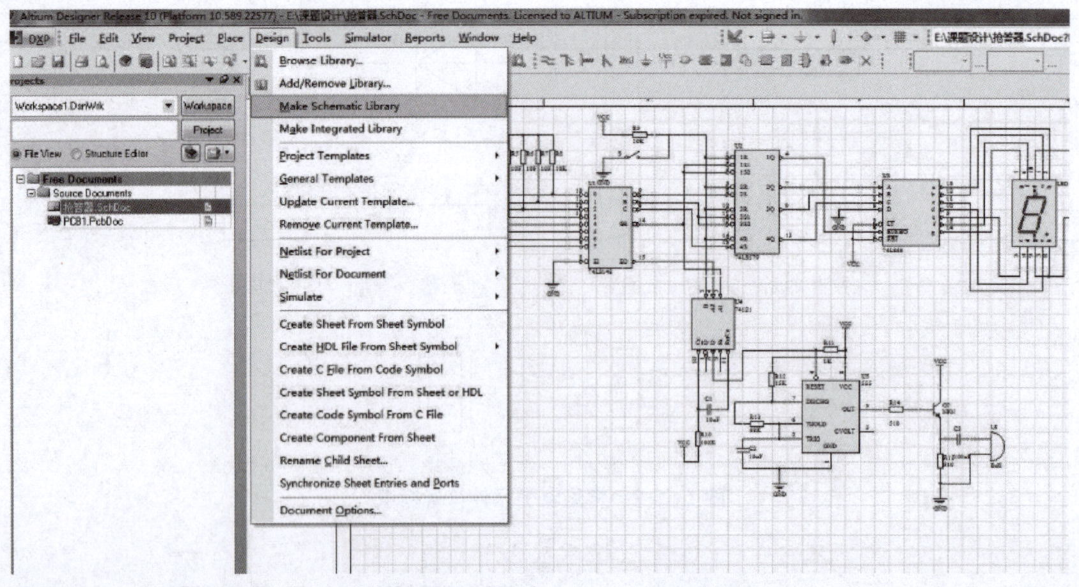

图 1-2-5　Altium Designer 原理图设计

4. 嘉立创 EDA

嘉立创 EDA 是一款高效的国产板级 EDA 软件，立足“云端”，凭借“产权自主、便捷高效、功能齐全”等三大特点迅速跻身全球 EDA 市场。上线十余年来，软件已集成千万封装库、近 60 万 3D 模型库及海量开源工程，支持电路仿真、原理图设计、PCB 设计、面板设计等众多强大功能。嘉立创 EDA 分为标准版和专业版，均有桌面客户端版本以及在线版，供使用者免费使用。嘉立创 EDA 专业版主页如图 1-2-6 所示。

图 1-2-6　嘉立创 EDA 专业版主页

任务实施

绘制 8 路 LED 灯电路图

步骤一　认识单片机的核心部分原理图

单片机核心部分原理图如图 1-2-7 所示，其中 STC15W4K56S4 芯片的六组 46 个功能引脚（P0~P5）分别与六组 8P 的单排针相连，芯片有一个引脚接地、一个引脚连接 VCC；芯片 RST（P5.4）信号引脚连接到复位电路，复位电路中由开关、10K 的接地电阻组成；芯片的 XTAL1、XTAL2（P1.6、P1.7）引脚与外部晶振电路相连，外部晶振电路包括两个 47pF 的电容以及一个外部晶振。

值得注意的是，芯片的一些引脚有着第二功能：如 RxD、TxD 负责发送接收串口数据；INT0、INT1 负责单片机的外部中断；T0、T1 是单片机的定时器中断引脚；WR、RD 读写引脚等。

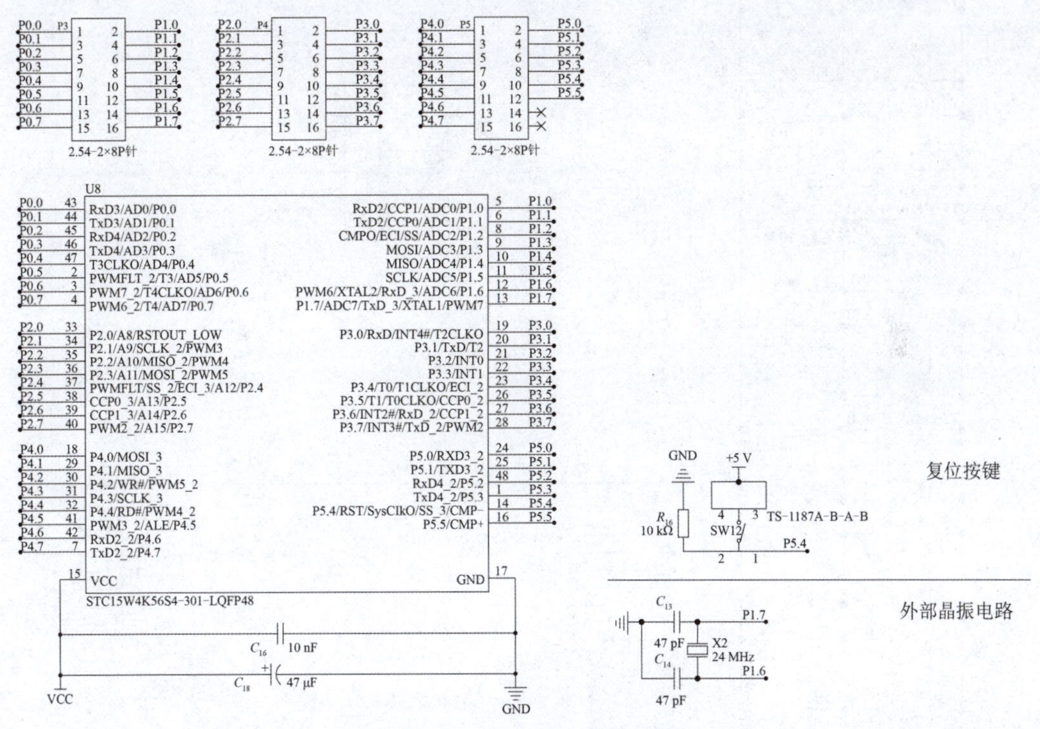

图 1-2-7　单片机核心部分原理图

步骤二　认识单片机的外设部分原理图

51 单片机外设部分按电路功能，可主要分为独立按钮、8 路 LED 灯、蜂鸣器、数码管，其原理图如图 1-2-8~图 1-2-11 所示。按钮功能的实现有两种方式，即中断和非中断模式，中断是单片机系统中极其重要的机制，当单片机外部中断源（如按钮）向处理芯片提出中断请求时，芯片会暂停现行程序，进行中断响应和处理，最后再返回到处理的程序中，中断是实现多道程序设计的基础。在非中断模式下，芯片只对按钮操作进行单进程响应，即必须等待先前程序执行完成之后才能响应；在中断模式下，芯片会及时响应每一个按钮操作。根据按钮原理图，SW0~SW7 8 个按钮通过与非/与门 CD4068BE 元件输出中断信号到 H13 引脚，H13 则与 INT0 或 INT1 相连，此时单片机芯片会收到来自 8 个按钮的中断信号。SW8 则比较特殊，可单独连接 INT0 或 INT1。8 路 LED 灯原理图相对简单，引脚 H21 负责输入芯片的控制信号，连接电源后利用限流电阻控制电流驱动 LED 灯；蜂鸣器电路中引脚 H14 提供芯片的控制信号，通过 1K 的电阻后，利用 PNP 三极管对电源电流进行放大驱动蜂鸣器；数码管电路中由于要控制 8 个数码管，每个数码管又由 8 个 LED 组成，需要用到两个锁存器 SN74HC573，锁存数码管的位选、段选信号。

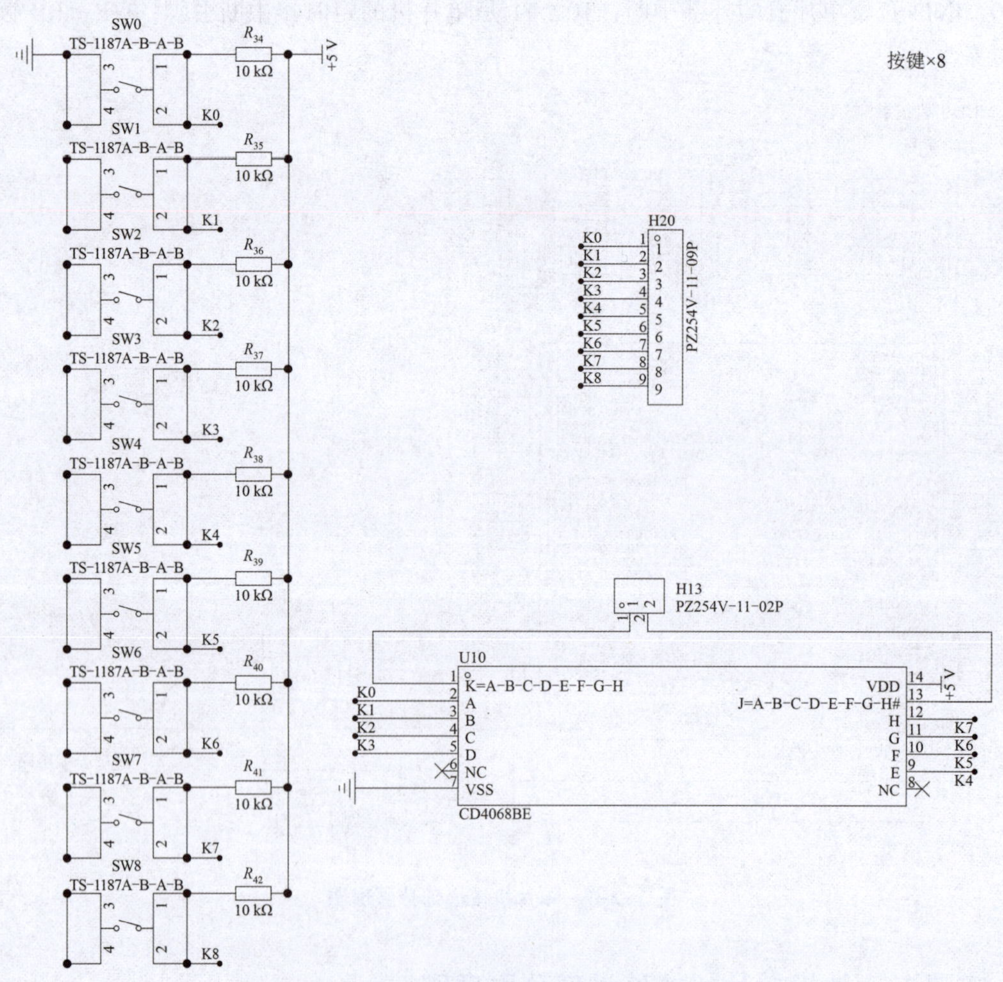

图 1-2-8　独立按钮原理图

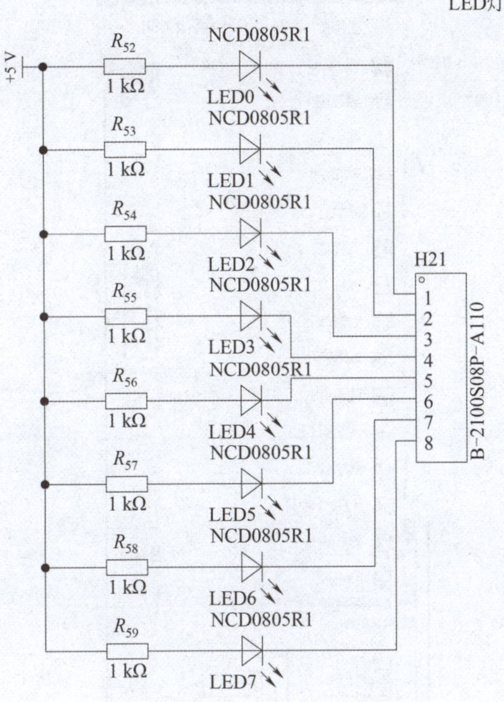

图 1-2-9　8 路 LED 灯原理图

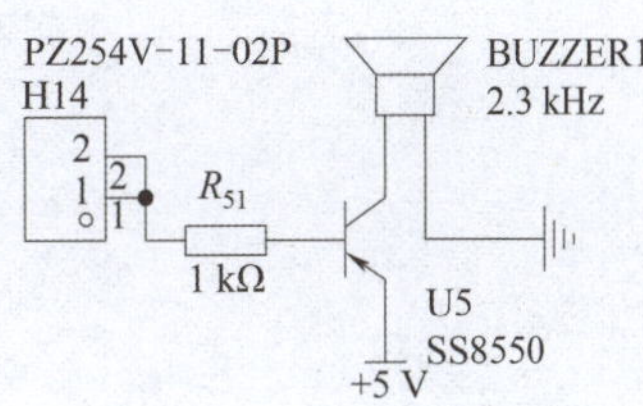

图 1-2-10　蜂鸣器原理图

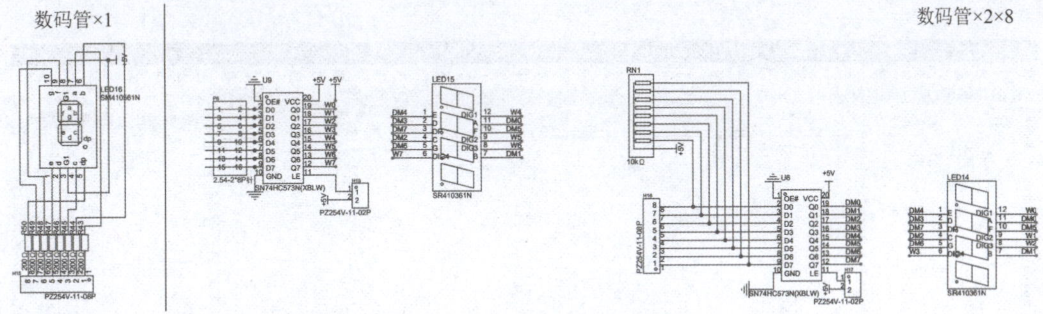

图 1-2-11　数码管原理图

步骤三　利用嘉立创 EDA（专业版）绘制 8 路 LED 灯电路图

① 创建工程，如图 1-2-12 和图 1-2-13 所示。

② 筛选符合需求的元器件并放置，如图 1-2-14 和图 1-2-15 所示。

③ 排布所需元器件，如图 1-2-16 所示。

④ 放置电源网络标识，如图 1-2-17 所示。

⑤ 连接导线，如图 1-2-18~图 1-2-20 所示。

⑥ 检查 DRC，如图 1-2-21 和图 1-2-22 所示。

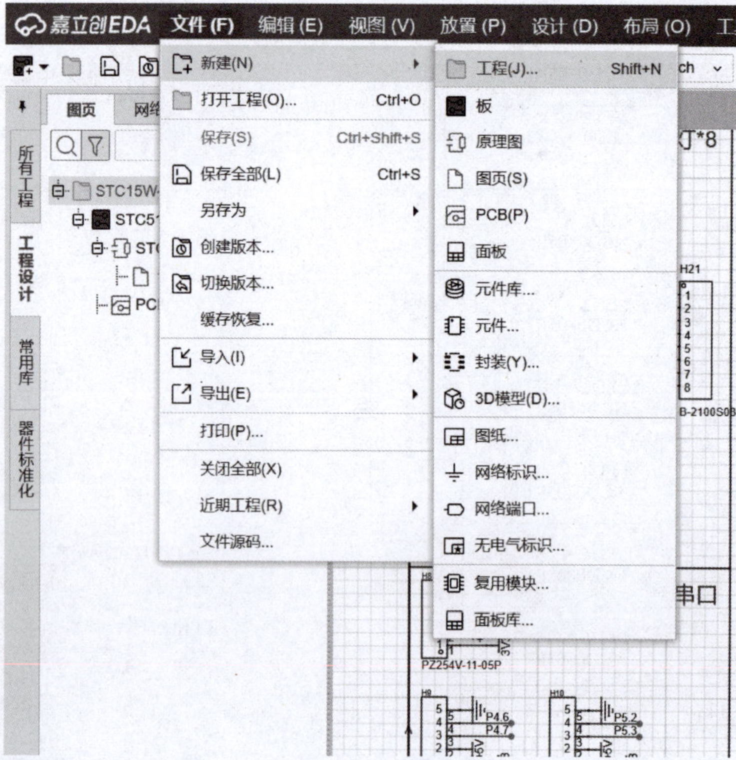

图 1-2-12　新建工程

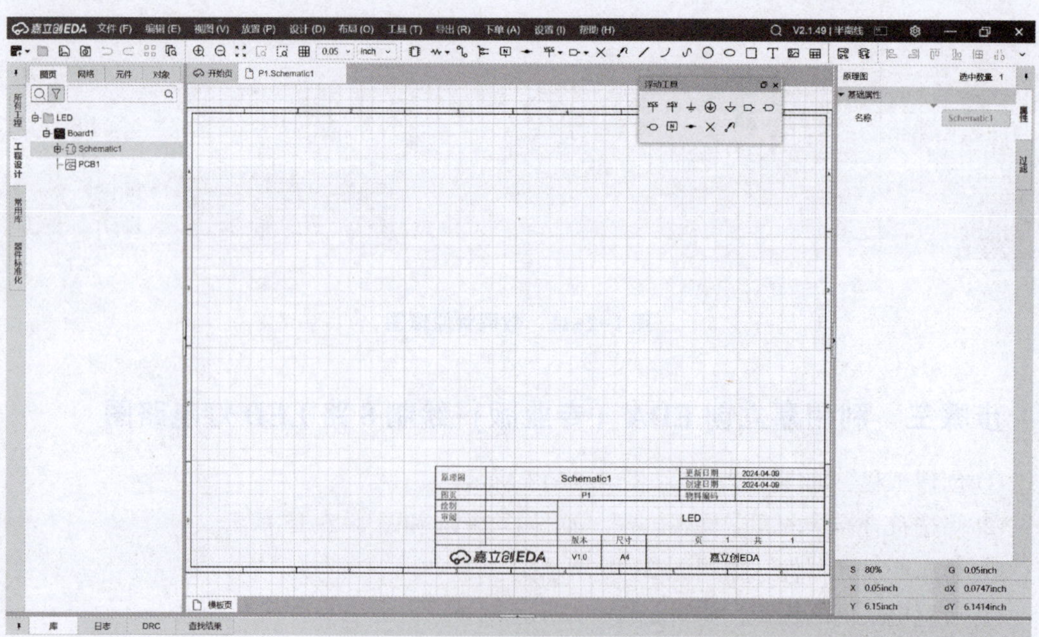

图 1-2-13　新工程原理图界面

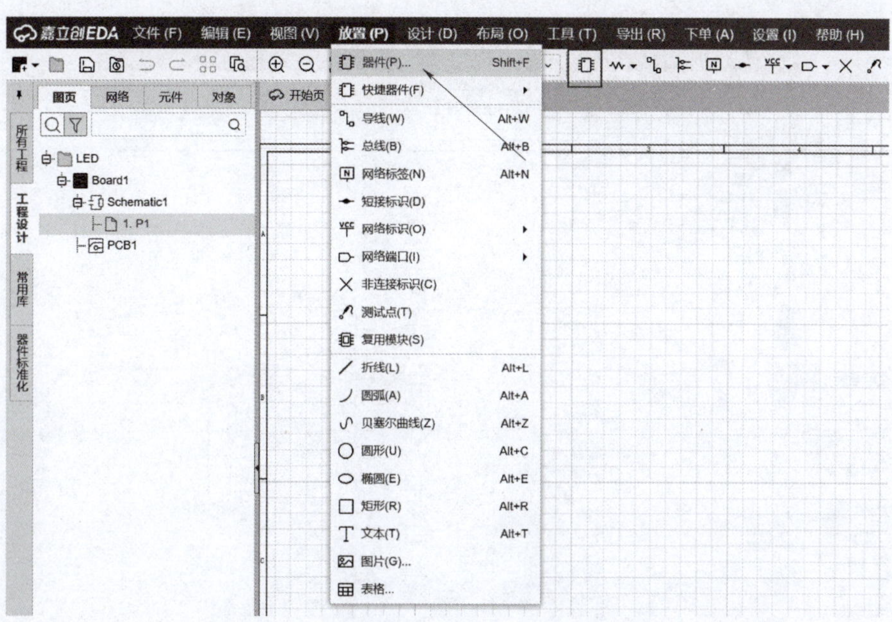

图 1-2-14　在菜单栏或者工具栏选择“器件”

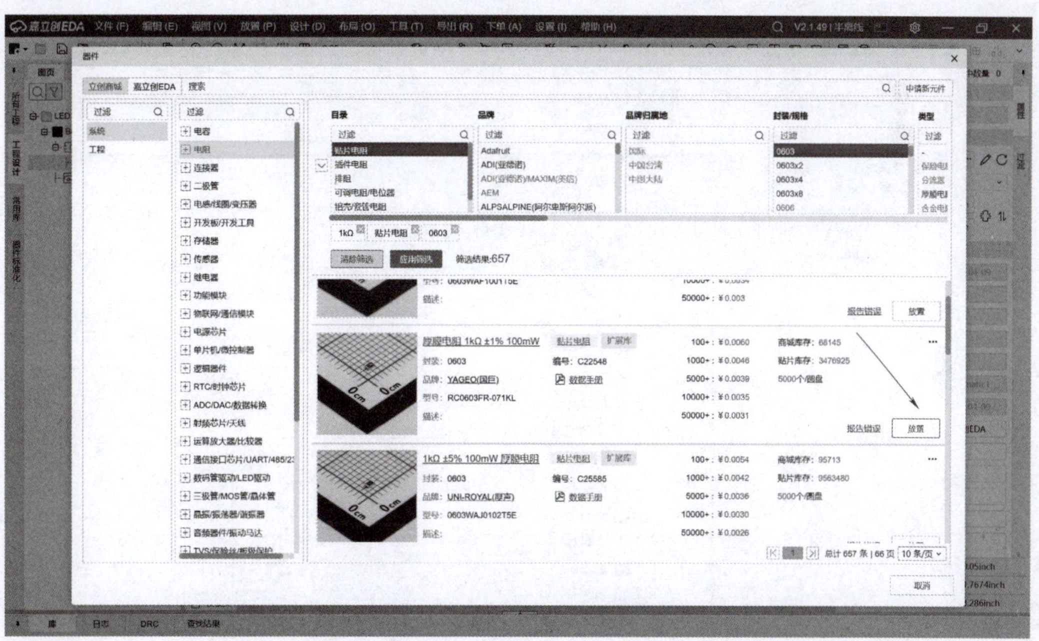

图 1-2-15　筛选符合需求的元器件

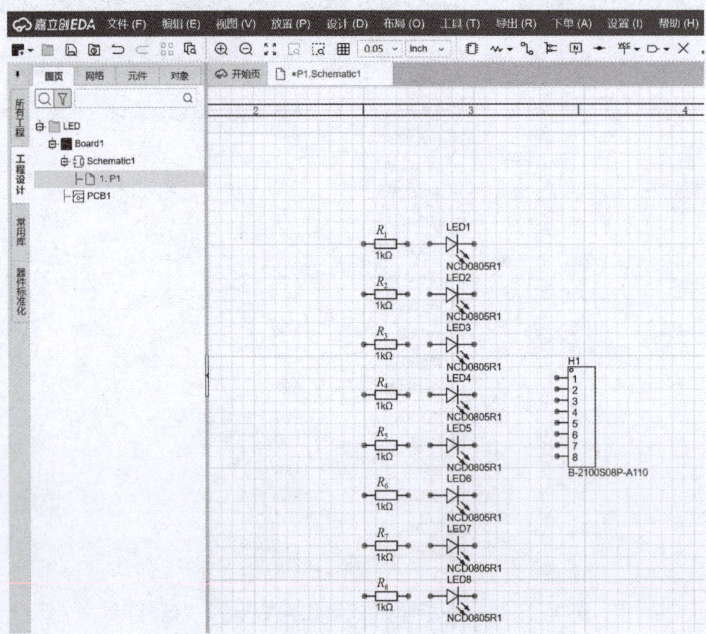

图 1-2-16　排布所需元器件

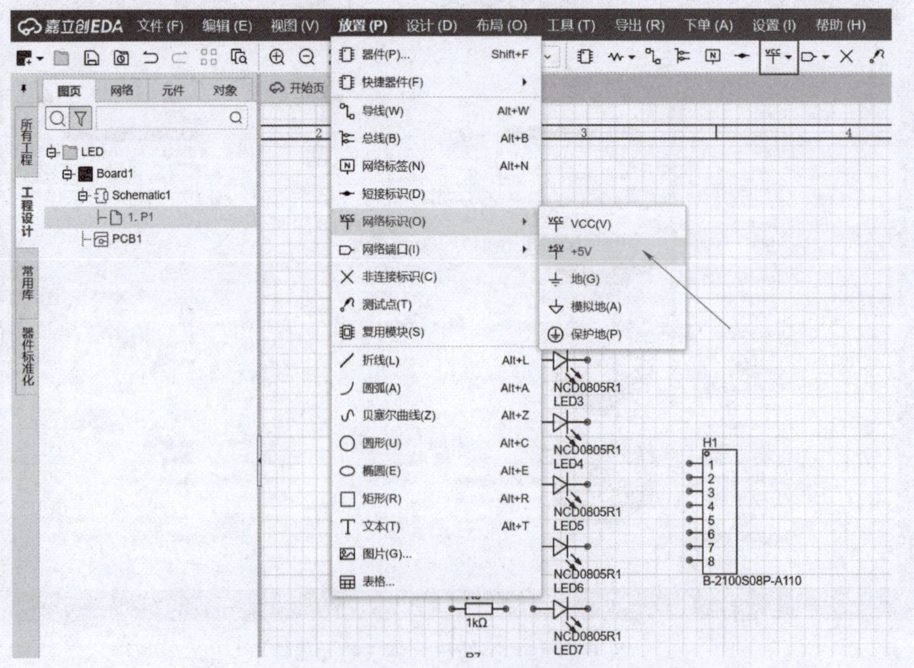

图 1-2-17　放置电源网络标识

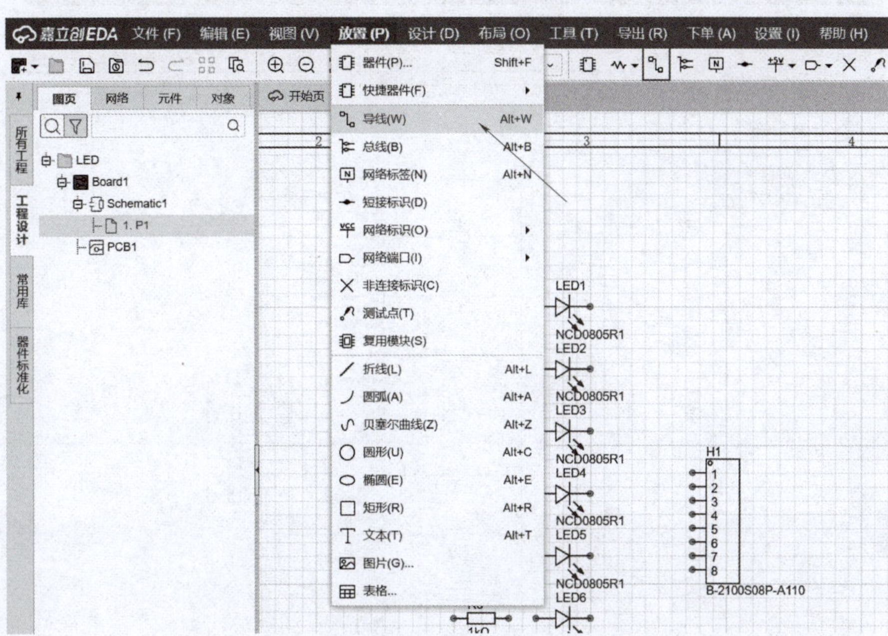

图 1-2-18　放置导线

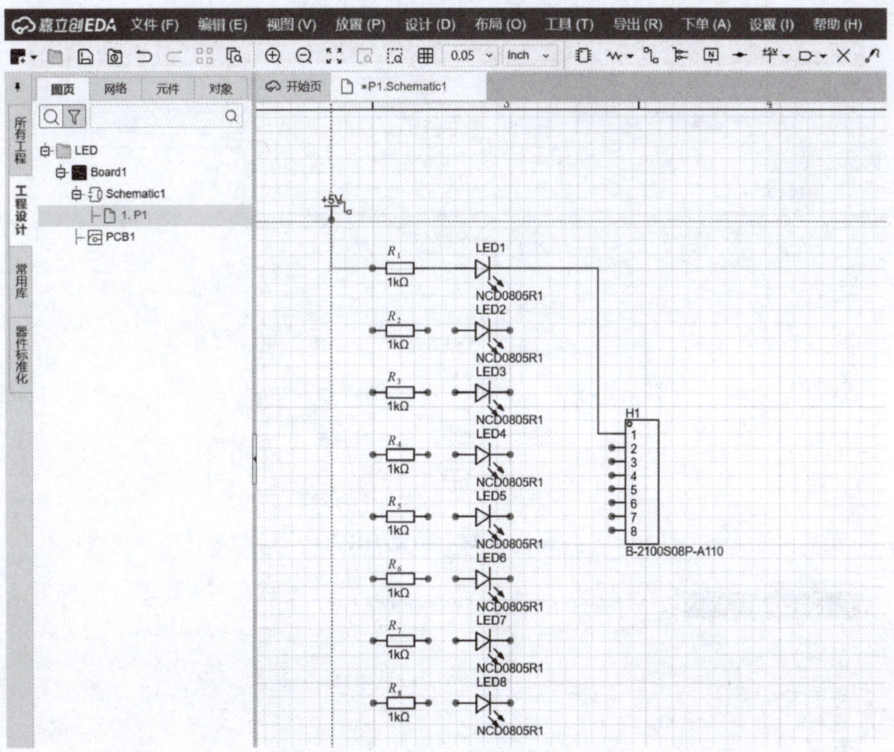

图 1-2-19　按照电路需求连接导线

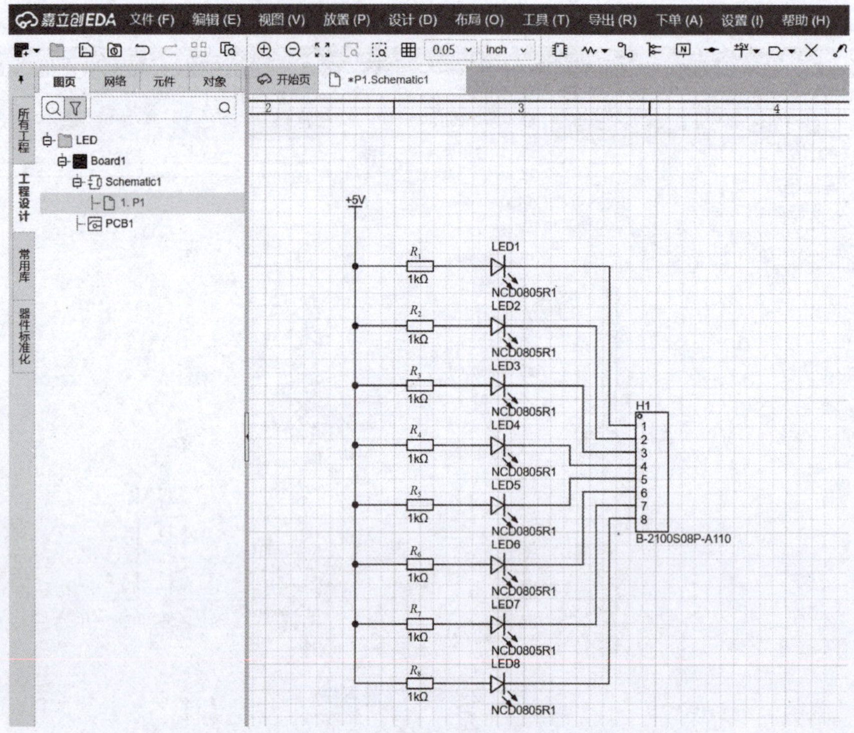

图 1-2-20　8 路 LED 灯电路图

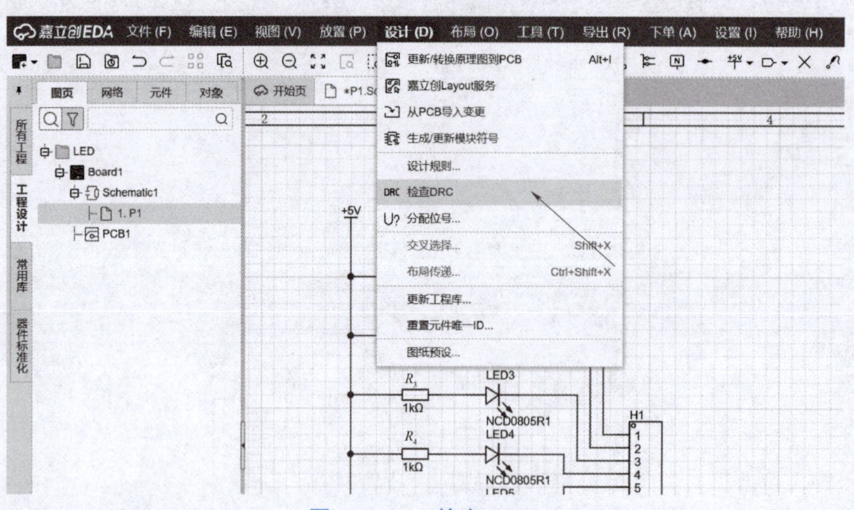

图 1-2-21　检查 DRC

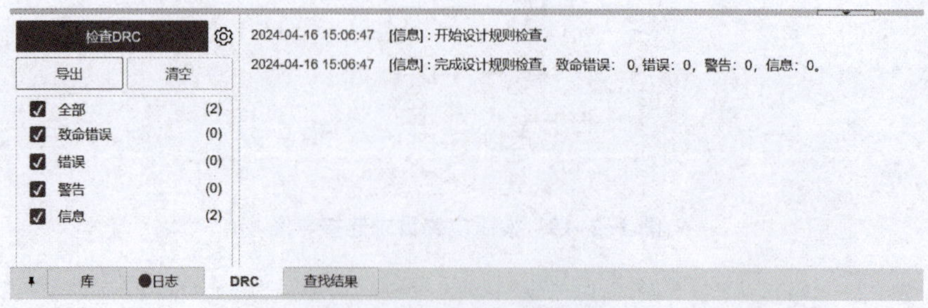

图 1-2-22　DRC 检查结果

任务评价

序号	一级指标	分值	得分	备注
1	STC15W4K56S4 芯片各引脚的作用	10		
2	单片机核心部分电路组成	20		
3	单片机外设部分中按钮电路的原理	20		
4	单片机外设部分中 LED、蜂鸣器、数码管电路的原理	20		
5	利用嘉立创 EDA 绘制单片机的原理图	20		
6	素养评价（民族自信，勇于创新）	10		
合计		100		

素养小天地

随着科技的不断进步，电子设计自动化（EDA）工具在电子信息领域扮演着至关重要的角色。嘉立创 EDA，作为一款国产 EDA 工具，不仅具备了与国际先进产品相媲美的技术实力，更承载着传承创新精神与民族自信的重任。

我们要坚定民族自信，嘉立创 EDA 的成功不仅是中国电子信息领域的一大骄傲，更是中华民族自强不息、勇于创新精神的体现。在使用嘉立创 EDA 的过程中，我们要深刻认识到国产工具的优势和潜力，坚定对国产 EDA 工具的信心和信任。

思考练习

1. 常用的电子元件原理图符号、表示__________、__________。
2. 常用的电子元件原理图符号、表示__________、__________。
3. PCB 设计常用的电子设计自动化（EDA）工具有__________和__________等。
4. STC15W4K56S4 芯片一共有__________个功能引脚。
5. 关于 STC15W4K56S4，__________引脚是控制外部中断的。
6. 关于 STC15W4K56S4，__________引脚是芯片的读写引脚。
7. 单片机外设部分中按钮功能的实现有两种方式，分别是__________。
8. 数码管电路的控制是通过两个__________来实现的。
9. 蜂鸣器电路中三极管的作用是什么？

10. 在嘉立创 EDA 中保存的工程文件的后缀名为__________。

任务拓展

在本次任务中通过嘉立创 EDA 软件完成了 8 路 LED 电路的绘制，请动手继续完善单片机核心部分以及外设部分其他电路的绘制。

任务三　动手焊接我的单片机

任务描述

任务一讲解并展示了“我的单片机”的整体外观，本次任务从实践出发，动手焊接核心部分、外设部分的所有元件，为以后单片机程序开发打下基础。

任务目标

通过本次任务的学习，使学生了解基本的焊接规范，掌握单片机核心部分和外设部分元件焊接的基本技能。

知识准备

1. 焊接工具与材料

电烙铁的结构如图 1-3-1 所示，电烙铁一般由紫铜制成，对于有镀层的烙铁头，一般不需要锉或打磨，但在使用一段时间后，会发生表面凹凸不平，氧化层严重的情况，需要夹到台钳上粗锉、细锉并用砂纸打磨，修整后立即镀锡，如图 1-3-2 所示，将烙铁头通电，在木板上放些松香和一段锡，烙铁沾锡后在松香里来回摩擦，指导整个烙铁修整面均匀镀上一层锡。焊锡丝如图 1-3-3 所示，是铅和锡的合金，它熔点低、机械强度高、表面张力小，有利于焊接形成可靠的接头。

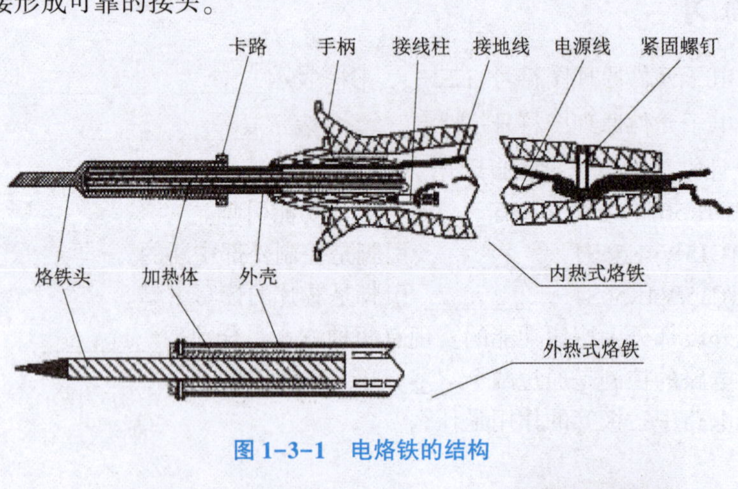

图 1-3-1　电烙铁的结构

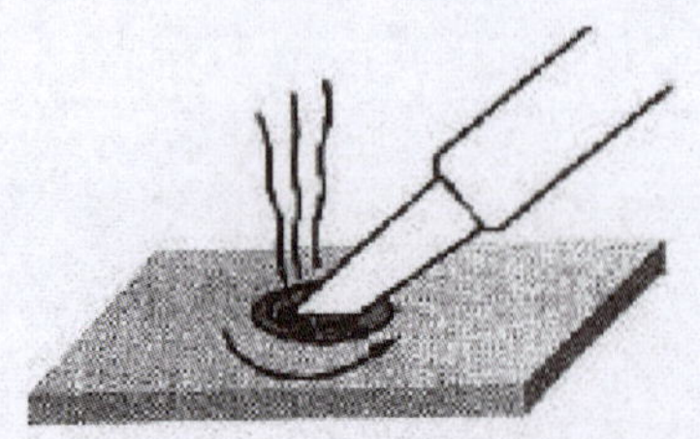

图 1-3-2　电烙铁镀锡

图 1-3-3　焊锡丝

2. 手工锡焊基本操作

电烙铁有三种拿法，如图 1-3-4 所示，焊锡丝一般有两种拿法，如图 1-3-5 所示。

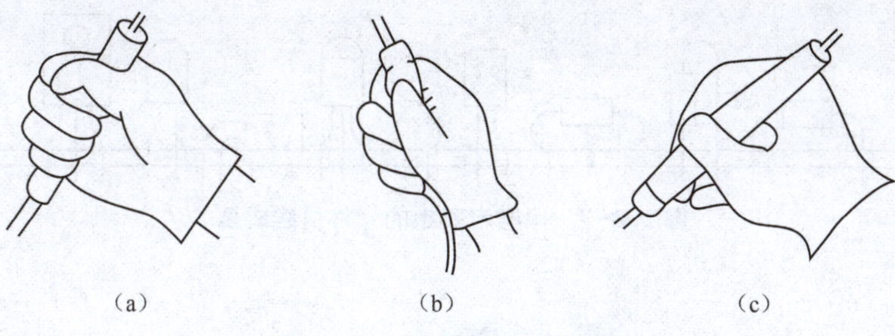

（a）　（b）　（c）

图 1-3-4　电烙铁的三种拿法

（a）反握法；（b）正握法；（c）握笔法

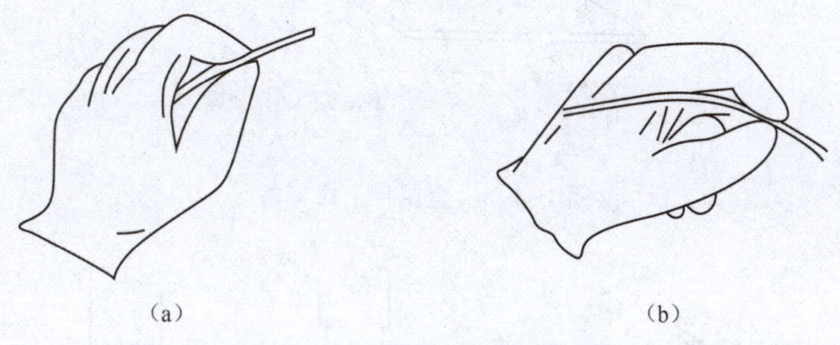

（a）　（b）

图 1-3-5　焊锡丝的两种拿法

（a）连续锡焊时焊锡丝的拿法；（b）断续锡焊时焊锡丝的拿法

使用电烙铁要配置烙铁架，一般放置在工作台上前方，电烙铁用后一定要稳妥放在烙铁架上，并注意导线等物不要碰烙铁头，值得注意的是，焊锡丝有一定毒性，操作时应戴手套或操作后洗手，鼻子距离电烙铁不能太近以免有害气体吸入，通常以 40 厘米为宜。手工焊接的五步法，如图 1-3-6 所示，这里需要注意电烙铁和焊丝的先后顺序，掌握好加热的时间（在保证焊料浸润焊件的前提下越短越好），保持合适的温度，不要对焊点加力加热，会导致焊件损伤。

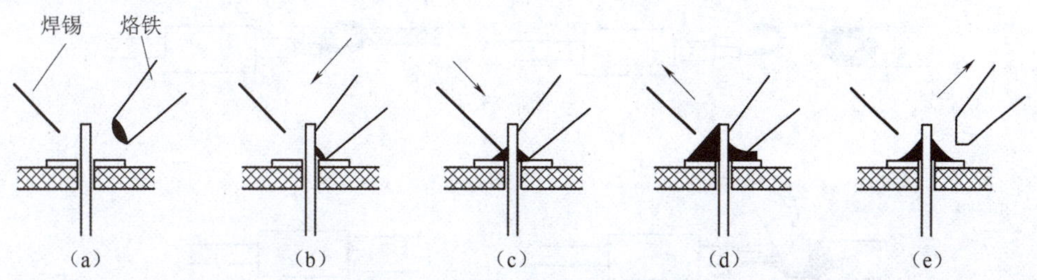

（a）　（b）　（c）　（d）　（e）

图 1-3-6　手工焊接的五步法

（a）准备；（b）加热；（c）加焊锡；（d）去焊锡；（e）去烙铁

3. 手工焊接技术要点

在焊接印刷电路板时先对元器件进行检查，检查规格和数量，根据图 1-3-7 对插件元件进行引线成型，根据五步法分别对插件进行焊接，焊接的顺序一般为电阻器、电容器、二极管、三极管、集成电路、大功率管，其他元器件为先小后大。电路板上除了插件元件，还有导线、环形、片状等焊件，它们的焊接方式如图 1-3-8~图 1-3-10 所示。

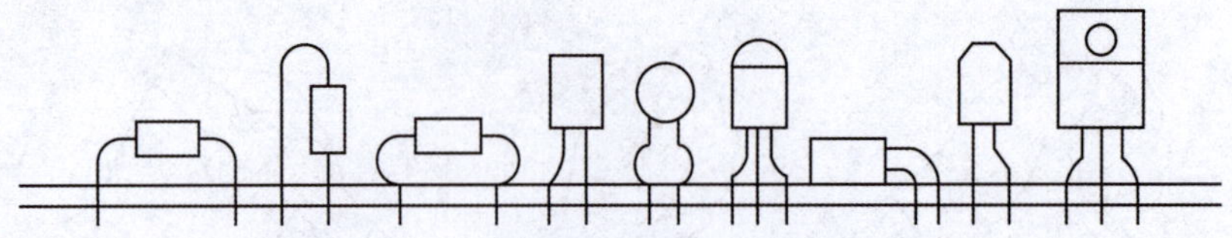

图 1-3-7　印刷电路板的元件引线成型

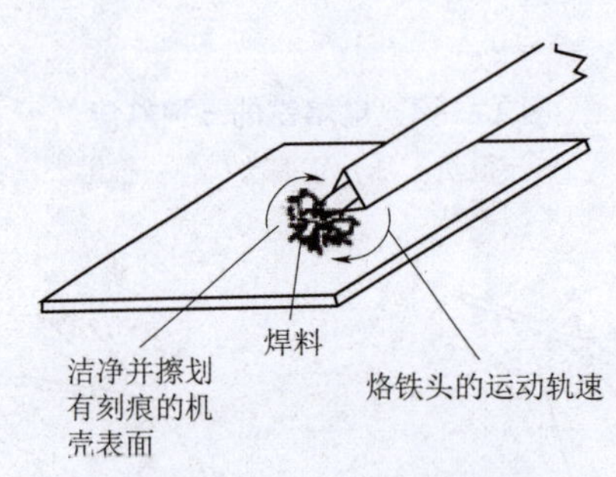

图 1-3-8　金属片上焊导线

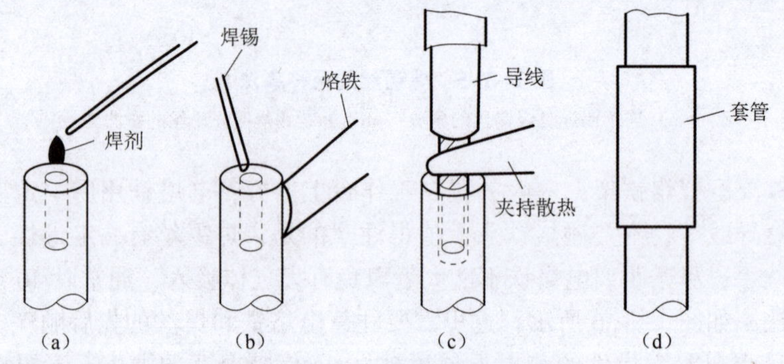

图 1-3-9　环形焊件的焊接

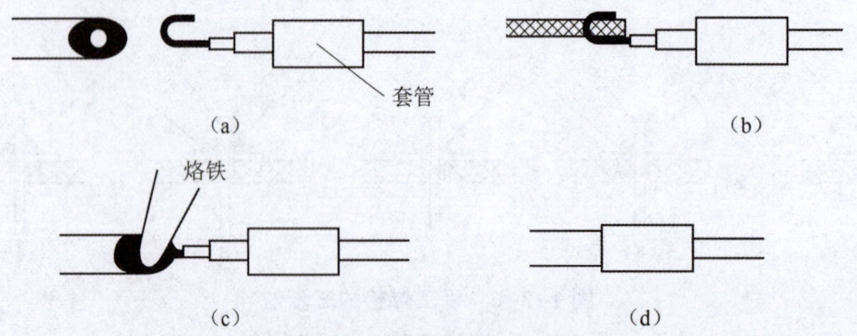

图 1-3-10　片状焊件的焊接

(a) 焊件预焊；(b) 导线钩接；(c) 烙铁点焊；(d) 热套绝缘

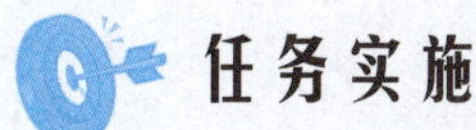

任务实施

动手焊接我的单片机

按照顺序，依次焊接电容、LED 等贴片元件，焊接排阻和芯片，焊接数码管，焊接插针，焊接蜂鸣器和其他元件，如图 1-3-11～图 1-3-15 所示。

图 1-3-11　焊接贴片元件

图 1-3-12　焊接排阻和芯片

图 1-3-13　焊接数码管

图 1-3-14　焊接插针

图 1-3-15　焊接蜂鸣器和其他元件

任务评价

序号	一级指标	分值	得分	备注
1	焊接的工具和材料	10		
2	焊接的技术要求	10		
3	核心部分的焊接	30		
4	外设部分的焊接	30		
5	电路板的测试	10		
6	素养评价（安全意识）	10		
合计		100		

素养小天地

焊接是一项需要精细操作和高度专注的任务。通过反复练习和实践，可以锤炼自己的技能，提升操作的准确性和稳定性。这种精益求精、追求完美的态度，正是工匠精神的体现。在焊接过程中，不断追求卓越，将每一个细节都做到最好，为未来的职业生涯打下坚实的基础。

在焊接过程中，要严格遵守安全操作规程，确保自己和他人的安全。同时，我们也要关注环保问题，选择环保材料和工艺，减少对环境的影响。

思考练习

1. 电烙铁一般__________制成，对于有镀层的烙铁头，一般不需要锉或打磨。

2. 焊锡丝是铅和锡的合金，它__________、__________、__________，有利于焊接形成可靠的接头。

3. 电烙铁有三种拿法：__________、__________、__________。

4. 手工焊接的五步法__________、__________、__________、__________、__________。

5. 焊接的顺序一般为__________、__________、二极管、__________、__________、大功率管，其他元器件为先小后大。

6. 判断：焊接时，加热焊盘后加焊锡，然后先移开烙铁，再移开焊锡。　　(　　)

7. 在焊接核心板 STC15W4K56S4 芯片时应注意什么？

任务拓展

在测试核心部分焊接后是否可用，本次任务通过观察开关 LED 灯是否正常工作来判断，试想一下这种方法有没有什么局限性，此外，对外设部分焊接后的测试有没有方法可以实现？

项目二

让我的单片机亮起来
——创建第一个 C 语言程序

项目简介

“让我的单片机亮起来”是本项目的目标，也是通过单片机控制外部设备的第一步，本项目首先介绍单片机编程开发软件 Keil μVision，其次介绍本书的重点——C 语言编程的基础知识，再次将编写的工程程序烧入单片机中，最后达到单片机外设 LED 灯全亮的目的。

项目目标

本项目以“让我的单片机亮起来”为例，重点介绍 Keil μVision 软件的安装、工程文件的创建、编译，同时编写我的第一个 C 程序，将编译后的程序烧入单片机继而达到外设 LED 灯亮起的效果。

本项目还包括了 C 语言的数据类型、常量和变量、赋值等基础知识，这些内容都是本书的核心。

本项目“让我的单片机亮起来”，一枚小小的单片机芯片是现代科技智慧的结晶，它凝聚着无数科学家的心血，我们要了解其背后的故事，理解追求卓越、精益求精的科学家精神，同时为我国近些年芯片产业的崛起而自豪。

工作任务

根据“让我的单片机亮起来”的项目要求，基于工作过程，以任务驱动的方式将本项目分成以下三个任务：

（1）认识 Keil μVision 软件。

（2）编写我的第一个 C 程序。

（3）程序烧入点亮我的单片机。

任务一　认识 Keil μVision 软件

任务描述

本次任务是认识单片机 C 语言开发软件 Keil μVision，让学生熟悉 Keil μVision 软件的安装以及软件中各功能模块的使用。

任务目标

通过本次任务的学习，使学生掌握 Keil μVision 软件的安装过程，掌握如何在 Keil μVision 中创建工程、编辑和编译程序，如何使用 Keil μVision 软件中各个功能模块。

知识准备

1. Keil 软件的介绍

Keil 是一款广泛用于嵌入式系统开发的软件工具，如图 2-1-1 所示。它支持多种常见的微型控制器架构和编程语言，并提供了丰富的调试辅助功能，可以帮助开发人员在嵌入式系统开发过程中提高效率，缩短开发周期，是嵌入式系统开发领域的重要工具之一。

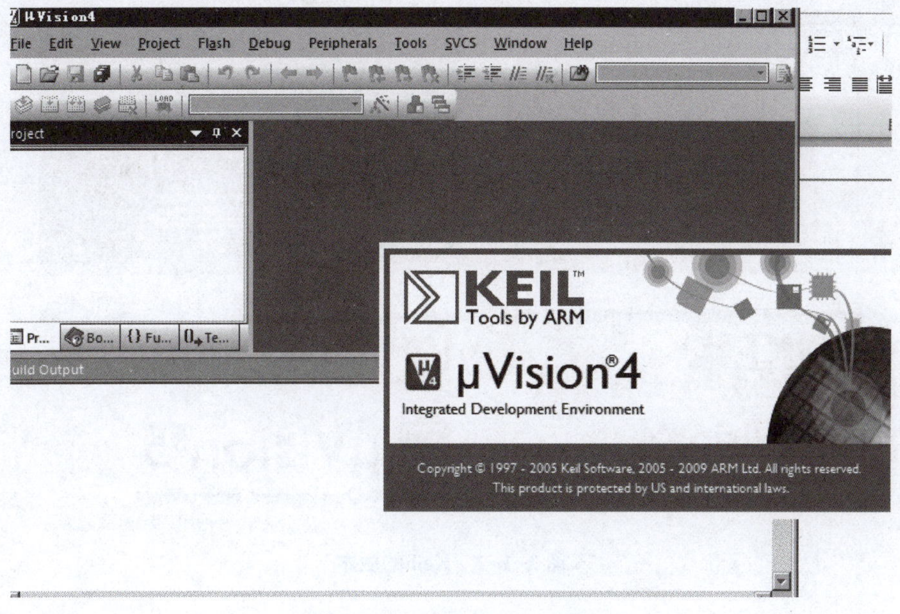

图 2-1-1　Keil μVision 软件

2. Keil 的版本

Keil 的版本如图 2-1-2 所示，Keil μVision2 是美国 Keil Software 公司出品的 51 系列兼容单片机 C 语言软件开发系统，与汇编相比，C 语言易学、易用，大大地提高了工作效率和项目开发周期。

2006 年 1 月 30 日，Keil Software 的母公司 ARM 推出全新的针对各种嵌入式处理器的软件开发工具，集成 Keil μVision3 的 RealView MDK 开发环境。它支持 ARM7、ARM9 和最新的 Cortex-M3 核处理器，自动配置启动代码，集成 Flash 烧写模块，强大的 Simulation 设备模拟、性能分析等功能，与 ARM 之前的工具包 ADS 等相比，RealView 编译器的最新版本可将性能改善超过 20%。

2009 年 2 月 Keil Software 发布 Keil μVision4，Keil μVision4 引入灵活的窗口管理系统，使开发人员能够使用多台监视器，并提供了视觉上的对窗口位置的完全控制。新的用户界面可以更好地利用屏幕空间和更有效地组织多个窗口，提供一个整洁、高效的环境来开发应用程序。新版本支持更多最新的 ARM 芯片，还添加了一些其他新功能。

2011 年 3 月 ARM 公司发布最新集成开发环境 RealView MDK，开发工具中集成了最新版本的 Keil μVision4，其编译器、调试工具实现与 ARM 器件的最完美匹配。

2013 年 10 月 Keil Software 正式发布了 Keil μVision5，Keil 5 提供了一个完整的开发环境，包括编辑器、编译器、调试器等。Keil μVision5 支持多种处理器架构，如 ARM、Cortex-M、Cortex-A、8051 等。

2023 年 12 月 Keil MDK6 发布，不同于 Keil μVision5，它将嵌入式技术带到新高度，支持跨平台研发，以及增强了项目的团队云协同研发，为更加智能的物联网技术和大型自动化设备研发提供更加高效的底层技术支撑。

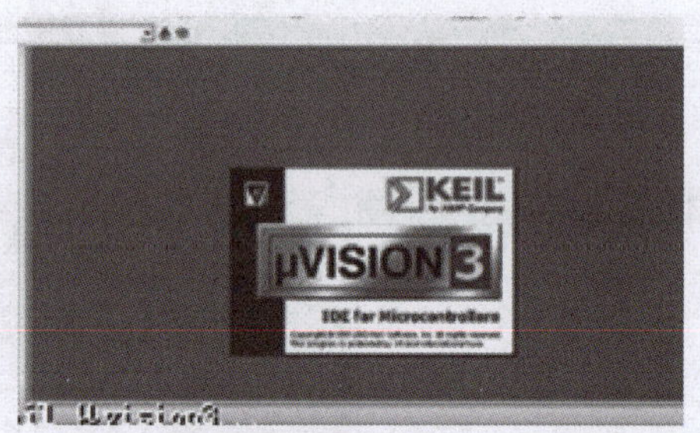

图 2-1-2　Keil 的版本

3. Keil 的优点

（1）跨平台支持：Keil 支持多种操作系统和单片机体系结构，可以在 Windows、Linux 等操作系统上运行，并支持 ARM、8051、Cortex-M 等多种单片机体系结构。

（2）易于使用：Keil 提供了一个友好的用户界面，包括源代码编辑器、编译器、调试器和仿真器等组件，使开发人员可以方便地编写和调试嵌入式应用程序。

（3）支持多种编程语言：Keil 支持多种编程语言，包括 C、C++、ASM 等，可以满足不同开发人员的需求。

（4）丰富的 API 和库函数：Keil 提供了丰富的 API 和库函数，可以方便地访问硬件资源，并通过模拟器和仿真器等工具来测试和验证代码的正确性。

（5）高效的编译器：Keil 提供了高效的编译器，可以快速编译并生成可执行文件，提高了开发效率。

（6）强大的调试功能：Keil 支持多种调试接口和外围设备，如 JTAG、SWD、UART 等，提供了强大的调试功能，可以方便地对嵌入式应用程序进行调试和测试。

任务实施

步骤一　安装 Keil μVision 软件

认识 KEIL μVISION 软件

这里以 Keil μVision5 为例，介绍 C 语言开发软件的安装。

（1）双击资料文件夹下的安装包“KeilC51（V961）. exe”，弹出如图 2-1-3 所示的对话框，单击“Next”按钮。

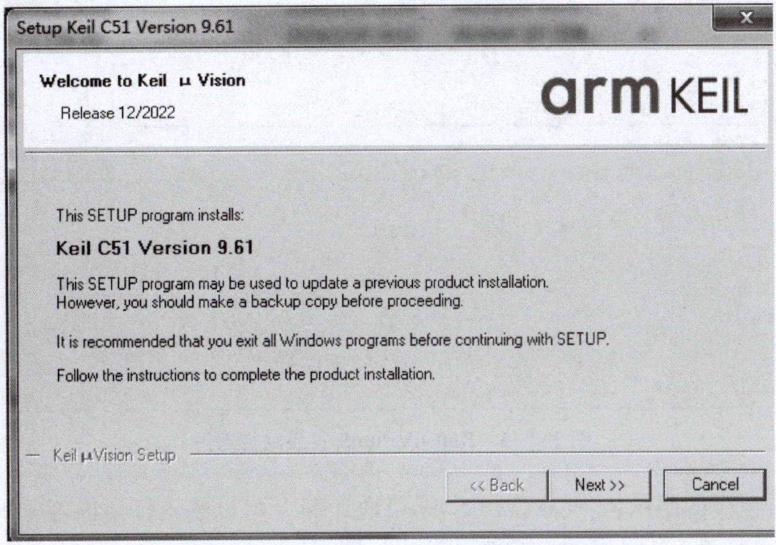

图 2-1-3　Keil μVision5 安装的欢迎界面

（2）勾选安装界面上的“I agree to all the terms of the preceding License Agreement”，如图 2-1-4 所示，单击“Next”按钮。

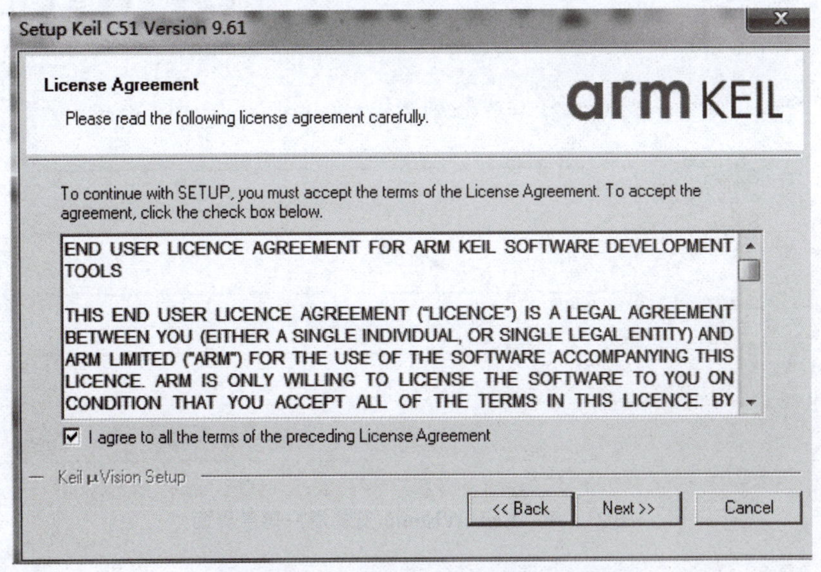

图 2-1-4　Keil μVision5 同意许可界面

（3）选择安装路径，一般使用默认路径“C：\Keil_V5”，如图 2-1-5 所示，单击“Next”按钮。

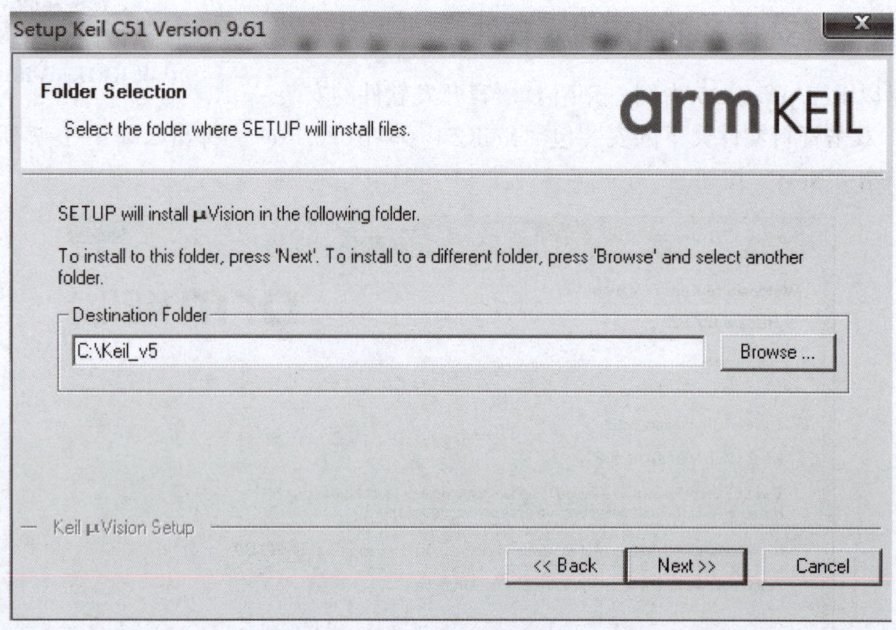

图 2-1-5　Keil µVision5 安装路径选择

（4）输入相应的用户名、公司名称、邮箱地址等（可以输入任意内容，不需要真实的姓名、邮箱），如图 2-1-6 所示，单击“Next”按钮。

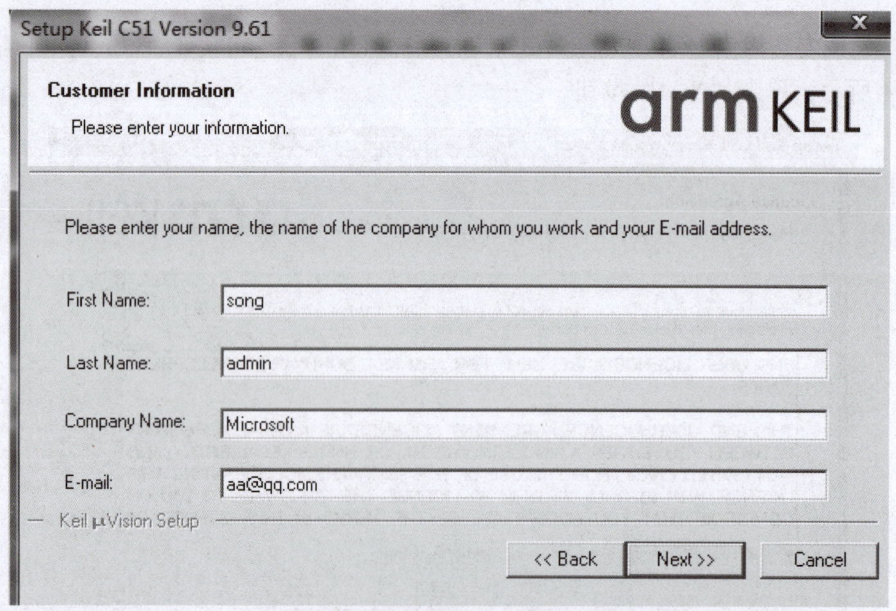

图 2-1-6　Keil µVision5 安装用户信息界面

（5）如图 2-1-7 所示显示安装进度，待安装结束后，单击“Next”按钮。

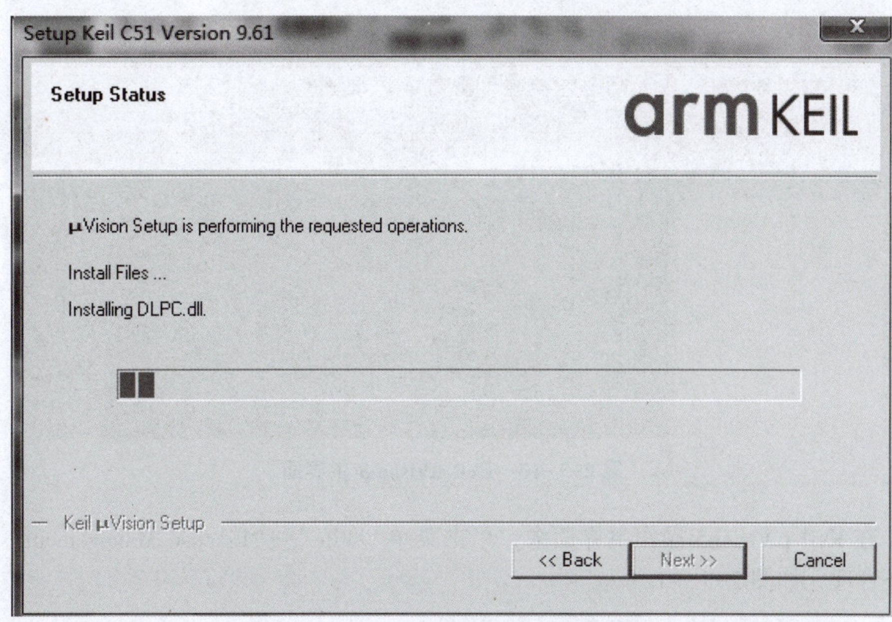

图 2-1-7　Keil μVision5 安装进度

（6）如图 2-1-8 所示，在完成安装的界面上单击“Finish”按钮完成安装。

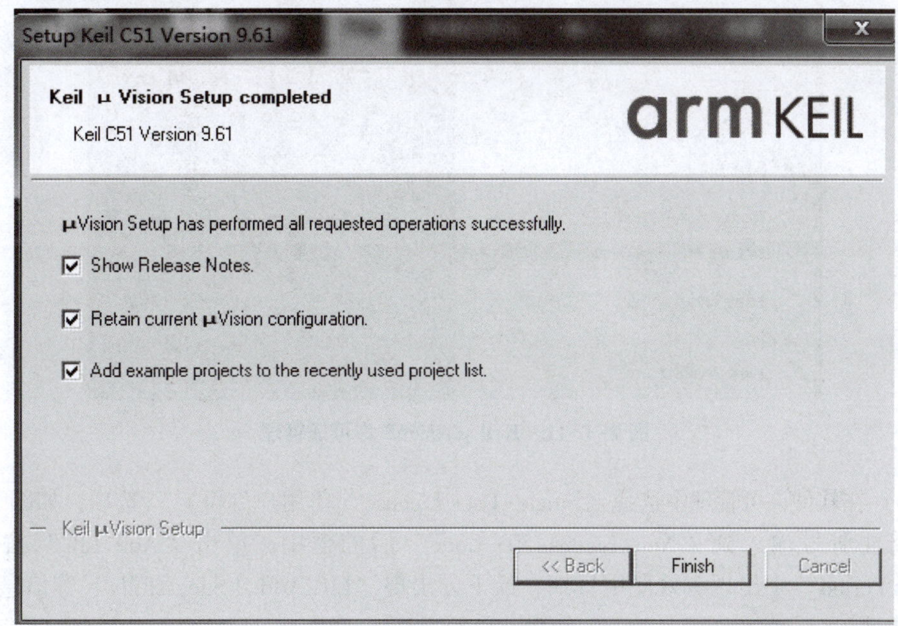

图 2-1-8　Keil μVision5 安装完成

（7）安装结束后，会在“开始”→“程序”菜单中显示 Keil μVision5 应用程序，同时在电脑桌面上出图标，如图 2-1-9 所示。

（8）双击桌面上的“Keil μVision5”图标，进入 Keil μVision5 软件操作主界面，如图 2-1-10 所示。

图 2-1-9　Keil μVision5 图标

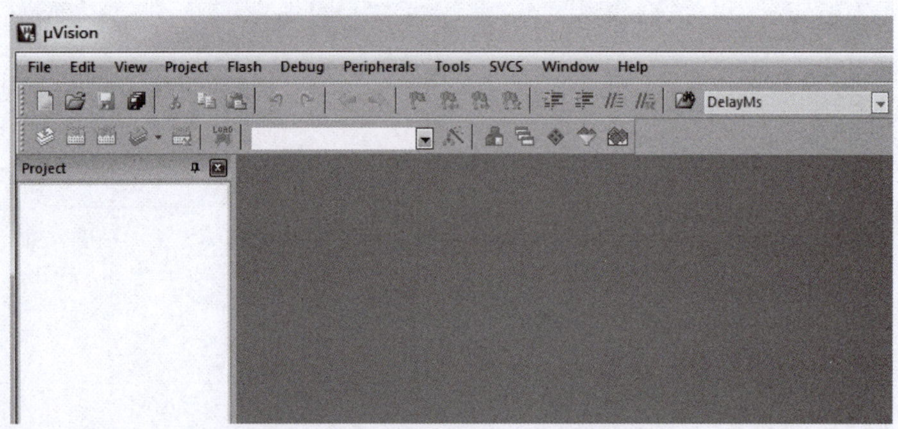

图 2-1-10　Keil µVision5 主界面

（9）在 Keil µVision5 操作主界面中，单击菜单“File”→“License Management...”，进入许可证管理，如图 2-1-11 所示。

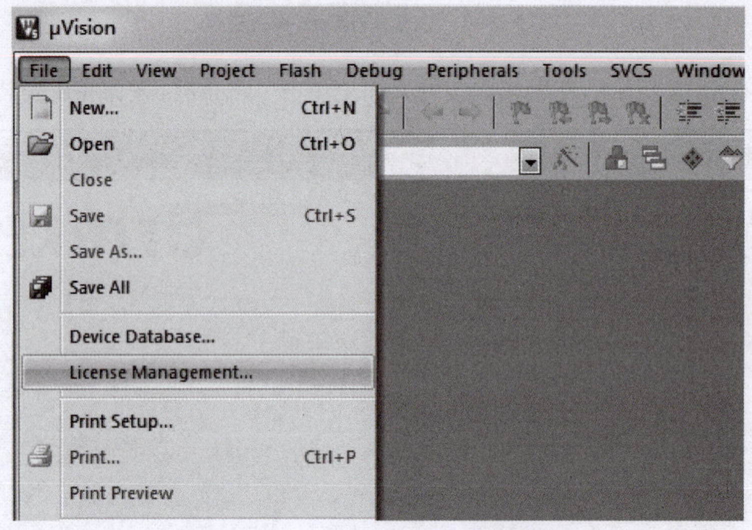

图 2-1-11　Keil µVision5 许可证管理

（10）在软件许可管理中选择“Single-User License（单用户许可）”选项，如图 2-1-12 所示，将注册号输入到“New License ID Code”后的框中，单击“Add LIC”按钮，当“Support Period”中出现有效使用日期，最下方出现“LIC Added Sucessfully”等信息时，表示注册成功。

（11）如图 2-1-13 所示将 Keil µVision5 安装目录下的 UV4. exe 替换成资料文件夹下的汉化版 UV4. exe，重新打开 Keil µVision5，如图 2-1-14 所示，此时 Keil µVision5 的菜单栏显示中文字体。

步骤二　创建工程与 C 程序编译

（1）进入 Keil µVision5 软件的操作界面，选择“项目”→“新建 µVision 项目......”，

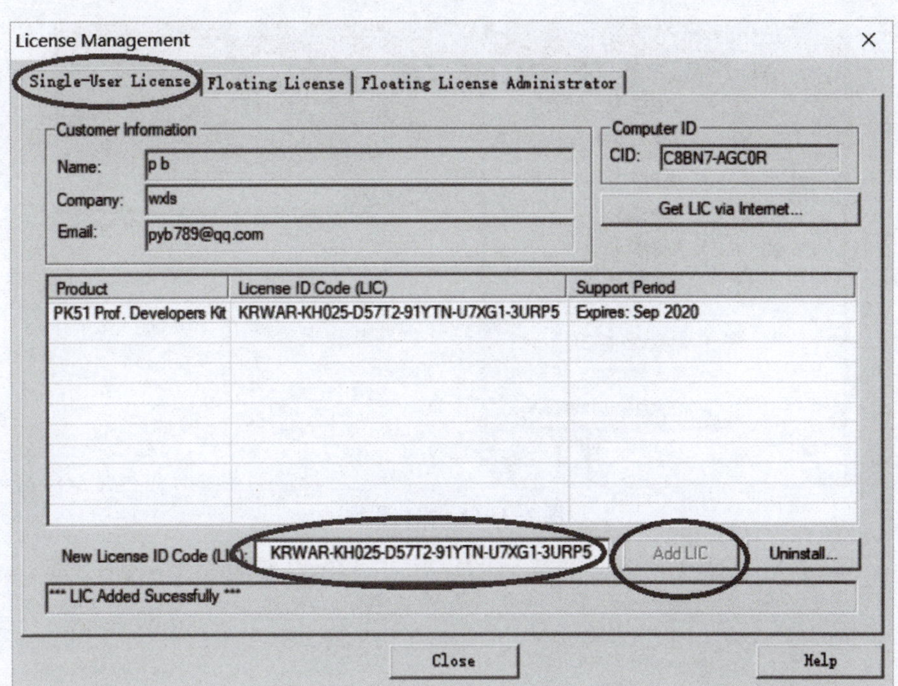

图 2-1-12　Keil C51 软件输入许可

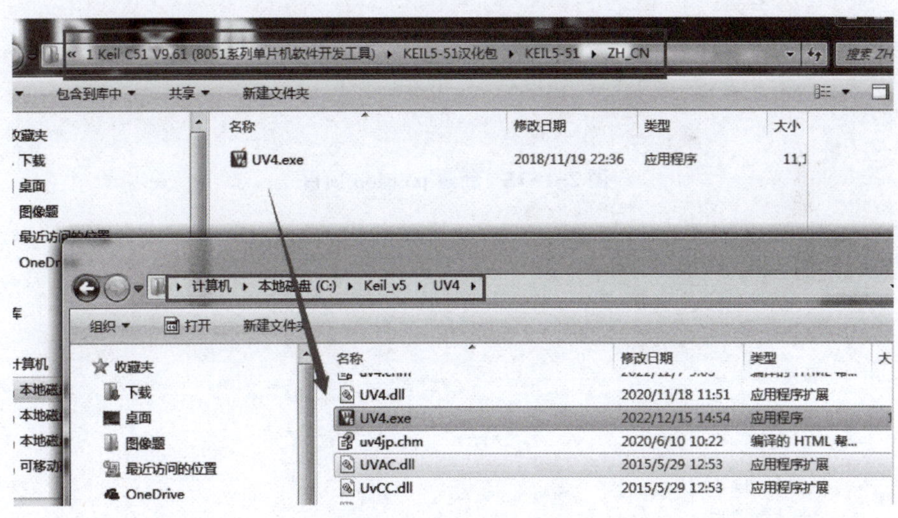

图 2-1-13　软件汉化

如图 2-1-15 所示。

（2）在弹出的创建新工程对话框中，选择一个目标文件夹，例如路径为 E:\C:\LED，如图 2-1-16 所示。

（3）此时会弹出“Select Device for Target”对话框，如图 2-1-17 所示，在下拉框中选择“STC MCU Database”选项。

如果没有“STC MCU Database”，可双击桌面上的 stc-isp 烧写软件（资料文件夹提供安装包），将 Keil 软件的安装目录添加到头文件中，如图 2-1-18 所示。

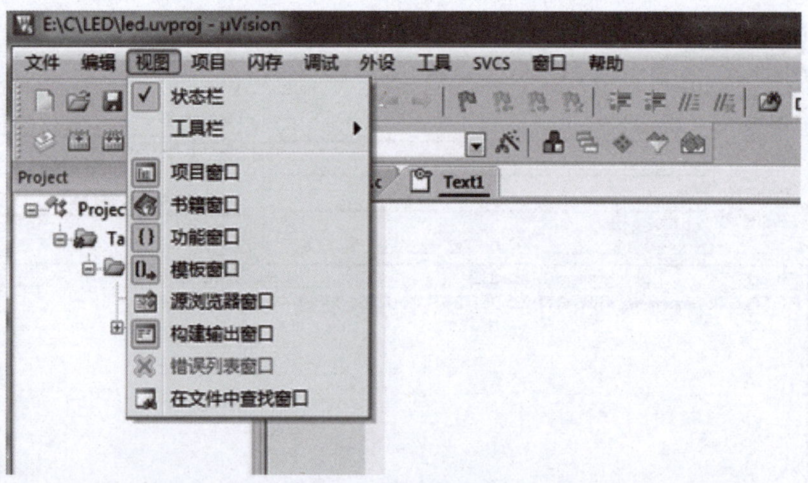

图 2-1-14　汉化界面

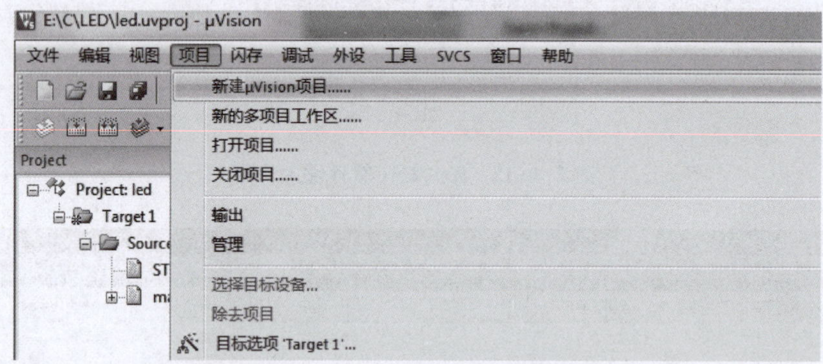

图 2-1-15　新建 µVision 项目

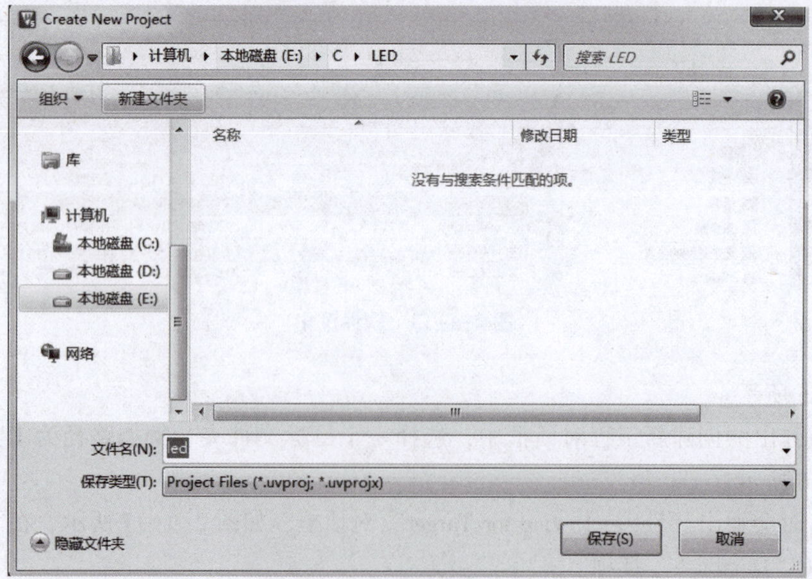

图 2-1-16　保存工程文件

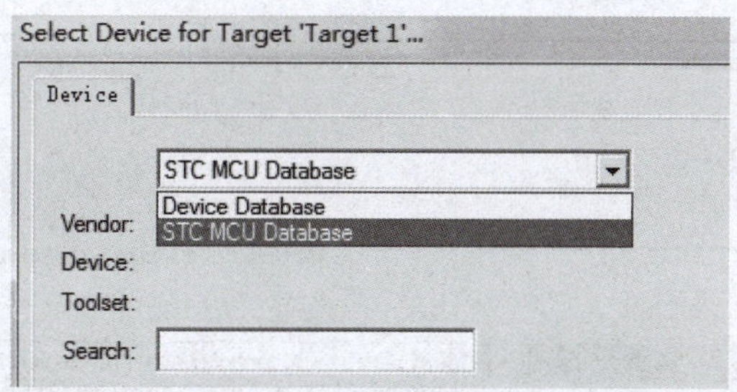

图 2-1-17　选择 CPU 参考文件

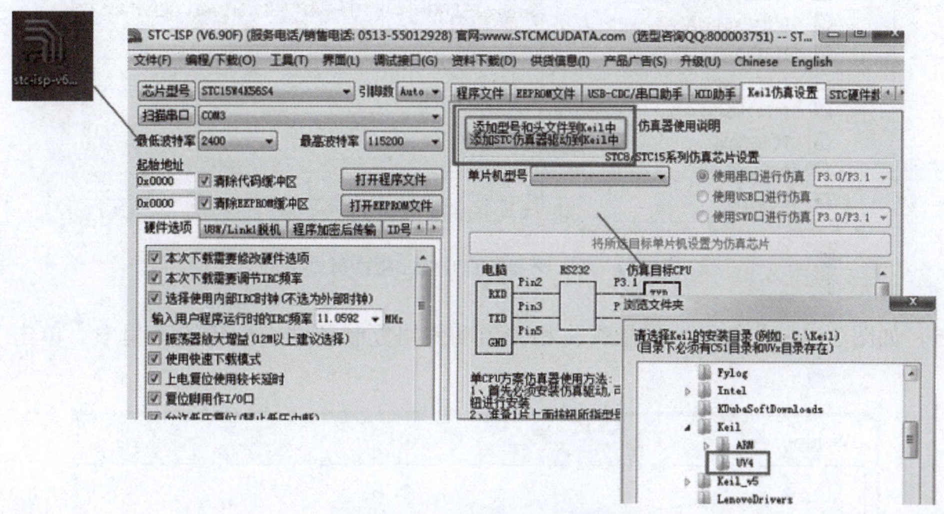

图 2-1-18　添加头文件

（4）如图 2-1-19 所示在资料库目录下单击“STC”前面的“+”号，展开 STC 公司所有的系列的单片机型号，选择“STC15W4K32S4”项，如图 2-1-20 所示，单击“确定”按钮。注意：本教材实际操作时使用的硬件芯片类型为 STC15W4K56S4。

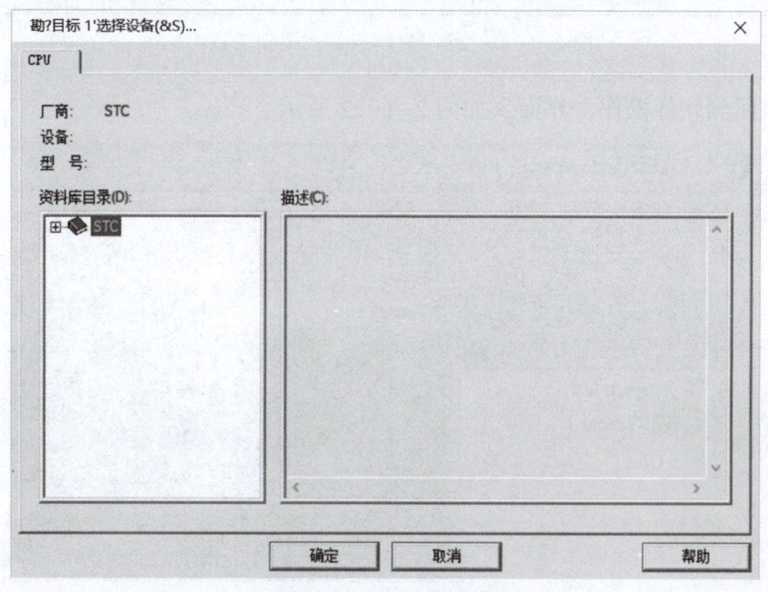

图 2-1-19　选择设备

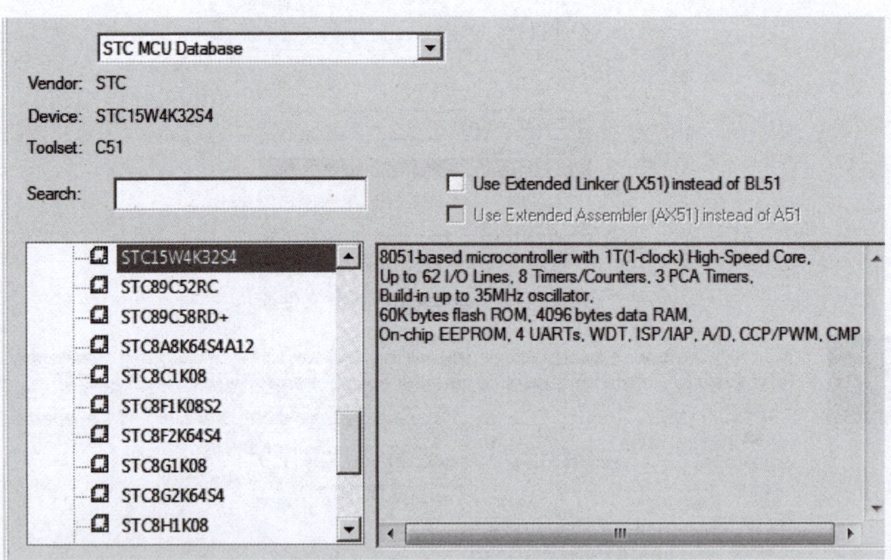

图 2-1-20　选择 STC15W4K32S4 芯片

（5）如图 2-1-21 所示询问是否将相关启动代码复制到刚刚创建的工程中，单击“是”按钮。

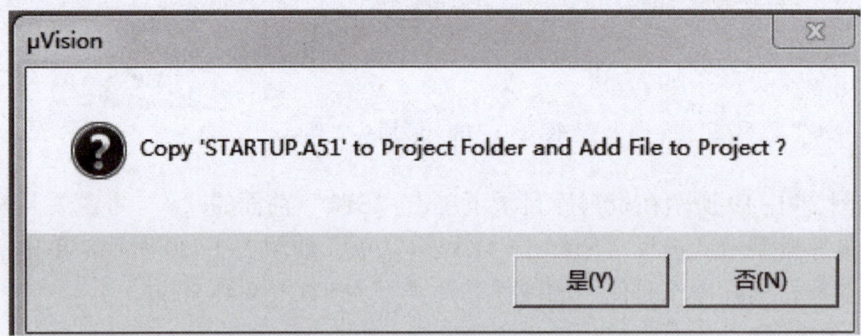

图 2-1-21　询问复制启动代码到工程中

（6）再次回到软件操作主界面，如图 2-1-22 所示。

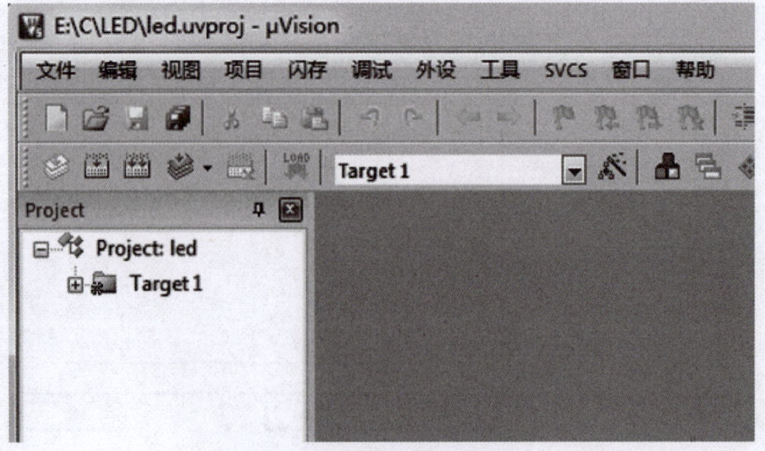

图 2-1-22　软件操作主界面

(7) 选择“文件”→“新建”，如图 2-1-23 所示，打开新创建的文本文件编辑框“Text1”，如图 2-1-24 所示。

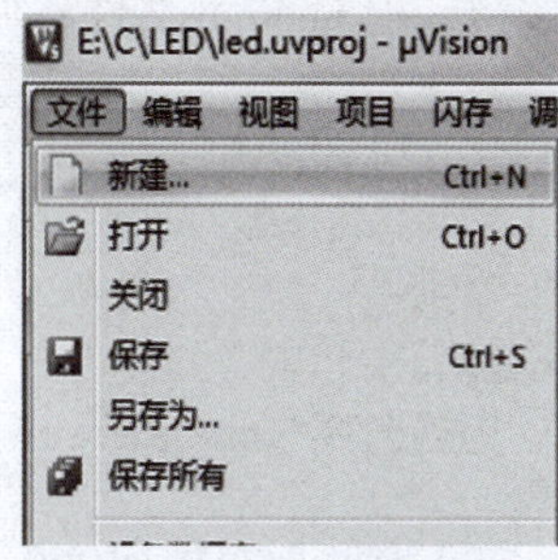

图 2-1-23　新建文件

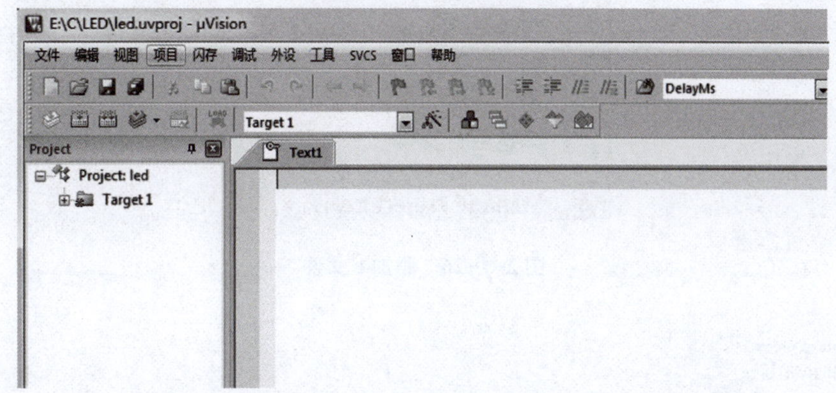

图 2-1-24　新建文件界面

(8) 单击“文件”→“另存为”，如图 2-1-25 所示，在弹出的对话框中输入要保存的文件名 main，选择保存路径，保存文件扩展名为 . c。

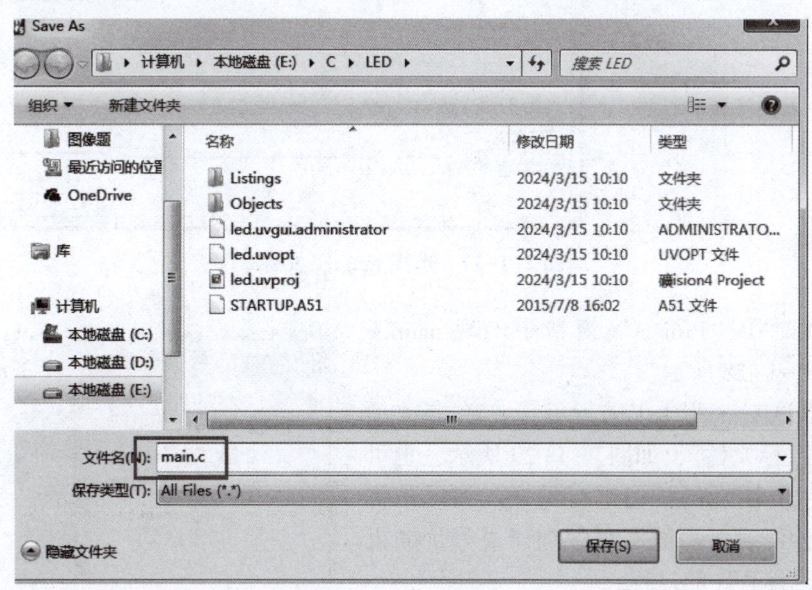

图 2-1-25　文件另存为

(9) 如图 2-1-26 所示在“Project”窗口中，右击“Target1”下的“Source Group1”，在弹出的快捷菜单中选择“Add Existing Files to Group‘Source Group1’”。选择“main. c”，如图 2-1-27 所示，单击“Add”按钮，把 main. c 文件添加到工程中，关闭该对话框。

图 2-1-26 添加 c 文件

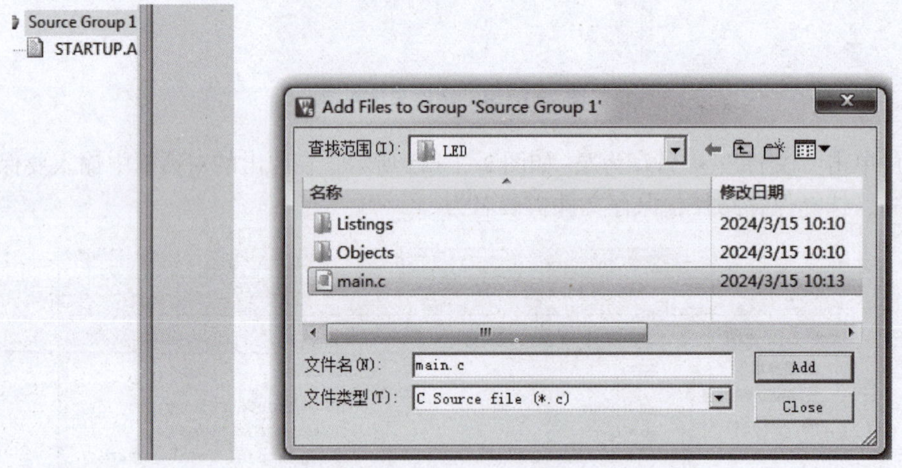

图 2-1-27 选择 main. c 文件

(10) 此时在“Project”窗口中出现 main. c 文件，如图 2-1-28 所示。

(11) 尝试对工程 led 进行编译，单击“项目”→“构建目标文件”，如图 2-1-29 所示，也可单击图 2-1-30 所示的按钮进行编译。编译是将高级程序设计语言书写的源程序翻译成等价的机器语言格式目标程序的过程。

图 2-1-28 工程界面

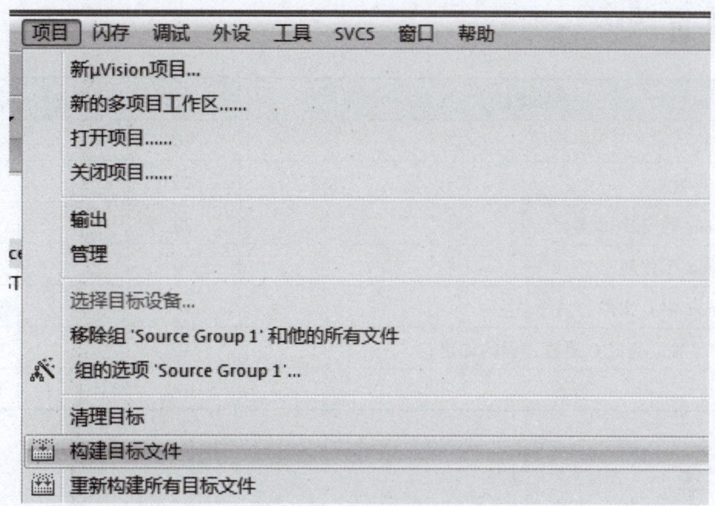

图 2-1-29　编译程序

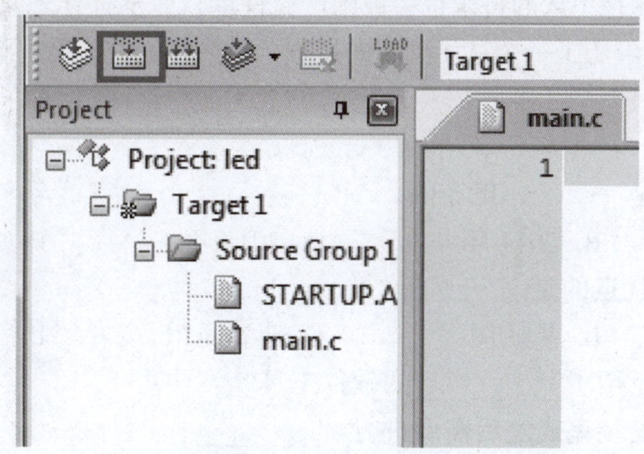

图 2-1-30　编译按钮

（12）编译结果如图 2-1-31 所示，工程“led”没有错误（0 Errors），但有两个警告（2 Warnings），这是因为工程 led 下的 main. c 文件目前没有写入代码。

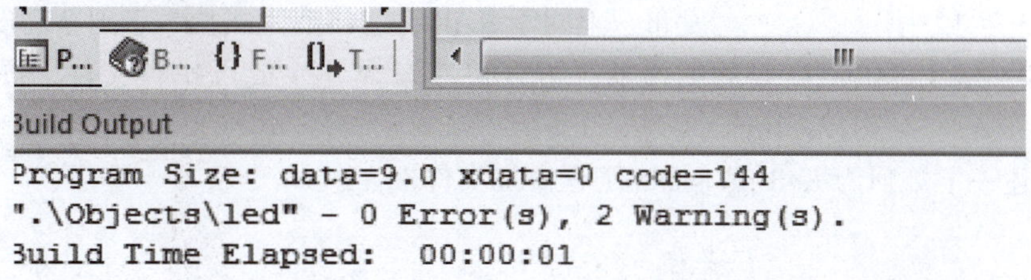

图 2-1-31　编译结果

任务评价

序号	一级指标	分值	得分	备注
1	Keil 软件的功能	10		
2	Keil 软件的版本	20		
3	Keil μVision 的安装	20		
4	Keil μVision 工程创建	30		
5	Keil μVision 中 C 文件的编译	10		
6	素养评价（独立完成 C 语言工程的创建）	10		
合计		100		

知识升华

本任务中 Keil μVision 软件是一款用途广泛的国外著名软件。目前应用软件的国产化已是大势所趋，Keil μVision 在不久的将来也会被国产软件取代，从操作系统到普通 APP，从借鉴到独创，我国软件产业经历了一个从无到有的过程，请同学们说说看身边使用过的国产软件。

思考练习

1. Keil μVision4 是（　　）发布的。

A. 2009 年　　B. 2011 年　　C. 2013 年　　D. 2016 年

2. 下列不是 Keil 优点的是（　　）。

A. 跨平台　　B. 易使用　　C. 丰富 API　　D. 面向对象

3. Keil 是一款广泛用于__________的软件工具。

4. Keil μVision5 安装完成之后需要进行__________。

5. Keil μVision5 软件在建立工程选择单片机型号时应选择__________。

6. Keil μVision5 软件新建文件在保存时后缀名一般为__________。

7. 将高级程序设计语言书写的源程序翻译成等价的机器语言格式的目标程序的过程称为__________。

8. 2023 年 12 月 __________发布，不同于 Keil5，它将嵌入式技术带到新高度。

9. 判断：Keil 提供了高效的编译器，可以快速编译并生成可执行文件，提高了开发效率。（　　）

10. 简述一下如何为 Keil μVision5 工程添加文件。

任务拓展

本次任务提到了两种计算机开发语言 C 语言和汇编语言，请您通过查询资料了解这两种语言的特点，并以复制操作为例（把一个变量中的值赋给另外一个变量）分别寻找相关代码。

任务二　编写我的第一个 C 程序

任务描述

本次任务通过编写“我的第一个 C 程序”使学生初步认知 C 程序，通过对 C 语言基本概念和基础知识的介绍，为今后深入学习 C 语言打下基础。

任务目标

通过本次任务的学习，使学生理解 C 语言中标识符、关键字、常量、变量等重要概念，掌握 C 语言在 Keil 软件中的编写规范，熟练编写控制单片机外设 LED 灯闪烁的程序。

知识准备

1. C 和 C51 简介

C 语言是一门面向过程、抽象化的通用程序设计语言，广泛应用于底层开发。C 语言能以简易的方式编译、处理低级存储器。单片机 C51 语言是由 C 语言继承而来，和 C 语言不同的是，C51 语言运行于单片机平台，C51 语言具有 C 语言结构清晰的优点，便于学习，单片机 C51 语言提供了完备的数据类型、运算符及函数供使用。C51 语言是一种结构化程序设计语言，可以使用一对花括号“{}”将一系列语句组合成一个复合语句，程序结构清晰明了，C51 语言代码执行的效率方面十分接近汇编语言，且比汇编语言的程序易于理解，便于代码共享。

2. C 语言的标识符和关键字

C 语言中各种元素的名字称为标识符。标识符包括：变量名、符号常量名、函数名、数组名、类型名等。程序中一些元素可由用户直接命名称为用户标识符。用户标识符的命名遵守以下规则：

（1）只能有英文字母、数字、下划线三种符号；

（2）字母区分大小写；

（3）首字符不能为数字；

（4）标识符不能使用关键字。

例如用户标识符可以是 abc，abc123，ABc，但不能是 123abc。

在 C 语言中，有一些词语称为关键字，这些词语已被系统“注册”了特殊用途，在为程序中的各种元素命名时，不能使用这些关键字，否则程序编译时会报错，编译不通过。

这些关键字如 C 语言中的系统函数名：

sin——求正弦的函数名

sqrt——求算术平方根的函数名

有些词语虽然不属于关键字，但是称为预定义标识符。

用预定义标识符为元素命名，语法上是可以的，但是为了避免歧义，尽量不要这样做。表 2-2-1 所示为 C 语言关键字，C51 在 C 语言的基础上添加一些关键字，如表 2-2-2 所示。

表 2-2-1　C 语言关键字

关键字	关键字	关键字	关键字	关键字	关键字
auto	break	case	char	const	continue
default	do	double	else	enum	extern
float	for	goto	if	int	long
register	return	short	signed	sizeof	static
struct	switch	typedef	union	unsigned	void
volatile	while				

表 2-2-2　C51 添加的语言关键字

关键字	关键字	关键字	关键字	关键字
bit	sbit	sfr	sfr16	data
bdata	idata	pdata	xdata	code
interrupt	reentrant	using		

3. C 语言的常量与变量

在程序运行过程中，值不能改变的量称为常量。相反的，在程序运行过程中，值可以改变的量称为变量。

常量的定义如下：

```
int a=10;//10 是一个整型常量
float b=3.14;//3.14 是一个浮点型常量
```

还有一种常量称为符号常量，符号常量需要用#define 命令定义，如：

```
#define PI 3.14
```

表示定义 PI 是 3.14 的代替符号。

变量类似于生活中存放物品的盒子，如图 2-2-1 所示，用于保存数据。

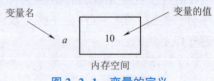

变量名　变量的值　*a*　10　内存空间

图 2-2-1　变量的定义

盒子的名字——变量名；

盒子里面的内容——变量的值。

在程序中，变量实际代表的是计算机内存中的一块存储空间，存储空间的名称就是变量名，其中存储的内容就是变量的值。

如：

```
int a;
a=10;
```

表示定义了一个变量 *a*，然后将 10 放入变量 *a* 中保存。

在 C 语言中，变量在使用前必须先定义它的数据类型，然后才能使用。就像盒子必须先准备好，才能用来储物。

4. C 语言的数据类型

C 语言中，变量在使用之前必须先定义其数据类型，例如：

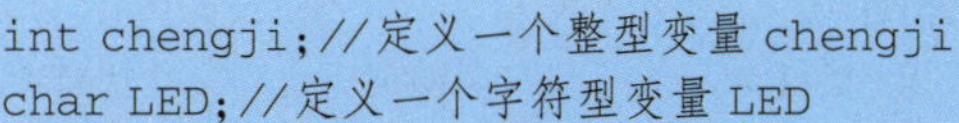

```
int chengji;//定义一个整型变量 chengji
char LED;//定义一个字符型变量 LED
```

C 语言的数据类型如图 2-2-2 所示，每个数据类型在计算机内存中开辟空间大小不同，表 2-2-3 所示是 Keil 软件中 C51 数据类型的详细信息。

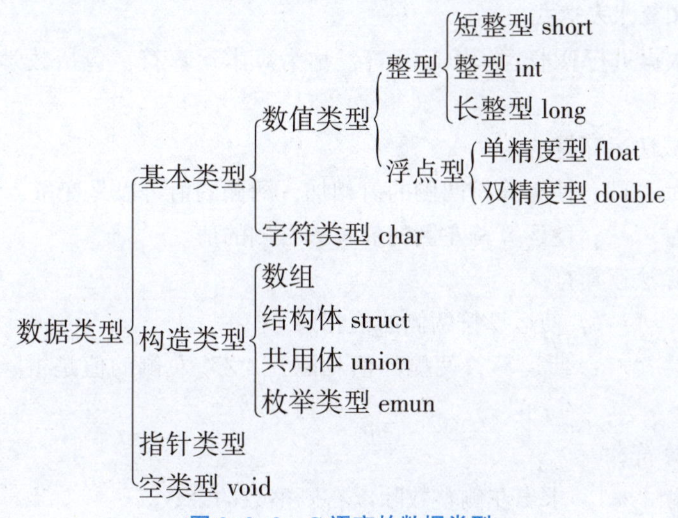

图 2-2-2　C 语言的数据类型

表 2-2-3　Keil 软件中 C51 数据类型的详细信息

类型符	类型名称	长度/bit	长度/Byte	数值范围
bit	位型	1		0，1
char	有符号字符型	8	1	-128～127
unsigned char	无符号字符型	8	1	0～255
int	有符号整型	16	2	-32 768～32 767
unsigned int	无符号整型	16	2	0～65 535
short	有符号短整型	16	2	-32 768～32 767
unsigned short	无符号短整型	16	2	0～65 535
long	有符号长整型	32	4	-2^{16}～2^{16}
unsigned long	无符号长整型	32	4	0～2^{32}
float	单精度浮点型	32	4	±1. 176E-38～ ±3. 40E+38（6 位数字）
double	双精度浮点型	64	8	±1. 176E-38～ ±3. 40E+38（10 位数字）

5. C 语言的运算符和表达式

运算符和表达式是学习程序设计语言的基础，C 语言中的运算符和表达式如下：

赋值运算符和赋值表达式

（1）赋值运算符。

C 语言的赋值运算符为等号，表示形式“=”。

此外，还有复合赋值运算符，以后会陆续介绍。

(2) 赋值表达式。

“=” 的左侧是变量，右侧是常量、变量、表达式、函数等，“=” 的含义是将右边的值赋给左侧的变量，程序运行时先计算右侧值，然后赋给左侧变量。

算术运算符和算术表达式

对计算机中数据进行算术运算的运算符，称为算术运算符，包括数学中学到的加减乘除等。

(1) 加法和减法运算符。

加法运算符为“+”，使运算符两侧的值相加，两侧的值可以是变量、常量和表达式等。

减法运算符为“-”，使运算符左侧的值减去右侧的值。

(2) 乘法和除法运算符。

乘法运算符为“*”，使运算符两侧的值相乘。

除法运算符为“/”，使运算符两侧的值相除，“/” 左侧的值是被除数，右侧的值是除数。

(3) 求模运算符。

求模运算符为“%”，求出左侧整数除以右侧整数的余数。

(4) 符号运算符。

“+”(正号) 不改变操作数的值及符号，“-”(负号) 可用于得到一个数的相反数。

(5) 自增和自减运算符。

自增运算符为“++”，自减运算符为“--”。

自增运算符使运算对象递增 1，有两种形式：运算符在变量的左侧，称前缀模式，运算符在变量的右侧，称后缀模式。

前缀形式指变量的值加 1 作为表达式的值，同时变量的值加 1；后缀形式指将变量的值作为表达式的值，然后变量值加 1。

(6) 复合赋值运算符。

复合赋值运算符有+=、-=、*=、/=、%=，如 x+=y+1 等同 x=x+(y+1) 依次类推，注意：右侧表达式为一个整体，其中括号 () 与数学上的括号一样，能改变运算的顺序。

(7) 算术表达式。

使用算术运算符将运算对象连接起来、符合 C 语言语法规则的式子。

关系运算符和关系表达式

程序设计中需要经常对运算对象之间的大小进行比较，这样的运算符称为关系运算符，用关系运算符将数值或表达式连接起来的式子就是关系表达式，满足关系表达式运算符关系的结果称为“真”，否则为“假”。常用的关系运算符如表 2-2-4。

表 2-2-4 常用的关系运算符

关系运算符	含义
>	大于
>=	大于或等于

续表

关系运算符	含义
<	小于
<=	小于或等于
= =	等于
！ =	不等于

逻辑运算符和逻辑表达式

有时多个关系表达式组合起来更有用，这时需要逻辑运算符，如表 2-2-5 所示，逻辑表达式运算结果如下：

a&&b 表示只有 a 和 b 都是真时，表达式结果为真，有一个为假，表达式结果为假。

a‖b 表示 a 或 b 有一个为真，表达式结果为真，a 和 b 都为假，表达式结果为假。

！ a 表示 a 为真时，表达式结果为假，a 为假时，表达式结果为真。

表 2-2-5　逻辑运算符

运算符	含义
&&	逻辑与
‖	逻辑或
！	逻辑非（单目运算符）

条件运算符和条件表达式

条件运算符是 C 语言唯一的三元运算符，需要三个操作数，格式为：

```
表达式 1?表达式 2:表达式 3。
```

表示先计算表达式 1 的值，若为真，则整个表达式的值为表达式 2 的值，否则，为表达式 3 的值。

当有多个条件表达式组成的符合条件表达式时，运算顺序从右向左。

如：

```
a>b?a:c>d?c:d 相当于 a>b?a:(c>d?c:d)
```

逗号运算符和逗号表达式

逗号运算符是特殊的运算符，将两个表达式连接起来，一般形式：

```
表达式 1,表达式 2
```

执行情况：先求解表达式 1，再求解表达式 2，最后的结果是表达式 2 的值。

6. 十六进制

（1）十六进制数由 16 个数码符号构成：0、1、2、…、9、A、B、C、D、E、F，其中 A、B、C、D、E、F 分别代表十进制数的 10、11、12、13、14、15。

（2）进位规则是“逢十六进一”。一般在数的后面加字母 H 表示这个数是十六进制数。以下是将十六进制转成十进制的例子，D 表示十进制。

$$2FCBH = 2\times16\hat{}3+15\times16\hat{}2+12\times16\hat{}1+11\times16\hat{}0 = 12235D$$

表 2-2-6 所示是二进制、十进制、十六进制的比较。

表 2-2-6　二进制、十进制、十六进制的比较

二进制数（B）	十进制数（D）	十六进制数（H）
0000	0	0
0001	1	1
0010	2	2
0011	3	3
0100	4	4
0101	5	5
0110	6	6
0111	7	7
1000	8	8
1001	9	9
1010	10	A
1011	11	B
1100	12	C
1101	13	D
1110	14	E
1111	15	F

任务实施

编写我的第一个 C 程序

步骤一　编写 C 语言程序

打开 led 工程文件，在 main. c 文件中输入如下代码。

```
#define MAIN_Fosc        22118400L       //定义主时钟
#define uchar unsigned char
#include"STC15Fxxxx.H"
void main(void)
{
    P0M1 = 0;       P0M0 = 0;       //设置为准双向口
    P1M1 = 0;       P1M0 = 0;       //设置为准双向口
    P2M1 = 0;       P2M0 = 0;       //设置为准双向口
    P3M1 = 0;       P3M0 = 0;       //设置为准双向口
    P4M1 = 0;       P4M0 = 0;       //设置为准双向口
    P5M1 = 0;       P5M0 = 0;       //设置为准双向口
    P6M1 = 0;       P6M0 = 0;       //设置为准双向口
    P7M1 = 0;       P7M0 = 0;       //设置为准双向口
    while(1)
    {
        P2 = 0x00;
    }
}
```

#include “STC15Fxxxx. H”表示此程序是针对 STC15 类型芯片编写的，如图 2-2-3 所示，需要把 STC15Fxxxx. H 文件放在 LED 工程文件夹中；void main(void){}是 C 语言的主函数，即程序运行时第一个执行的函数，两个 void 表示函数在执行时不输入值也不返回值；由于 STC15 系列的引脚功能比较多，需要预先设置为准双向口，如图 2-2-4 所示；while(1){}是 C 语言的循环语句，它表示程序一直运行；P2 = 0x00 表示设置芯片引脚 P2 输入信号为 0x00，STC15 系列芯片引脚 P2 分为 8 个子引脚（P2. 0 ~ P2. 7），根据电路原理引脚状态有两种：高电平（1）和低电平（0），将 0x00 转成结果为 00000000 二进制，如图 2-2-5 所示，即 8 个子引脚都为低电平。

机 ▸ 本地磁盘 (E:) ▸ C ▸ LED ▸

新建文件夹

名称	修改日期	类型
Listings	2024/3/15 12:38	文件
Objects	2024/3/15 12:38	文件
led.uvgui.administrator	2024/3/15 12:38	ADM
led.uvopt	2024/3/15 12:38	UVC
led.uvproj	2024/3/15 12:38	礦isi
main.c	2024/3/15 12:37	C 文
STARTUP.A51	2015/7/8 16:02	A51
STC15Fxxxx.H	2014/11/19 14:01	C He

图 2-2-3　STC15Fxxx. H 文件

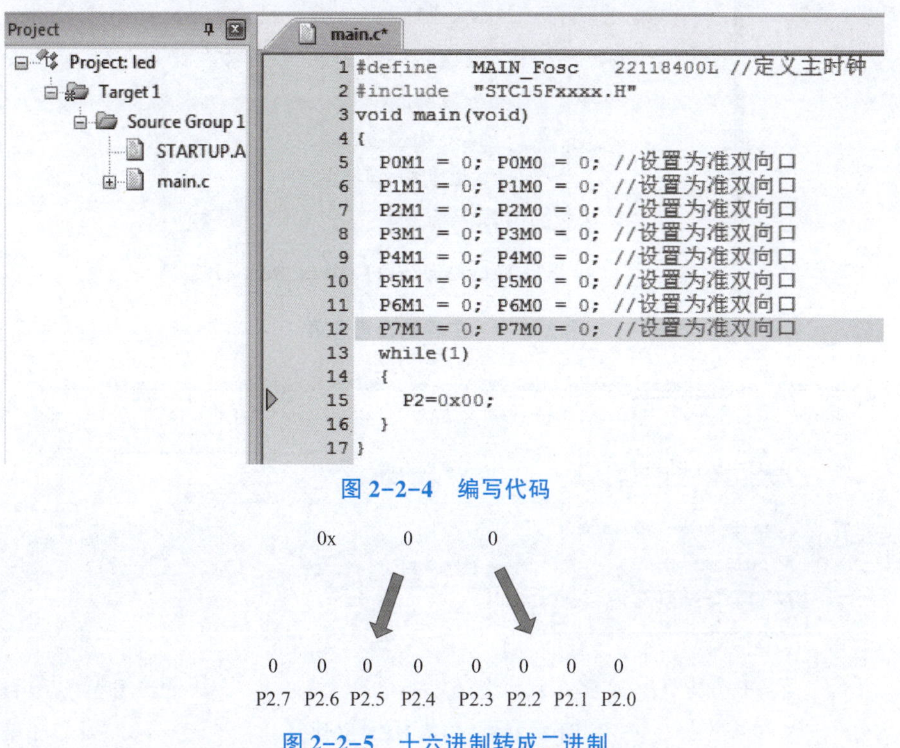

图 2-2-4　编写代码

图 2-2-5　十六进制转成二进制

步骤二　生成 Hex 执行文件

对现有的程序进行编译，结果如图 2-2-6 所示，此时程序没有错误和警告。在“Project”窗口中，右键单击“Target 1”，在弹出的快捷菜单中单击第一项“目标选项‘Target1’….”，如图 2-2-7 所示对“output”选项卡进行设置，在“Create HEX file”选项前打“√”如图 2-2-8 所示，返回主界面重新编译程序，查找工程文件存放的目录，会发现多出一个以 hex 为后缀名的文件，如图 2-2-9 所示。

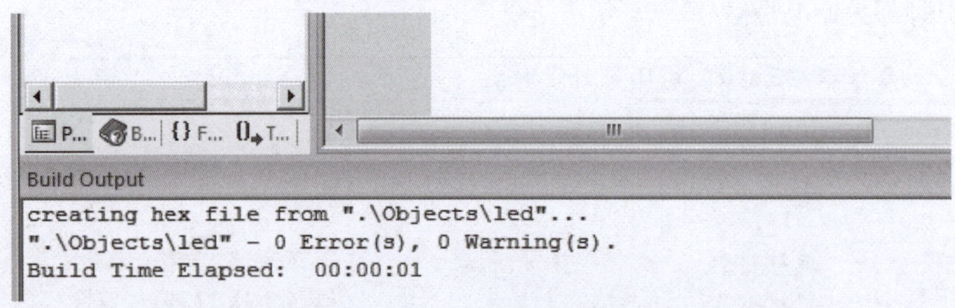

图 2-2-6　程序编译结果

图 2-2-7　工程的设置选项

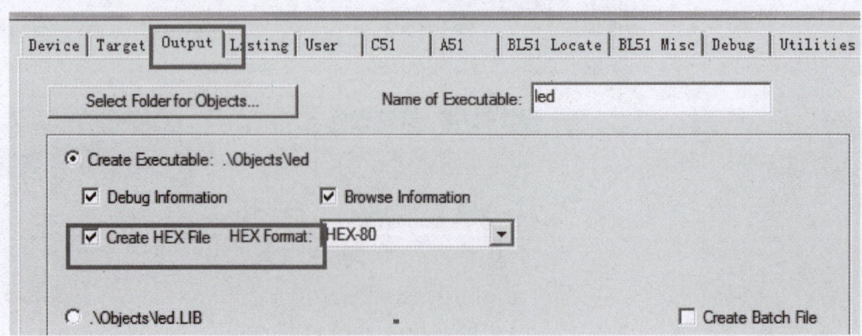

图 2-2-8　勾选 HEX 文件

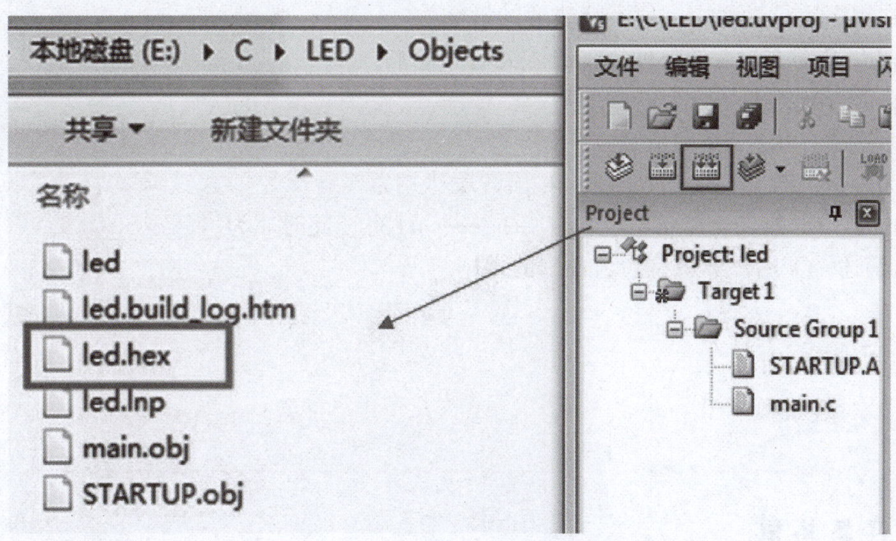

图 2-2-9　. hex 文件存放目录

任务评价

序号	一级指标	分值	得分	备注
1	C 语言与 C51 的特点	10		
2	C 语言中标识符的规则	10		
3	C 语言中常量和变量的概念	20		
4	C 语言中表达式和运算符的概念	20		
5	C 语言控制单片机引脚的程序	30		
6	素养评价（C 语言程序的规范性）	10		
合计		100		

眼界拓展

本任务是编写我的第一个 C 程序，在新中国的建设中也有很多的第一次：第一部宪法、第一条完全国产化铁路、第一次成功的核试验、第一颗人造卫星、第一枚奥运会金牌等，这些都是我们这个时代的骄傲，也是作为中国人的骄傲，请同学们查一查世界上属于中国人的第一次有哪些？

思考练习

1. 以下不是 C 语言关键字的是（　　）。

A. if　　B. else　　C. main　　D. default

2. 下列不属于 C 语言标识符的是（　　）。

A. abc　　B. ABC　　C. AB_C　　D. 2abc

3. C 语言是一门__________、__________的通用程序设计语言，广泛应用于底层开发。

4. 在程序运行过程中，值不能改变的量称为__________。
5. 在 C 语言中，变量在使用前必须先定义它的__________，然后才能使用。
6. C 语言数据类型分为__________、__________、__________、__________。
7. 表达式：10！=9 的值是__________。
8. 为表达关系 $x \geq y \geq z$，使用的 C 语言表达式为__________。
9. int a，b=2，c=7，d=5，a=(++b,c--,d+3)，此时 a 为__________。
10. 简述一下用户标识符命名遵守的规则。

任务拓展

在本次任务中对 P2 的 8 个引脚输入 0x00，使引脚都处于低电平，如果使 P2 引脚中 P2.0、P2.2、P2.4、P2.6 处于低电平，其余引脚高电平，输入的十六进制的数字又是多少？

任务三 程序烧入点亮我的单片机

任务描述

本次任务是“程序烧入点亮我的单片机”，如图 2-3-1 所示，通过本任务的实施使学生掌握 STC-ISP 烧入软件的使用，掌握程序烧入的相关步骤，熟悉单片机核心部分与外设的物理连接。

图 2-3-1 点亮单片机外设 LED 灯

任务目标

通过本次任务的学习，使学生理解程序烧入器的作用，掌握 STC-ISP 烧入软件的使用方法，能正确利用杜邦线连接单片机核心部分与外设 LED 灯。

知识准备

单片机程序的烧入是单片机程序开发的最后一步，需要用到烧入器和烧入软件。

1. 程序烧入器

烧入器是单片机核心板与电脑连接的硬件设备，如图 2-3-2 所示，连接方式如图 2-3-3 所示，一端连接电脑的 USB 端口，另一端与单片机的串口相连，原理图如 2-3-4 所示，其中程序烧入器中的 VCC 接单片机的 VCC，GND 接单片机的 GND，RXD 接单片机的 TXD，TXD 接单片机的 RXD。

程序烧入器连接电脑后需要安装驱动程序，安装完成后在电脑“设备管理器”中会弹出对应的端口，如图 2-3-5 所示。

图 2-3-2　51 单片机烧入器

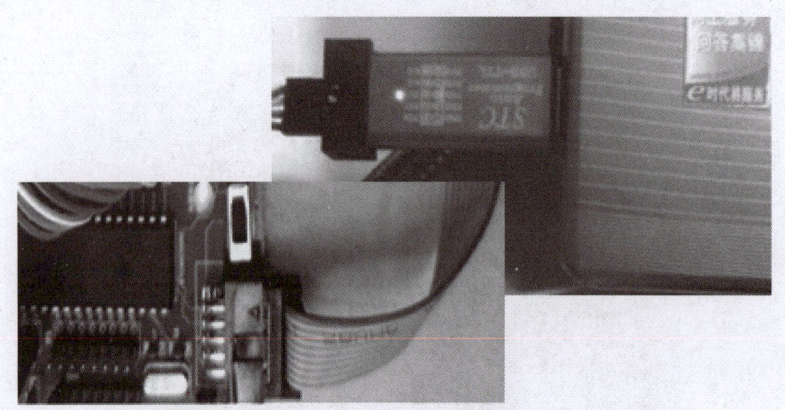

图 2-3-3　烧入器的连接方式

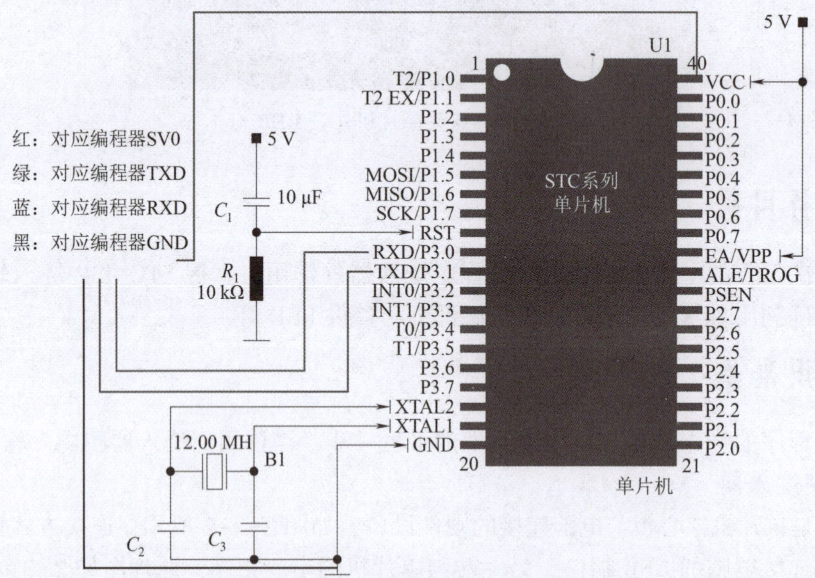

图 2-3-4　程序烧入器原理图

2. 程序烧入软件

烧入软件是把编译好的程序（C 或汇编语言）通过一定的方式下载到单片机中的软件。图 2-3-6 所示是不同类型的烧入软件，本教材使用的 15 系列单片机选择的是 STC-ISP 烧入软件。

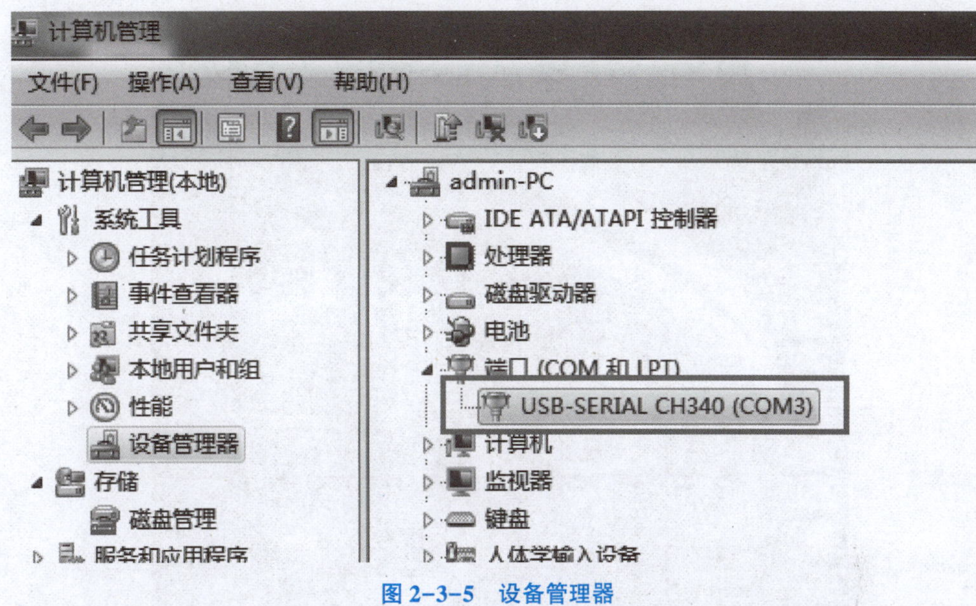

图 2-3-5　设备管理器

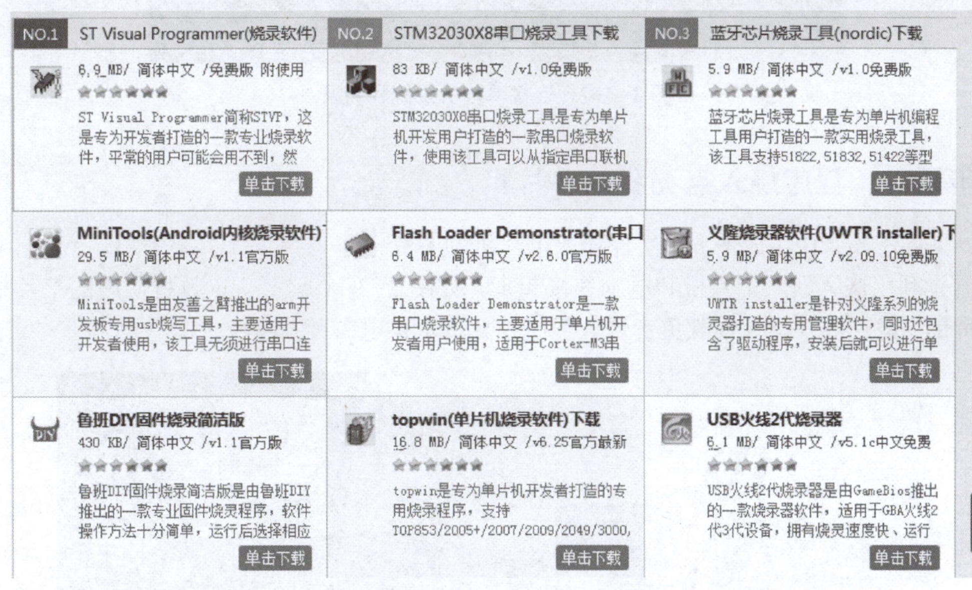

图 2-3-6　不同类型的烧入软件

任务实施

步骤一　连接单片机系统与外设

程序烧入点亮我的单片机

使用杜邦线连接主芯片右侧 P2 的 8 个插针和外设 LED 灯旁的 8 个插针，如图 2-3-7 所示。根据任务二中程序“P2＝0x00”即把 STC 芯片 P2 中 8 个子引脚置于低电平，此时电流从高电平流到低电平，LED 灯发光。

图 2-3-7　连接单片机系统和外设

步骤二　程序烧入点亮我的单片机

以下将任务二中生成的 hex 文件烧入单片机的芯片中。

(1) 利用烧入线将单片机和电脑连接起来，如图 2-3-8 所示。本教材使用的单片机开发板简化了烧入器，烧入线既负责烧入程序，又负责供电。

图 2-3-8　烧入器的连接

（2）在桌面上右击“计算机”，单击“管理”，如图 2-3-9 所示，打开设备管理器，如图 2-3-10 所示，查看单片机连接端口，如图 2-3-11 所示，显示 USB-SERIAL CH340（COM3）。

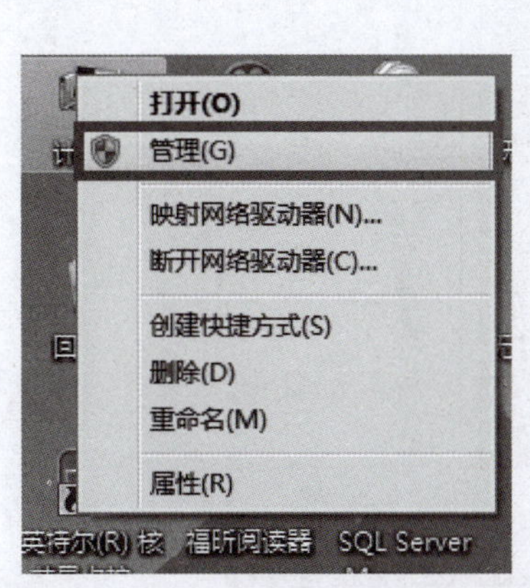

图 2-3-9　计算机管理

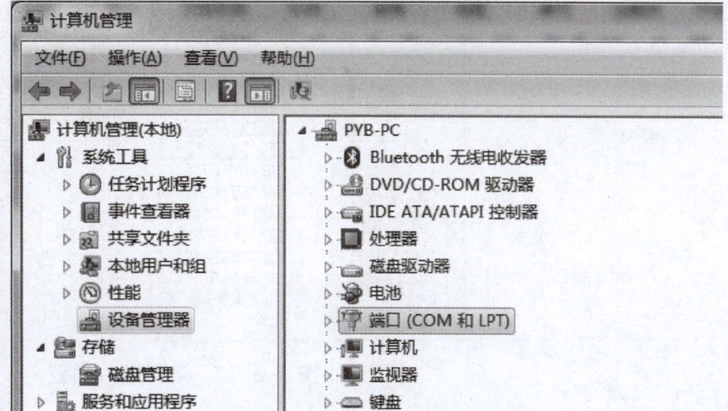

图 2-3-10　打开设备管理器

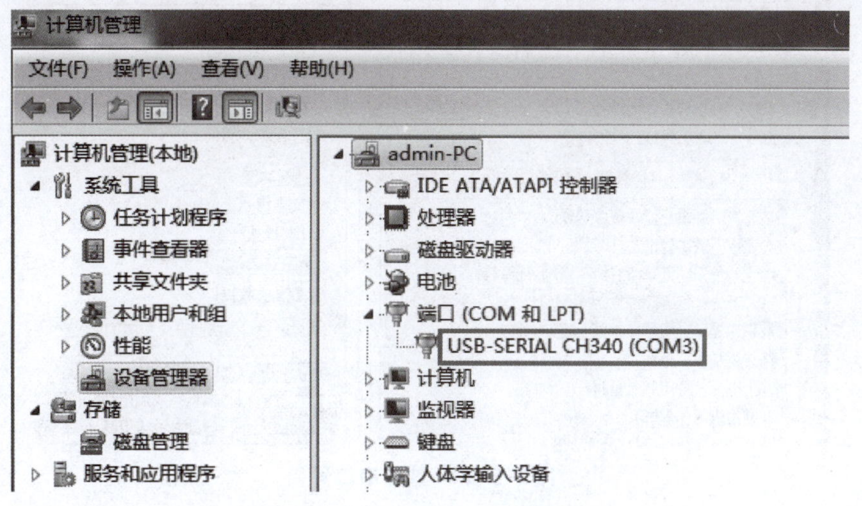

图 2-3-11　查看单片机连接端口

（3）打开 stc-isp-v6.90F 烧入软件，如果弹出升级提醒，关闭即可。如图 2-3-12 所示，在单片机型号下拉框中选择 STC15W4K32S4 系列—>STC15W4K56S4。

（4）如图 2-3-13 所示，选择串口号，单击“打开程序文件”按钮，在“打开程序代码文件”窗口中打开任务二中编译过后生成的 hex 程序，单击“下载/编程”按钮，如图 2-3-14 所示。

（5）此时右下角窗口出现“正在检测目标单片机”，如图 2-3-15 所示，如图 2-3-16 所示，按下单片机“冷启动”键，当图 2-3-17 所示的窗口中出现“操作成功”信息时，表明单片机外设 LED 灯被点亮了。

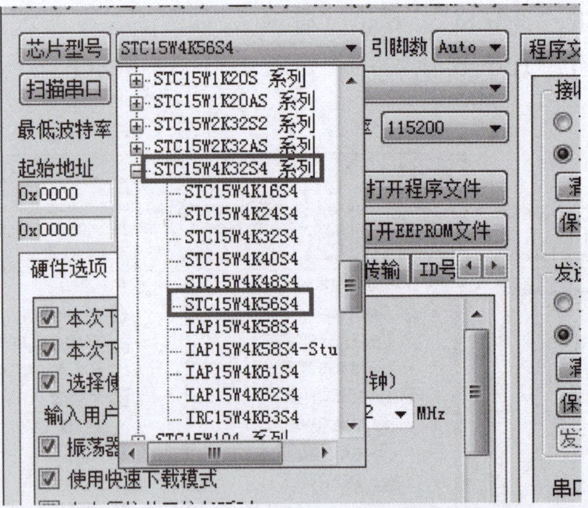

图 2-3-12　选择芯片类型

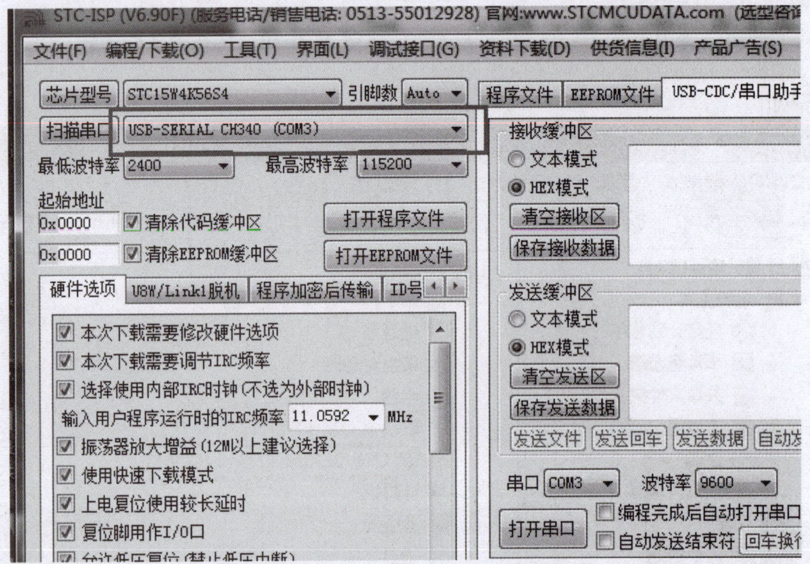

图 2-3-13　选择串口号

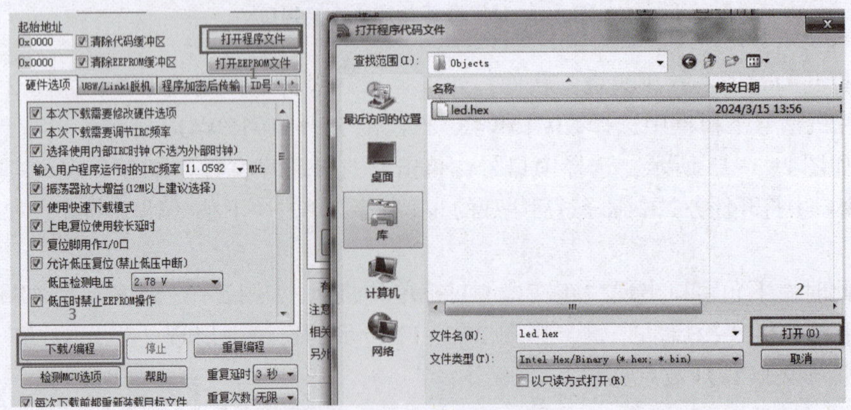

图 2-3-14　打开 hex 程序

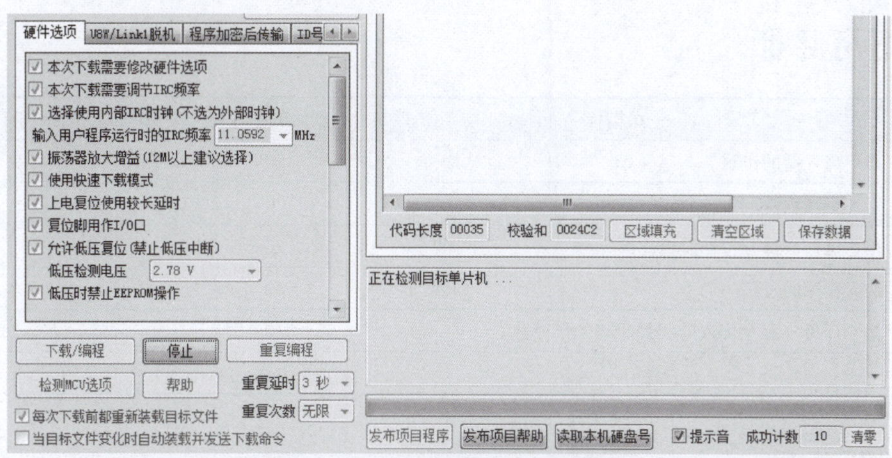

图 2-3-15　正在检测目标单片机

图 2-3-16　单片机“冷启动”键

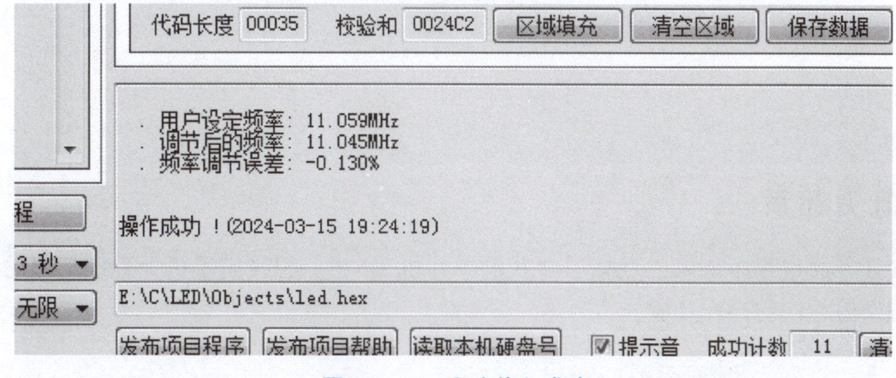

图 2-3-17　程序烧入成功

任务评价

序号	一级指标	分值	得分	备注
1	程序烧入器的作用	20		
2	了解烧入软件	20		
3	单片机核心部分与外设板连接	20		
4	烧入程序的过程	30		
5	素养评价（程序烧入的相关步骤的严谨性）	10		
合计		100		

眼界拓展

小小的 LED 灯背后凝结着大量工程师的心血，爱迪生为了“照亮人类”进行了数千次实验，法拉第为了“驾驭电流”通宵达旦的测量，“SpaceX 星舰”的工程师们在一次次有目共睹的失败中不断进步。荀子说“不积跬步无以至千里，不积小流无以成江海”，作为新时代的职校生需要的就是这种脚踏实地的工匠精神。

思考练习

1. 烧入器是单片机核心板与电脑连接的__________。
2. 以下烧入器与芯片引脚的连接关系错误的是（　　）。

A. VCC-VCC　　B. GND-GND　　C. TXD-TXD　　D. RXD-TXD

3. 程序烧入器连接电脑后需要__________________。
4. P0＝0x00 的作用是__________________。
5. 本任务在使用 stc-isp-v6. 90F 烧入软件时选择单片机型号为__________________。
6. 15 系列单片机一般为__________________烧入软件。
7. 在烧入程序过程中一般需要按单片机__________________键进行烧入。
8. 判断：本任务的烧入程序类型为 hex。（　　）
9. 判断：烧入器是单片机核心板与电脑连接的硬件设备。（　　）
10. 简述一下单片机程序烧入的过程。

任务拓展

本次任务通过程序烧入，点亮了“我的单片机”，想一想我们手机上程序功能的实现是不是也遵循着相同的操作步骤？

项目三

让我的单片机动起来——顺序结构

项目简介

“让我的单片机动起来”就是让单片机外设 LED 灯以“跑马灯”的形式运动起来，通过程序控制跑马灯的方向和速度，增加程序的趣味性，提高学生对 C 语言编程的兴趣。

项目目标

本项目以“让我的单片机动起来”为例，让学生理解 C 语言的基本语句结构，熟悉 Diagram Designer 软件绘制程序流程图的基本步骤，掌握单向“跑马灯”程序的编写，理解“跑马灯”程序中语句的顺序结构。

单片机有着严格指令系统，每一步都需要精确控制，正如在工程实践中必须具有良好的职业素养和法律意识，同时单片机的功能也是在不断变化、丰富的，正如要培养学生注重创新和探索的意识。

工作任务

根据“让我的单片机动起来”项目要求，基于工作过程，以任务驱动的方式将本项目分成以下三个任务：

（1）认识 C 语言语句结构

（2）Diagram Designer 软件绘制程序流程图

（3）编写程序让单片机动起来

任务一　认识 C 语言语句结构

任务描述

从结构化程序设计角度出发，程序有三种结构：顺序结构、选择结构、循环结构，如何用 C 语言的代码实现这三种结构，继而完成较为复杂的编程是本任务所要讨论的内容。

任务目标

本次任务是认识 C 语言的三种基本语句结构，通过学习，学生能理解顺序、选择、循

环这三种结构的区别，掌握 if、else、switch、case、for、while 等关键字的使用，会编写简单的嵌套结构 C 程序。

知识准备

1. C 语言的集成开发环境

大多数人学习 C 语言都会选择集成开发环境（IDE）来进行练习，例如前文提到的 Keil 软件。使用集成开发环境的目的是缩短、简化 C 语言学习的时间与流程，降低代码管理难度、学习成本，使用集成开发环境，也可以更加方便地对代码进行调试、对项目进行管理，这里总结几种集成开发环境：

（1）VS/Eclipse 系列。

Visual Studio 2019 如图 3-1-1 所示，是绝大多数学习 C 语言的人员使用的 IDE，它软件功能强大、调试方便；eclipse 如图 3-1-2 所示，也是 C 语言开发的主流 IDE，它不仅跨平台（Windows、Linux、Mac），而且插件多、灵活、各种类型 IT 企业应用也是数不胜数，但由于该系列软件过于“臃肿”，“臃肿”的结果就是速度比较慢而且占得空间大，比如 Visual Studio 还是收费的软件，很多 C 语言开发者会转向别的开发环境。

图 3-1-1　Visual Studio 2019

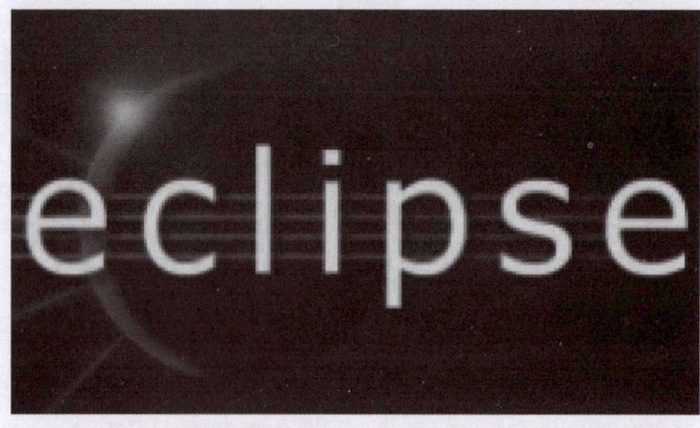

图 3-1-2　eclipse

（2）GCC 系列：如图 3-1-3 所示，GCC 系列是一个多内核、多驱动、Linux 方向的学习首选，很多 C 语言的老手都会转到 GCC 软件，因为它方式简单、灵活、高效，不仅可以高效率控制编译器对源代码进行加工，而且生成的可执行代码运行效率高。GCC 系列分为两个平台：Linux 下 GCC 和 Windows 下 GCC，其中 Windows 下 GCC 是 Cygwin、MinGW、

Djgpp 的移植版。如果学习安全、嵌入式、驱动开发工程师的课程，可以选择 Linux 下 GCC 方式进行开发，另外由于 Mac 系统是类 UNIX 内核的系统，所以 GCC 也是支持的。

图 3-1-3　GCC 编译器

（3）CB/CL 等系列：目前有相当多的开发人员会选择学习 CodeBlocks、CodeLite、C-Free 等“轻量级”IDE，如图 3-1-4 所示。这些 IDE 比较小众，但是麻雀虽小五脏俱全，它们对 C 语言的支持一点不亚于 GCC、VS/Eclipse 系列。但由于“小众”遇到问题解决起来比较耗时，配置起来也略微烦琐。

图 3-1-4“轻量级”IDE

本次任务采用 Dev-C++编译器，如图 3-1-5 所示。它是一个 Windows 环境下的适合初学者使用的轻量级 C/C++集成开发环境（IDE）。

2. C 语言程序的基本结构

从结构化程序设计角度出发，程序只有三种结构：顺序、选择、循环。

（1）顺序结构。

如图 3-1-6 所示，先执行 A，再执行 B。

（2）选择结构。

如图 3-1-7 所示，存在某条件 P，若 P 为真，则执行 A，否则执行 B。

（3）循环结构。

循环结构分两种结构：当型和直到型。

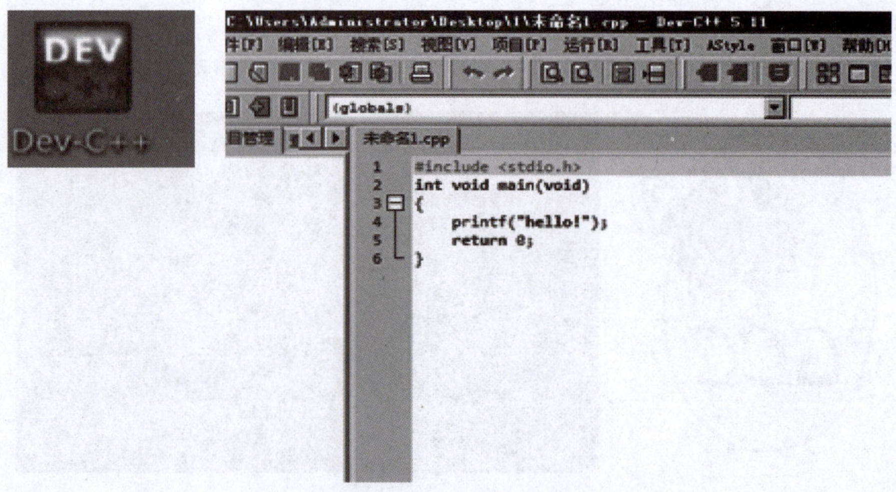

图 3-1-5　Dev-C++编译器

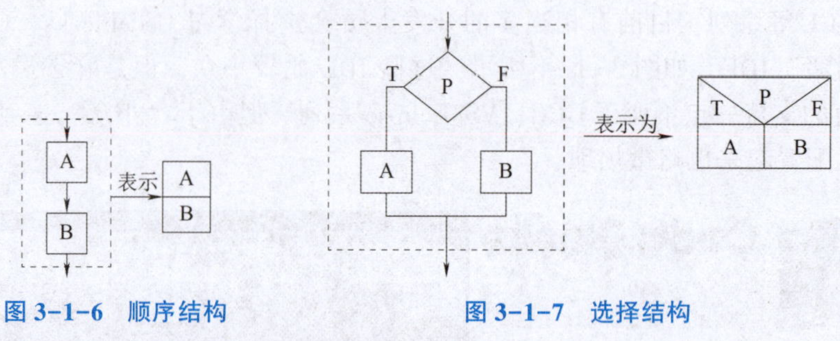

图 3-1-6　顺序结构　　图 3-1-7　选择结构

当型结构如图 3-1-8 所示，当 P 条件成立时（T），反复执行 A，直到 P 不成立时（F）才停止。

直到型结构如图 3-1-9 所示，先执行 A，再判断 P 是否成立，若成立（T）重复执行 A，若不成立（F）停止。

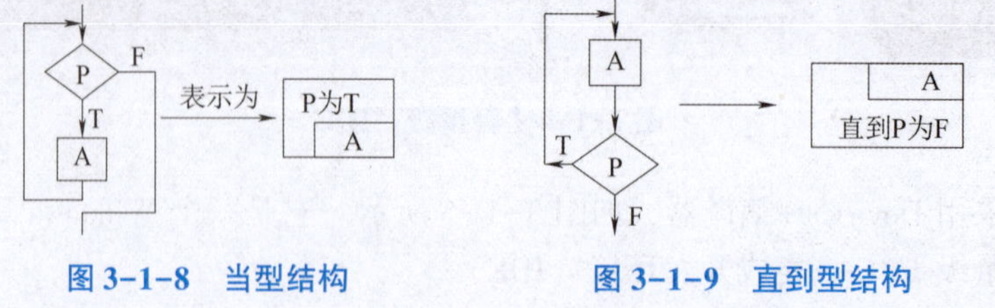

图 3-1-8　当型结构　　图 3-1-9　直到型结构

3. C 语句的分类

以下是 C 语句的五大类：

（1）表达式语句。

表达式语句由表达式加上分号组成。

其一般形式为：表达式；执行表达式语句。

（2）函数调用语句。

函数名+实际参数+分号；

格式一般为：函数名（参数表）；

执行函数语句就是调用函数体并把实际参数赋予函数定义中的形式参数，然后执行被调函数体的语句，求取函数值。

（3）控制语句。

例如：

```
if()~else~      (条件)
switch          (多分支选择)
for()~          (循环)
while()~        (循环)
do~while        (循环)
continue        (结束本次循环)
break           (中止整个循环)
return          (函数返回)
```

（4）复合语句。

多个语句用{}括起来，组成复合语句，其中每条语句都以；结束，但}外不能加分号；例如：

```
{  z=x+y;
   T=z/100;
   printf("% f",t);
}
```

（5）空语句。

空语句是只有分号（;）的语句。由一个分号组成，它表示什么操作也不做。

任务实施

认识 C 语言语句结构

步骤一　利用 C 语言顺序结构把输入的数字输出

打开 Dev-C++，在软件中新建源代码，如图 3-1-10 所示，输入如下代码，如图 3-1-11 所示，单击"运行"→"编译"，如图 3-1-12 所示，最后单击"运行"按钮，结果如图 3-1-13 所示。

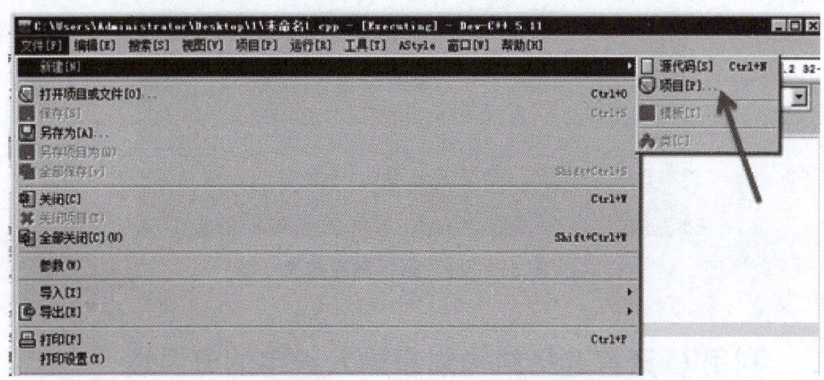

图 3-1-10　新建项目

其中<stdio. h>是 C 语言输入输出的头文件，int main（void）{return 0} 是主函数的固定写法，在函数体中首先定义了数值变量 a，printf 函数输出提示信息“请输入一个数字：”，然后利用 scanf 函数给变量 a 赋值，printf 函数输出提示信息“您输入一个数字是：”，最后 printf 函数将变量 a 的值输出，整个程序是顺序结构。

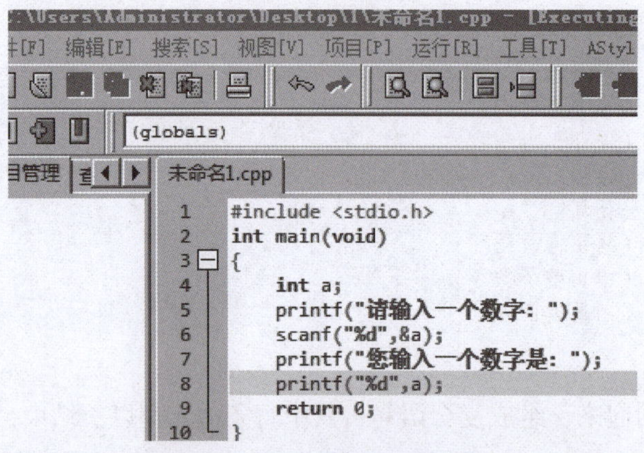

图 3-1-11　顺序结构代码

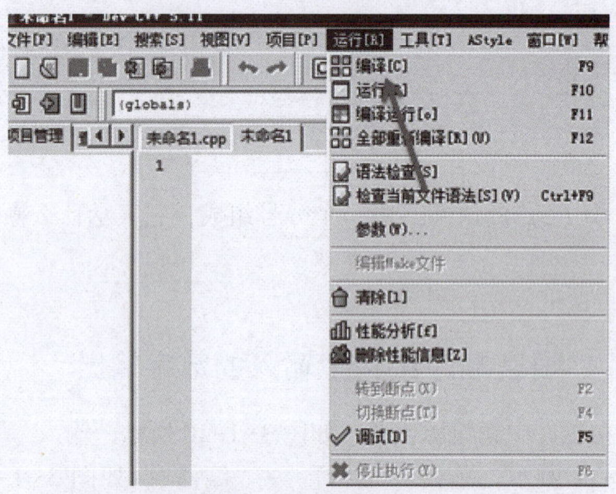

图 3-1-12　运行程序

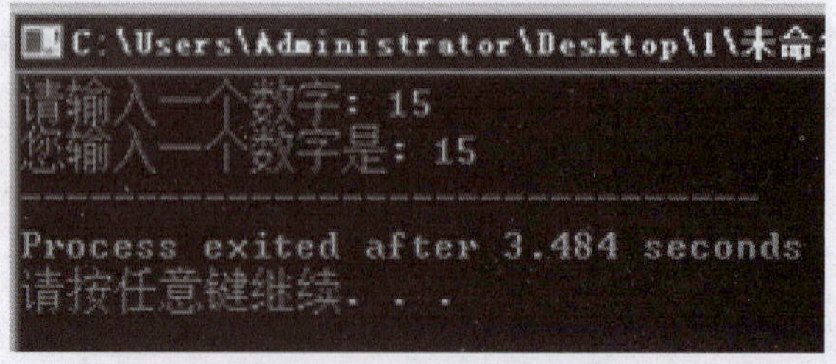

图 3-1-13　运行程序结果

步骤二　利用 C 语言选择结构判断输入数字的奇偶性

打开 Dev-C++，在软件中新建源代码，输入代码及运行效果如图 3-1-14 所示，其中

if（a%2==0）是判断变量 *a* 是否为偶数，如果是就输出“偶数”，否则输出“奇数”，整个程序是选择结构。

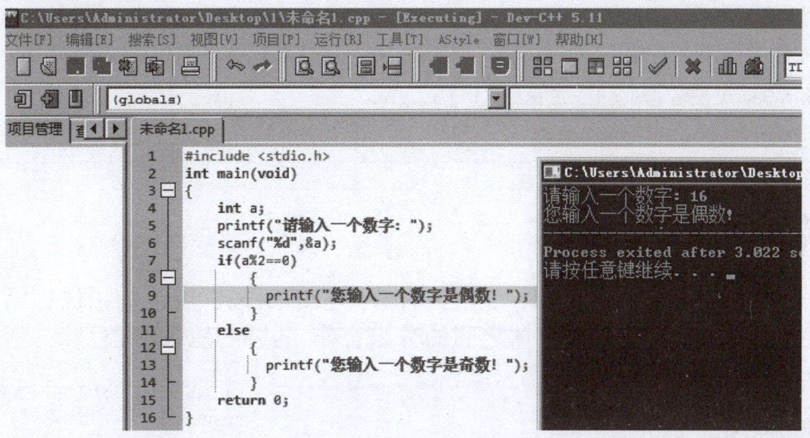

图 3-1-14　选择结构

步骤三　利用 C 语言循环结构输出 100 以内的奇数

打开 Dev-C++，在软件中新建源代码，输入代码及运行效果如图 3-1-15 所示，其中 for(a=1;a<=100;a++){}是循环语句结构，它表明变量 *a* 由 1 到 100，每次循环 *a* 自加 1，在循环体中 if（a%2！=0）判断变量 *a* 是否是奇数，如果是奇数就输出变量 *a* 的值，整个程序是循环和选择结构的嵌套。

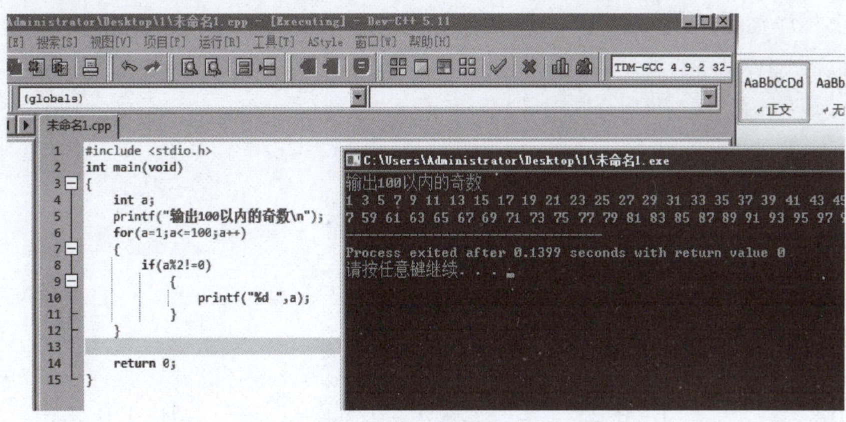

图 3-1-15　循环和选择结构的嵌套

任务评价

序号	一级指标	分值	得分	备注
1	C 语言的集成开发环境	10		
2	顺序语句的掌握	20		
3	选择语句的掌握	20		

续表

序号	一级指标	分值	得分	备注
4	循环语句的掌握	20		
5	选择和循环结构的嵌套	20		
6	素养评价（开发环境的使用、编程规范）	10		
合计		100		

素养小天地

本任务是认识 C 语言语句结构，C 语言有着严格的定义、规范的语法，函数之间可相互调用，正如在项目开发中学生个体之间的分组合作，共同完成既定目标，学生间要提高团队协作能力，培养集体主义精神。

思考练习

1. 大多数人学习 C 语言都会选择____________________来进行练习。

2. __________是 C 语言开发的主流 IDE，不仅跨平台（Win、Linux、Mac），而且插件多、灵活。

3. 学习安全、嵌入式、驱动开发工程师课程需要用到____________________。

4. 从结构化程序设计角度出发，程序只有三种结构____________________。

5. 以下不是循环结构控制语句的是（　　）。

A. for　　B. while　　C. do while　　D. go to

6. 以下程序运行结果为（　　）。

```
#include<stdio.h>
int main(void)
  {
    float x=4.0,y;
    if(x<0.0)y=0.0;
    else if(x<10.0)y=1.0/x;
    else  y=1.0;
    printf("%f\n",y);
    return 0;
  }
```

A. 0.0　　B. 0.25　　C. 0.5　　D. 1.0

7. 若 N 为整型变量，则 for（N=10；N=0；N--）循环里的循环体被（　　）。

A. 无限循环　　B. 执行 10 次　　C. 执行一次　　D. 一次也不执行

8. 以下程序运行结果为（　　）。

```
int main(void)
  {
    int i;
    for(i=0;i<10;i++);
    printf("%d",i);
  }
```

A. 0　　B. 123456789　　C. 0123456789　　D. 10

9. 以下程序运行结果为（　　）。

```
int main(void)
 {
   int x=1,a=0,b=0;
   switch(x)
   {
      case 0:b++;
      case 1:a++;
      case 2:a++;b++;
    }
    printf("a=%d,b=%d\n",a,b);
 }
```

A. a=2，b=1　　B. a=1，b=1　　C. a=1，b=0　　D. a=2，b=2

10. 编写如下 C 程序输出图形。

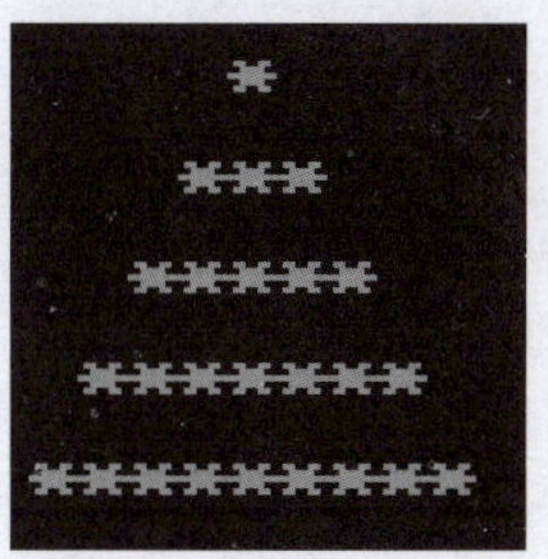

任务拓展

在本次任务中利用 for 循环和 if 选择语句的嵌套完成了 100 以内奇数的输出，请查阅资料完成 100 以内质数的输出。

任务二　Diagram Designer 软件绘制程序流程图

任务描述

绘制程序流程图是编写程序的基础，目前绘制程序流程图的工具有很多，本次任务介绍如何利用 Diagram Designer 软件绘制“跑马灯”程序的流程图。

任务目标

本次任务是利用 Diagram Designer 软件绘制“跑马灯”程序的流程图，通过学习学生能理解程序流程图的作用，掌握 Diagram Designer 软件的使用方法，“跑马灯”流程图中的 C 语言顺序结构。

知识准备

1. 程序流程图

程序流程图又称程序框图，是用统一规定的标准符号描述程序运行具体步骤的图形表示。流程图采用简单规范的符号，画法简单、结构清晰、逻辑性强、便于描述、容易理解。图 3-2-1 所示是程序框图的相关符号，其中箭头表示控制流，矩形表示加工步骤，菱形表示逻辑条件。程序流程图是进行程序设计的最基本依据，因此它的质量直接关系到程序设计的质量。

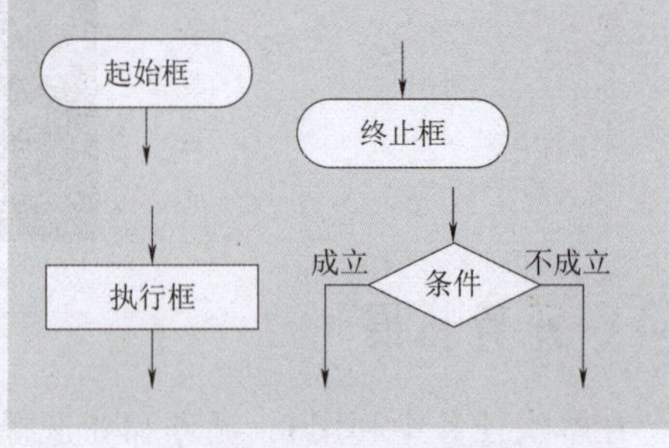

图 3-2-1　程序框图的相关符号

2. Diagram Designer 介绍

Diagram Designer 如图 3-2-2 所示，是一款轻量级的 ER 图绘制工具，它包括一个可定制的样板及调色板，简单的图绘图仪，支持使用压缩的文件格式。

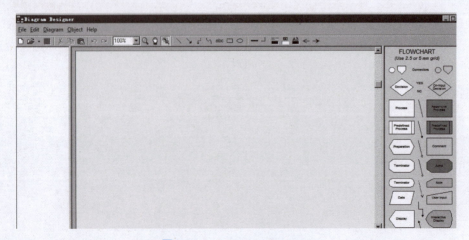

图 3-2-2　Diagram Designer

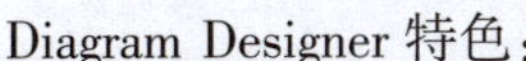

Diagram Designer 特色：

（1）简单易用的矢量图编辑器，可绘制流程图、UML 图、说明图、演示。

（2）Diagram Designer 可以进行矢量图像编辑筹建流程图，图表和滑动展览，为用户提供可定制的样板及调色板等工具。

（3）支持使用压缩的文件格式。

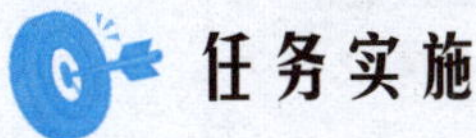

任务实施

步骤一　认识 Diagram Designer 软件

DIAGRAM DESIGNER 软件绘制程序流程图

Diagram Designer 安装时一般为英文版（资料文件夹中有安装程序），“File”→“Options”中选择简体中文，如图 3-2-3 所示。

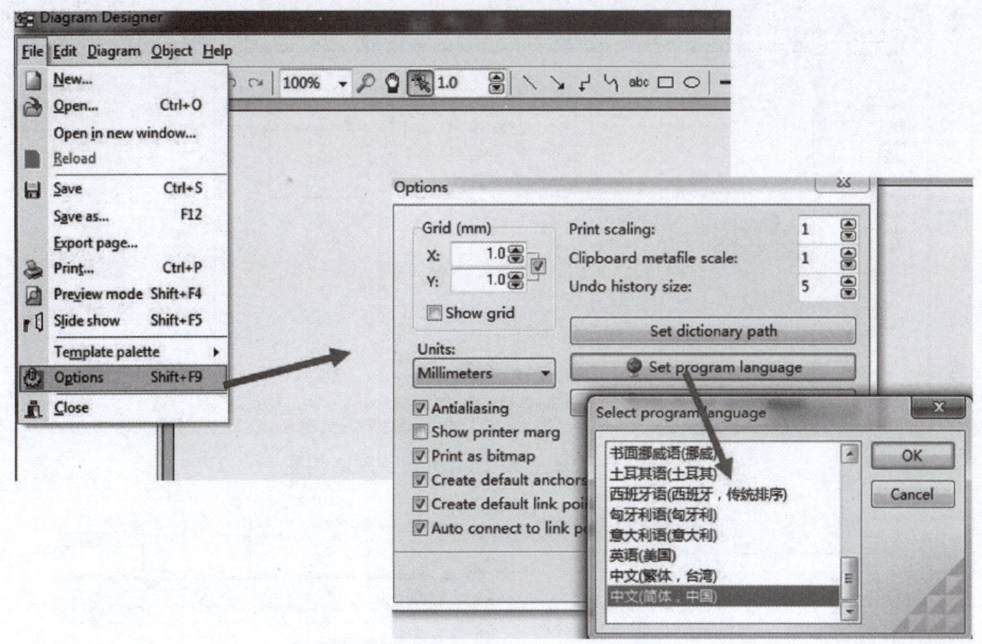

图 3-2-3　选择 Diagram Designer 简体中文版

如图 3-2-4 所示，在 Diagram Designer 软件界面的右侧有个模板，选取模板中不同类型（Flowchart、electronic Symbol GUI 等）的图形标识拖入编辑区。

利用软件界面的上侧工具栏中的工具绘制流程图，如图 3-2-5 所示，双击编辑区中的图形标识修改文字，如图 3-2-6 所示，按“文本格式标识符”设置字体的格式和颜色如图 3-2-7、图 3-2-8 所示，另外图形标识也可通过右击→“属性”进行修改，如图 3-2-9 所示。

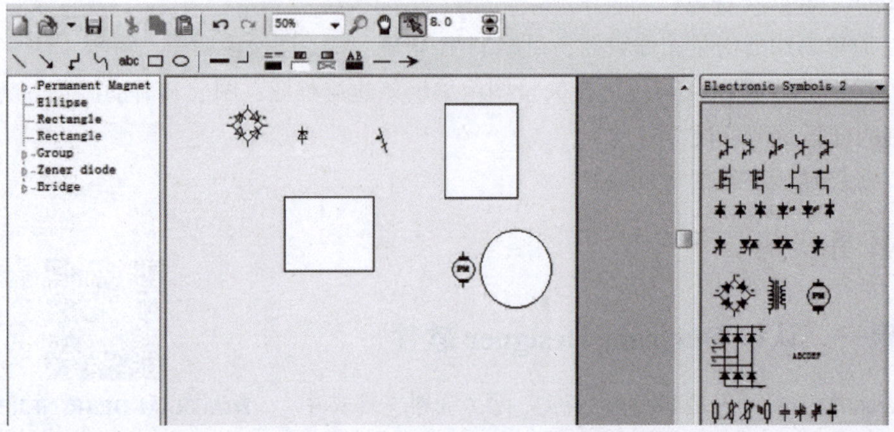

图 3-2-4 Diagram Designer 界面

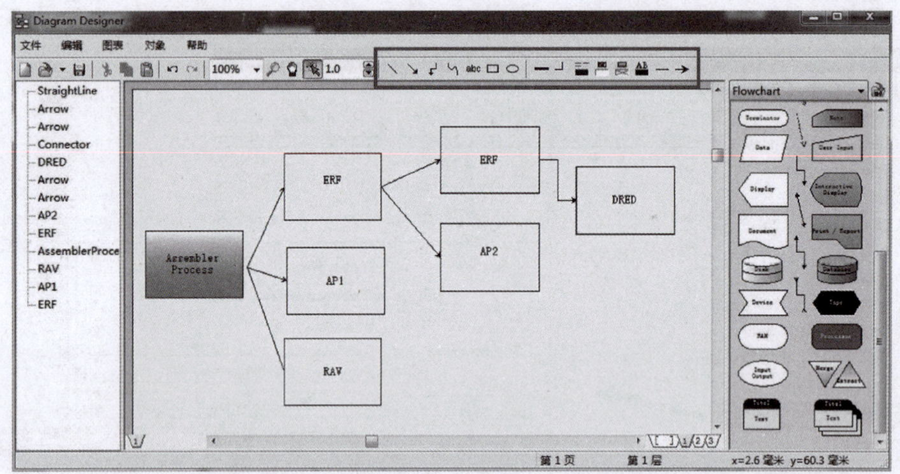

图 3-2-5 Diagram Designer 绘制结构图

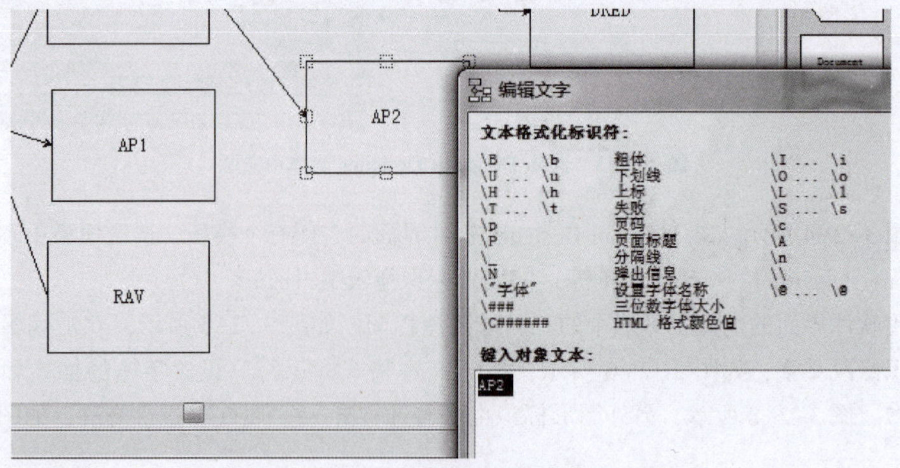

图 3-2-6 修改文字

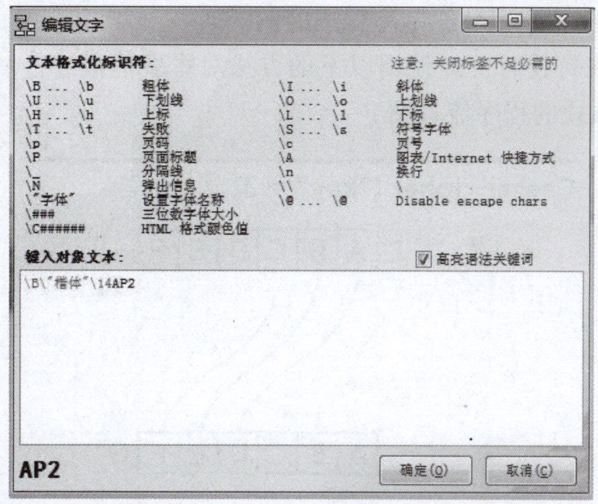

图 3-2-7　设置字体

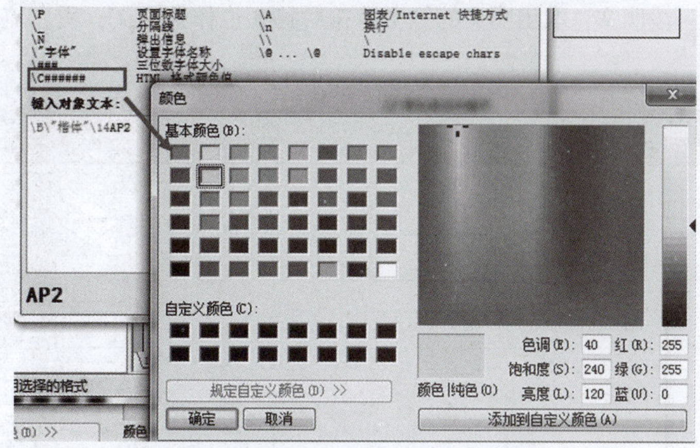

图 3-2-8　设置字体颜色（红色）

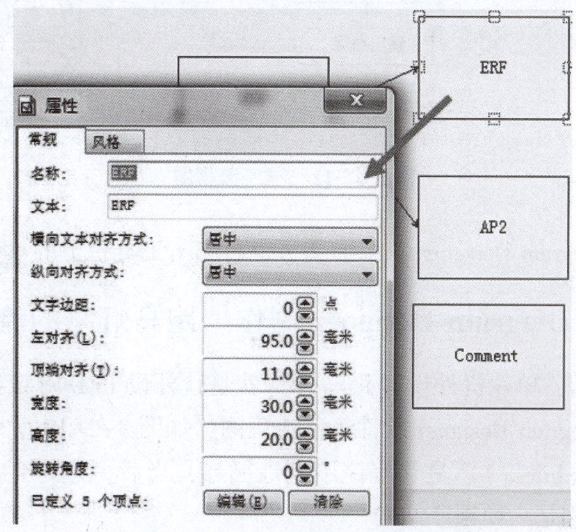

图 3-2-9　基本图形的属性设置

以下是一个 Diagram Designer 绘制流程图的例子。

古罗马皇帝凯撒在打仗时曾经使用以下的方法对军事情报进行加密，如图 3-2-10 所示。画出这种加解密方式的程序流程图。

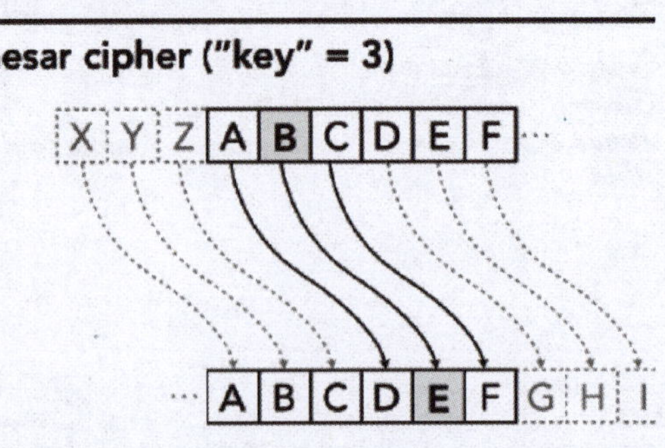

图 3-2-10　凯撒加密

分析：当输入一段明文，取出明文的每个字符后移 3 位作为密文，程序流程图如图 3-2-11 所示。

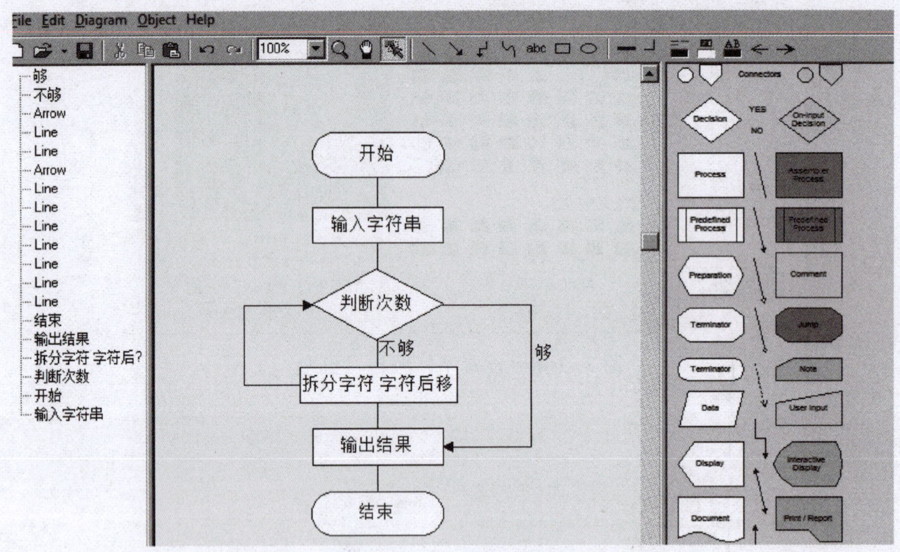

图 3-2-11　程序流程图

值得注意的是 Diagram Designer 中添加文字也可单击工具栏上的 abc 进行设置。

步骤二　利用 Diagram Designer 制作“跑马灯”的流程图

如图 3-2-12 所示，单片机外设“跑马灯”就是让外设 LED 灯依次亮过，产生“动起来”的效果，利用 Diagram Designer 软件绘制流程图，如图 3-2-13 所示，其中 D0 到 D7 代表外设 8 盏 LED 灯，while（1）是让程序不断地循环，当后一盏灯亮起时，前一盏灯熄灭同时延时 1 秒，显然这是一种顺序结构。

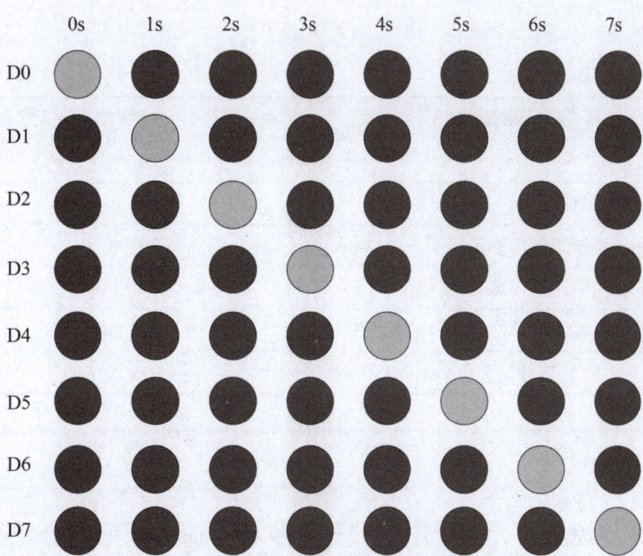

图 3-2-12　跑马灯

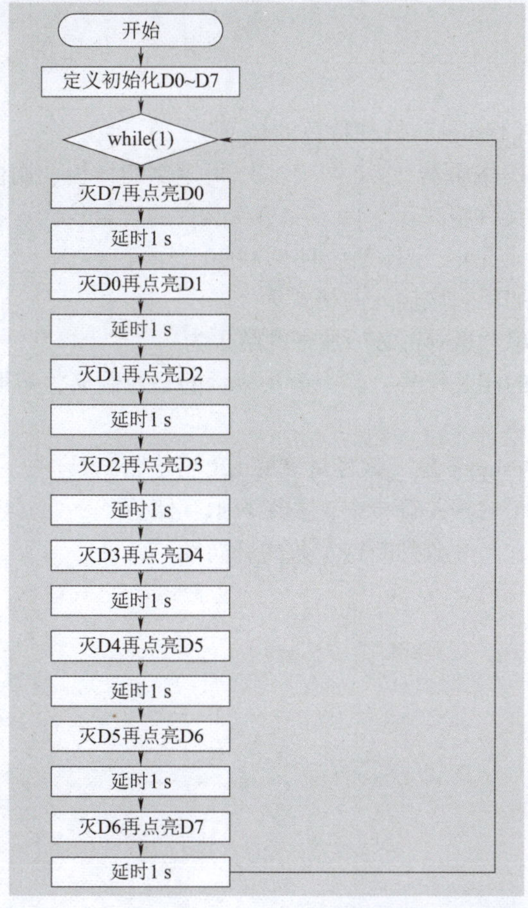

图 3-2-13　Diagram Designer 绘制的跑马灯流程图

任务评价

序号	一级指标	分值	得分	备注
1	程序流程图的作用	20		
2	程序流程图的相关符号	20		
3	Diagram Designer 绘制凯撒密码流程图	30		
4	Diagram Designer 绘制跑马灯流程图	20		
5	素养评价（流程图的绘制、符号使用的规范性）	10		
合计		100		

素养小天地

本任务是绘制程序流程图，流程图中的每个步骤都需要按照任务逻辑执行，正如培养学生时要注重规则意识和社会责任感的教育。

思考练习

1. 程序流程图又称________________，是用统一规定的________________具体步骤的图形表示。

2. 下列不是 Diagram Designer 软件特色的是（　　）。

A. 简单易用的矢量图编辑器　　B. 可定制的样板及调色板

C. 支持使用压缩的文件格式　　D. 软件的容量较大、拥有的资源多

3. 在设置 Diagram Designer 字体颜色时#000000 表示________________。

4. 如果要设置文字加粗应该输入的格式为________________。

5. 凯撒加密中字符串“tuivojuuu”加密的结果为________________。

6. 判断：程序框图的相关符号，其中箭头表示的是控制流，矩形表示的是加工步骤。（　　）

7. 判断：Diagram Designer 是一款轻量级的 ER 图绘制工具。（　　）

8. 判断：在程序框图的相关符号中，菱形表示存储。（　　）

9. 绘制流程图：输入一个数判断这个数的奇偶性。

10. 绘制流程图：输出 1 到 100 的质数。

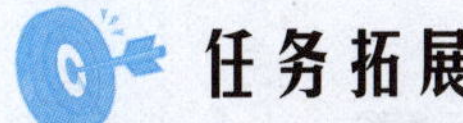

任务拓展

本次任务是利用 Diagram Designer 软件绘制跑马灯的流程图，如果在此程序流程图中添加一个开启和关闭跑马灯的功能，又该如何绘制程序流程图呢？

任务三　编写程序让单片机动起来

任务描述

本次任务是编写程序让单片机“动起来”如图 3-3-1 所示，单片机外设 8 盏 LED 灯依次亮起形成“跑马灯”的效果。

图 3-3-1　跑马灯让我的单片机“动起来”

任务目标

通过本次任务使学生理解延时函数在单片机“跑马灯”程序中的作用，熟练掌握“跑马灯”程序的写法，同时尝试编写双向“跑马灯”“流水灯”等程序。

知识准备

1. 单片机的延时

单片机延时的编程是单片机程序中经常会遇到的问题，如跑马灯程序，后一盏灯亮起前一盏灯熄灭同时会延时一会儿，在 C 语言中对于延时的处理有以下四种方法，如图 3-3-2 所示。

其中 for 语句和 while 语句都可以通过改变变量 i 的范围值来实现延时效果，但这种软件延时的方法，延时时间会根据硬件以及程序优化的不同而不同；定时器延时是一种精准

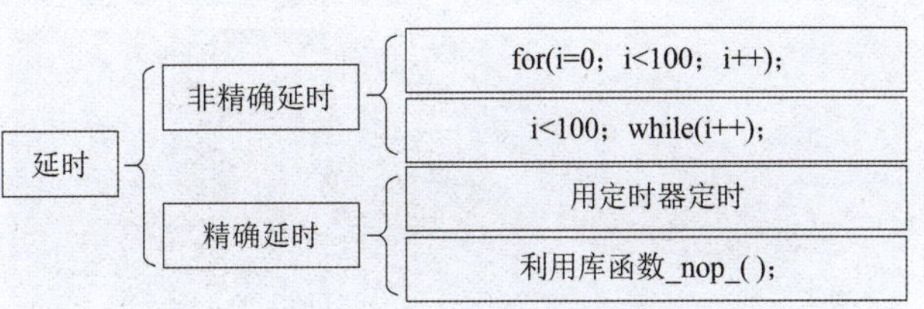

图 3-3-2　延时的方法

的延时，它也是本教材学习的一个重点，另外单片机自带的库函数_nop_( )，其中一个 NOP 时间是一个机器周期。

2. 单片机几种周期的关系

（1）时钟周期：CPU 的晶振的工作频率的倒数。比如工作频率为 11. 059 2 MHz，那么时钟周期就是 1/11. 059 2 MHz。

（2）机器周期：完成一个基本操作的时间单元，如取指周期、取数周期。一般一个机器周期是 12 个时钟周期。故为 12×(1/11. 059 2 MHz)

（3）指令周期：是 CPU 的关键指标，指取出并执行一条指令的时间。一般以机器周期为单位，分单指令执行周期、双指令执行周期等。现在的处理器的大部分指令（ARM、DSP）均采用单指令执行。指令周期一般需要 1、2、4 个机器周期。

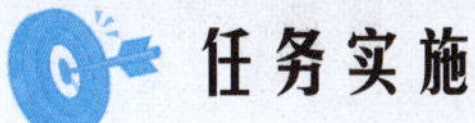

任务实施

编写程序让单片机动起来

步骤一　连接单片机系统和外设

使用杜邦线连接单片机核心系统和外设部分，如图 3-3-3 所示，其中核心系统 P2 与外设 LED 灯的插针相连，烧入项目二中的程序测试外设 LED 灯工作是否正常。

步骤二　编写“跑马灯”程序

根据任务二的流程图编写“跑马灯”代码如下：

```
#defineMAIN_Fosc22118400L        //定义主时钟
#include"STC15Fxxxx.H"           //导入 15 系列单片机的头文件
void  delay_ms(u8 ms);           //声明延时函数 delay_ms
void main(void)
{
    P0M1 = 0;    P0M0 = 0;       //设置为准双向
    P1M1 = 0;    P1M0 = 0;       //设置为准双向
    P2M1 = 0;    P2M0 = 0;       //设置为准双向
    P3M1 = 0;    P3M0 = 0;       //设置为准双向
    P4M1 = 0;    P4M0 = 0;       //设置为准双向
    P5M1 = 0;    P5M0 = 0;       //设置为准双向
```

图 3-3-3　单片机和外设部分连接

```
    P6M1 = 0;    P6M0 = 0;       //设置为准双向
    P7M1 = 0;    P7M0 = 0;       //设置为准双向
    while(1)//进行循环
    {
        P2 = 0x7f;
        delay_ms(1000);
        P2 = 0xbf;
        delay_ms(1000);
        P2 = 0xdf;
        delay_ms(1000);
        P2 = 0xef;
        delay_ms(1000);
        P2 = 0xf7;
        delay_ms(1000);
        P2 = 0xfb;
        delay_ms(1000);
        P2 = 0xfd;
        delay_ms(1000);
    P2 = 0xfe;
    delay_ms(1000);}
}
void  delay_ms(u8 ms) //定义带参数的延时函数 delay_ms,需输入 u8 类型的数据
{
     u16 i;//定义 u16 类型的变量 i
    do{
        i = MAIN_Fosc /13000;
        while(--i);
    }while(--ms);  //根据主时钟频率进行循环,计算出精确的延时时间
}
```

这个程序由两个函数组成，除了主函数 main()，还有延时函数 delay_ms()，延时函数

通过单片机时钟频率精确的计算出延时时间，delay_ms(1 000) 为延时 1 秒钟，在 while(1) 循环体中参照任务二流程图，对 P2 输入不同的十六进制数字，如图 3-3-4 所示，将其转成不断"顺序移动"的二进制数控制每一盏灯的亮灭，从而达到跑马灯的效果。

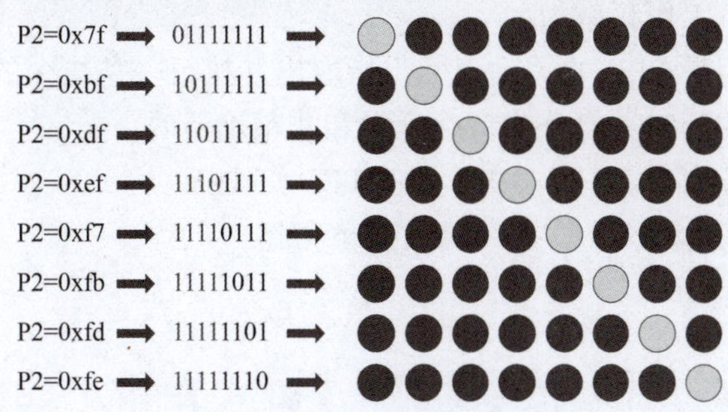

图 3-3-4 程序中的右移位

此外，现实生活中遇到的"流水灯"（LED 灯如流水一样一盏接着一盏亮起），"双向跑马灯"等也可尝试编写代码。

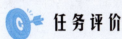

任务评价

序号	一级指标	分值	得分	备注
1	单片机延时的实现方式	10		
2	单片机周期	20		
3	"跑马灯"程序的掌握	20		
4	十六进制转二进制	20		
5	程序顺序结构的理解	20		
6	素养评价（代码编写、代码拓展）	10		
合计		100		

眼界拓展

跑马灯程序，让学生体会到技术带来的乐趣和成就感。其实在 IT 技术的发展中我国诞生了很多厉害的人物：求伯君，毕业于中国人民解放军国防科技大学，被誉为"WPS 之父"，打破了国外 Office 软件的垄断，曾当选为 2001 年度中国 IT 十大风云人物，有"中国第一程序员"之称；张小龙，腾讯公司高级副总裁，他毕业于华中科技大学电信系，分别获得学士、硕士学位，曾开发国产电子邮件客户端——Foxmail，加盟腾讯公司后开发微信，被誉为"微信之父"；姚期智，世界著名计算机学家，他是唯一一位获图灵奖的华人，在伪随机数生成、密码学和通信复杂度多个领域都作出了巨大的贡献。

思考练习

1. 单片机延时的编程分为__________、__________。

2. 时钟周期是____________________。

3. 一般一个机器周期是__________个时钟周期。
4. 要使 LED 灯中第 5 盏灯亮起 P2 应输入__________。
5. 要使 LED 灯中第 7 盏灯亮起 P2 应输入__________。
6. 本任务中单片机工作频率为__________。
7. 判断：指令周期是 CPU 的关键指标，指取出并执行一条指令的时间。（　　）
8. 判断：单片机的延时一般分为精确延时和非精确延时。（　　）
9. 判断：在本任务中对 P2 输入 0xff 可使 LED 灯全灭。（　　）
10. 编写程序使得 8 盏 LED 灯按奇偶数交替亮起。

任务拓展

本次任务完成了单片机“跑马灯”程序的编写，请思考生活中诸如双向“跑马灯”“流水灯”“呼吸灯”“警报灯”应如何用程序实现。

项目四

让我的单片机响起来——选择结构

项目简介

在上一个项目中，我们通过编写程序，成功点亮了单片机上的 LED 灯。本项目将让单片机按照我们的指令“响”起来。

项目目标

本项目通过按键控制蜂鸣器发声，实现“让我的单片机响起来”。在此可以进一步了解蜂鸣器、按键等电子元件，读懂单片机工作的电路图，掌握蜂鸣器、按键程序编写的方法，掌握 if... else 条件语句的使用方法，运算符与表达式的相关知识。

本项目重点讲述选择分支结构，我们可以用 if 语句的嵌套来实现多路分支结构，这就犹如人生之路我们会面临众多选择，对于读者要清晰辨别问题的本质，面对不同问题要选择恰当的方式来解决，要坚持运用科学辩证的观点面对现实生活中的问题。面对人生中的各种选择时要思维清晰，懂得取舍，特别当某一时刻面临个人利益与集体利益乃至国家利益相冲突时，要勇于挑战自我，战胜自我，以集体利益、国家利益为重，维护国家利益至上是每个中国公民的义务。

工作任务

根据“让我的单片机响起来”项目要求，基于工作过程，以任务驱动的方式，将项目分成以下三个任务：

（1）按键测试

（2）按键控制 LED 跑马灯

（3）按键控制蜂鸣器

任务一　按键测试

任务描述

按键与 LED 灯一一对应，由按键控制 LED 灯。当按下按键，对应的 LED 灯亮；当松开按键时，对应的 LED 灯灭。

任务目标

通过本次任务的学习，进一步巩固点亮 LED 灯的相关知识，认识按键，并能根据电路情况编写程序，判断按键情况。

知识准备

1. 关系运算符与表达式

（1）关系运算符。

用于比较两个数的大小，共有 6 种，如表 4-1-1 所示。

表 4-1-1　关系运算符

<	小于
<=	小于或等于
>	大于
>=	大于或等于
= =	等于
！=	不等于

（2）关系表达式。

用关系运算符将两个表达式连接起来的式子，称为关系表达式。

关系表达式的值是逻辑值“真”或“假”。但是 C 语言中没有专门的逻辑值，故用“非 0”代表“真”，用“0”代表“假”。

在关系表达式求解时，用“1”代表“真”，用“0”代表“假”。

当关系表达式成立时，表达式的值为 1，否则，表达式的值为 0。

2. 逻辑运算符与表达式

（1）逻辑运算符。

C 语言中有 3 种逻辑运算符，分别用以表示“并且”“或者”“否定”逻辑关系。三种逻辑运算符如表 4-1-2 所示。

表 4-1-2　三种逻辑运算符

逻辑运算符	逻辑运算	逻辑关系意义
&&	与	并且
‖	或	或者
!	非	否定

（2）真值表（见表 4-1-3~表 4-1-5）。

表 4-1-3　与 && 真值表

x	y	x&&y
真	真	真
真	假	假

续表

x	y	x&&y
假	真	假
假	假	假

表 4-1-4　或 ‖ 真值表

x	y	x ‖ y
真	真	真
真	假	真
假	真	真
假	假	假

表 4-1-5　非！真值表

x	！x
真	假
假	真

（3）逻辑表达式。

用逻辑运算符将关系表达式或逻辑量连接起来的式子称为逻辑表达式。

逻辑表达式的值是一个逻辑值，即“true”或者“false”。但是 C 语言中没有专门的逻辑值，故用“非 0”代表“真”，用“0”代表“假”。

3. 选择语句

if 选择语句是指 C 语言中用来判定所给定的条件是否满足，根据判定的结果（真或假）决定执行给出的两种操作之一。

在 C 语言中，if 语句有 3 种形式，如表 4-1-6～表 4-1-8 所示。

表 4-1-6　形式一

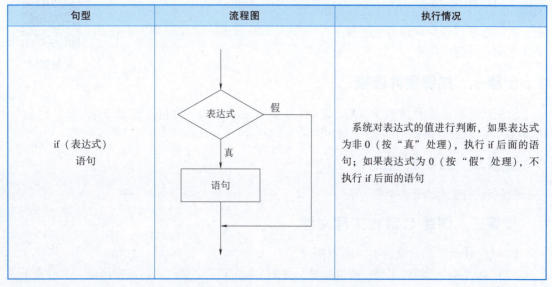

句型	流程图	执行情况
if（表达式） 语句	表达式 → 真 → 语句；表达式 → 假 → 跳过语句	系统对表达式的值进行判断，如果表达式为非 0（按“真”处理），执行 if 后面的语句；如果表达式为 0（按“假”处理），不执行 if 后面的语句

表 4-1-7　形式二

句型	流程图	执行情况
if（表达式） 　语句 1 　else 　语句 2	表达式 语句1　语句2	系统对表达式的值进行判断，如果表达式为非 0（按“真”处理），执行 if 后面的语句 1；如果表达式为 0（按“假”处理），执行 else 后面的语句 2

表 4-1-8　形式三

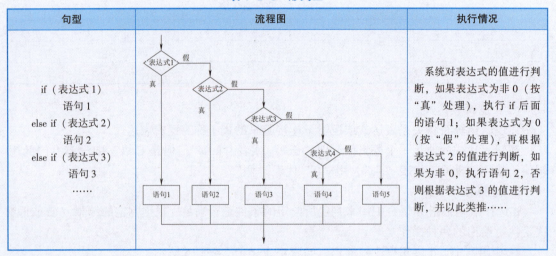

句型	流程图	执行情况
if（表达式 1） 　语句 1 else if（表达式 2） 　语句 2 else if（表达式 3） 　语句 3 　……	表达式1　假　真 表达式2　假　真 表达式3　假　真 表达式4　假　真 语句1　语句2　语句3　语句4　语句5	系统对表达式的值进行判断，如果表达式为非 0（按“真”处理），执行 if 后面的语句 1；如果表达式为 0（按“假”处理），再根据表达式 2 的值进行判断，如果为非 0，执行语句 2，否则根据表达式 3 的值进行判断，并以此类推……

任务实施

按键测试

本任务通过各步骤的实施过程，可以深入了解按键的工作原理，并在此基础上编写并测试程序。

步骤一　按键硬件连接

使用杜邦线连接开发板上 LED 灯 D0 接口和芯片 P1.0 接口，键盘 SW0 接口和芯片 P2.0 接口；连接效果如图 4-1-1 所示。

步骤二　绘制流程图

绘制流程图，如图 4-1-2 所示。

步骤三　创建 C 语言工程文件

（1）在 D 盘下创建文件夹：按键测试。

（2）启动 Keil，创建工程：按键测试，并把工程文件存放至“D:\按键测试”文件夹下。

图 4-1-1　硬件连接效果图

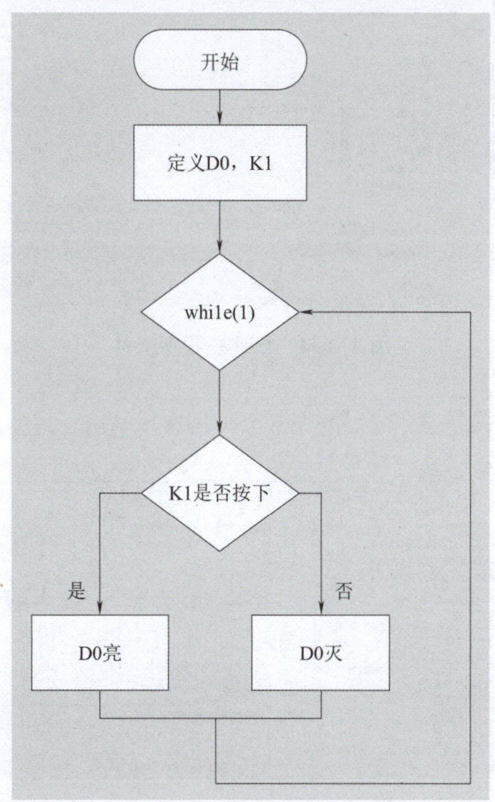

图 4-1-2　单键控制流程图

（3）设置 CPU 数据的参考文件，如图 4-1-3 所示。

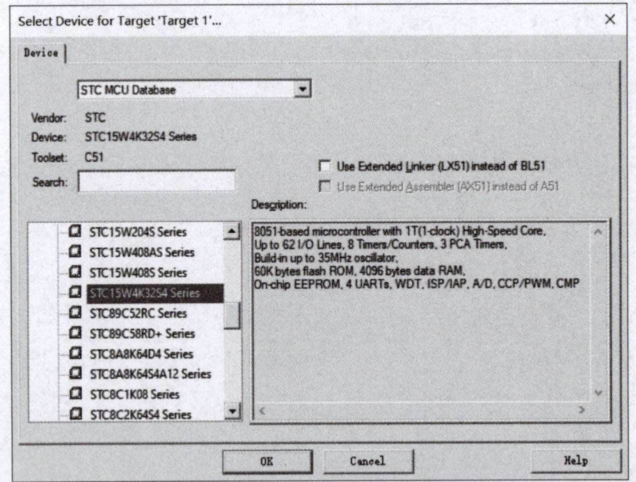

图 4-1-3　CPU 数据的参考文件选择

（4）创建主程序文件 main. c，并将其添加至工程文件组，如图 4-1-4、图 4-1-5 所示。

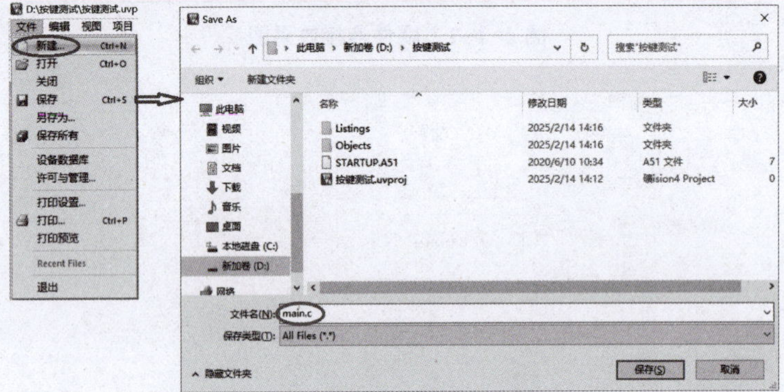

图 4-1-4　创建主程序文件

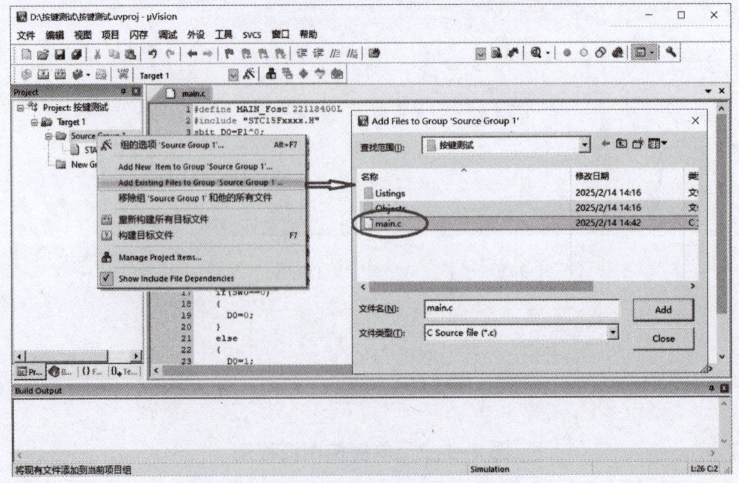

图 4-1-5　添加主程序至工程文件组

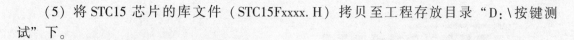

(5) 将 STC15 芯片的库文件（STC15Fxxxx. H）拷贝至工程存放目录“D:\按键测试”下。

步骤四　程序编写与测试

```
#define MAIN_Fosc        22118400L         //定义主时钟
#include "STC15Fxxxx.H"
sbit D0 = P1^0;
sbit SW0 = P2^0;
/******************** 主函数 *************************/
void main(void)
{
    P0M1 = 0;      P0M0 = 0;      //设置为准双向口
    P1M1 = 0;      P1M0 = 0;      //设置为准双向口
    P2M1 = 0;      P2M0 = 0;      //设置为准双向口
    P3M1 = 0;      P3M0 = 0;      //设置为准双向口
    P4M1 = 0;      P4M0 = 0;      //设置为准双向口
    P5M1 = 0;      P5M0 = 0;      //设置为准双向口
    P6M1 = 0;      P6M0 = 0;      //设置为准双向口
    P7M1 = 0;      P7M0 = 0;      //设置为准双向口
    while(1)
    {
        if(SW0 = =0)
        {
            D0 = 0;
        }
        else
        {
            D0 = 1;
        }
    }
}
```

小贴士

一行代码只做一件事情，例如只定义一个变量，或只写一条语句。这样的代码容易阅读，并且方便写注释。if、for、while、do 等语句各自占一行，执行语句不得紧跟其后。不论执行语句有多少，都要加{}，这样可以防止书写失误。

程序的分界符‘{’和‘}’应独占一行并且位于同一列，同时与引用它们的语句左对齐。{}之内的代码块在‘{’右边数格处左对齐。

步骤五　程序编译

编译程序时如果有警告、错误，则应修改程序后重新编译。程序编写初期容易出现括号不配对、缺少“;”结束符以及拼写错误等常见问题，请仔细检查。编译前，勾选“Create HEX File”，如图 4-1-6 所示；若编译输出图 4-1-7 所示信息，则表示编译成功。

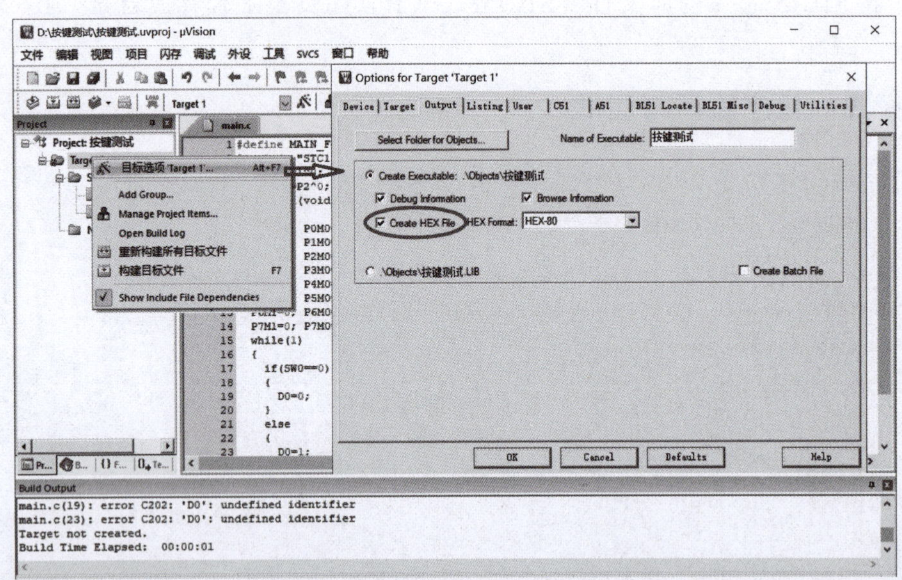

图 4-1-6　勾选“Create HEX File”

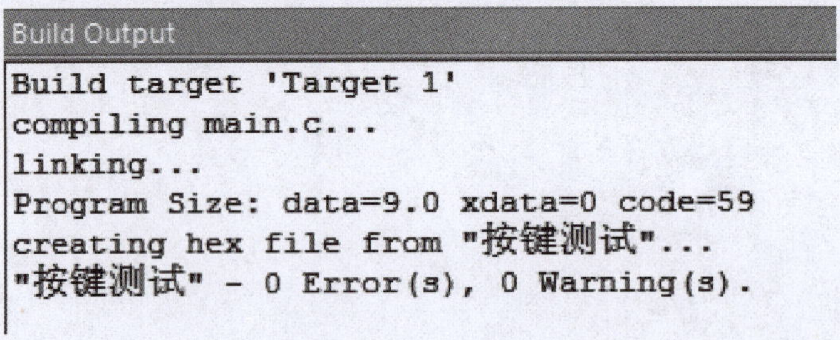

```
Build Output
Build target 'Target 1'
compiling main.c...
linking...
Program Size: data=9.0 xdata=0 code=59
creating hex file from "按键测试"...
"按键测试" - 0 Error(s), 0 Warning(s).
```

图 4-1-7　编译结果

步骤六　程序下载及功能验证

使用 STC-ISP 程序下载对应 HEX 文件，按压开发板上“COLD BOOT”键，完成下载，如图 4-1-8 所示。按压 SW0 键，观察 LED 灯 D0 是否点亮，如果点亮，则表示该实验成功；若未按要求点亮 LED 灯，则表示实验失败，需先检查各连接线是否正确、是否存在接触不良等问题，排除以上问题后，若故障依旧，请检查编写的程序，直至故障解决。

步骤七　修改按键硬件连接

用 8 根杜邦线连接开发板 LED 灯 D0~D7 接口和芯片 P1.0~P1.7 接口；用 8 根杜邦线连接开发板键盘 SW0~SW7 接口和芯片 P2.0~P2.7 接口。

连接效果图如图 4-1-9 所示（注：电源选择 5 V）。

步骤八　流程图绘制

绘制流程图，如图 4-1-10 所示。

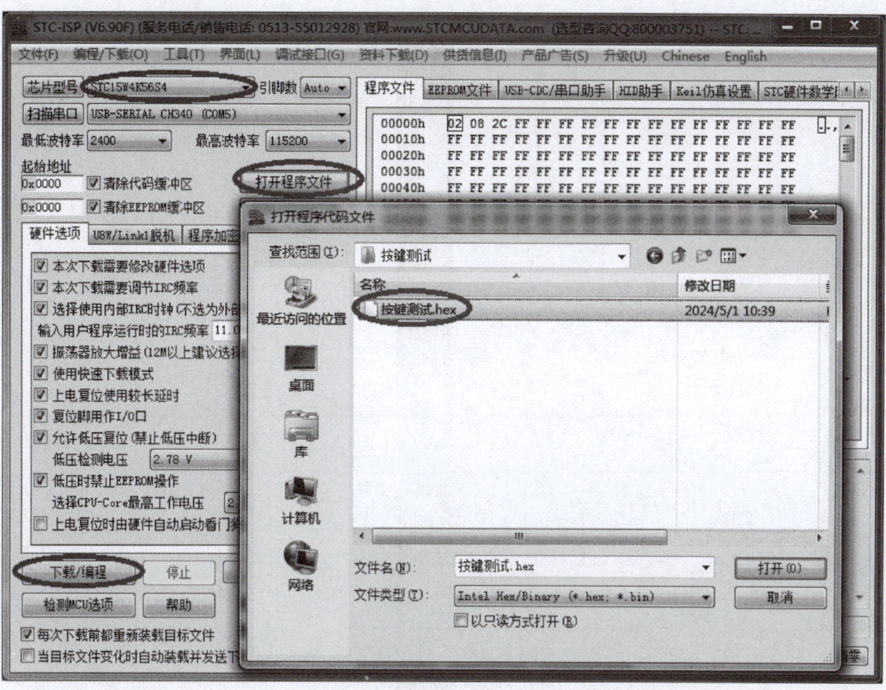

图 4-1-8　程序下载

图 4-1-9　8 按键控制连接效果图

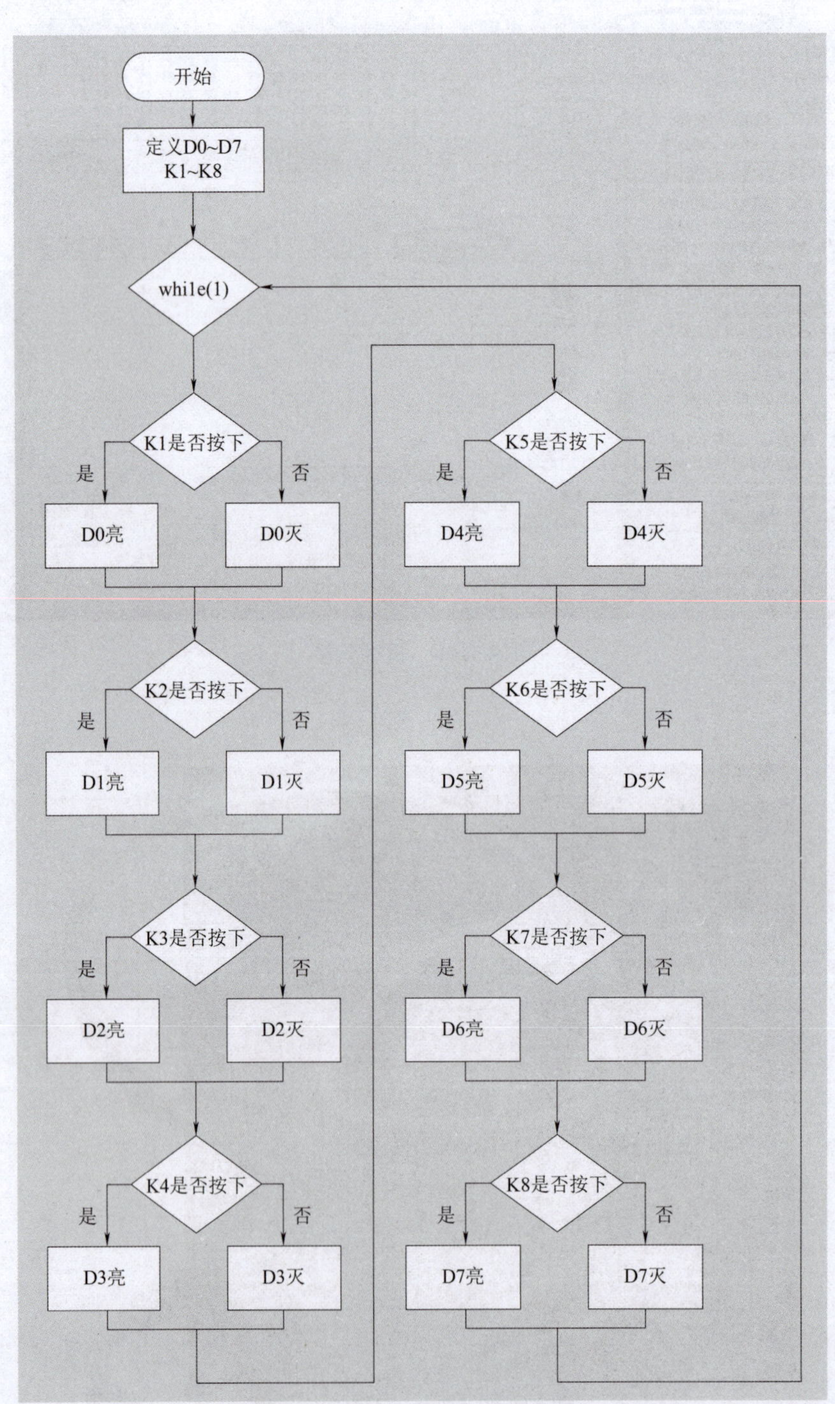

图 4-1-10 8 键控制流程图

步骤九　程序修改

```
#define MAIN_Fosc        22118400L        //定义主时钟
#include "STC15Fxxxx.H"
sbit LED0 = P1^0;
sbit LED1 = P1^1;
sbit LED2 = P1^2;
sbit LED3 = P1^3;
sbit LED4 = P1^4;
sbit LED5 = P1^5;
sbit LED6 = P1^6;
sbit LED7 = P1^7;

sbit SW0 = P2^0;
sbit SW1 = P2^1;
sbit SW2 = P2^2;
sbit SW3 = P2^3;
sbit SW4 = P2^4;
sbit SW5 = P2^5;
sbit SW6 = P2^6;
sbit SW7 = P2^7;

/******************** 主函数 ************************/
void main(void)
{
    P0M1 = 0;     P0M0 = 0;     //设置为准双向口
    P1M1 = 0;     P1M0 = 0;     //设置为准双向口
    P2M1 = 0;     P2M0 = 0;     //设置为准双向口
    P3M1 = 0;     P3M0 = 0;     //设置为准双向口
    P4M1 = 0;     P4M0 = 0;     //设置为准双向口
    P5M1 = 0;     P5M0 = 0;     //设置为准双向口
    P6M1 = 0;     P6M0 = 0;     //设置为准双向口
    P7M1 = 0;     P7M0 = 0;     //设置为准双向口

    while(1)
    {
        if(0 = =SW0)
        {
            LED0 = 0;
        }
        else
        {
            LED0 = 1;
        }
        if(0 = =SW1)
        {
            LED1 = 0;
        }
        else
        {
```

```
            LED1 = 1;
        }
        if(0 = = SW2)
        {
            LED2 = 0;
        }
        else
        {
            LED2 = 1;
        }
        if(0 = = SW3)
        {
            LED3 = 0;
        }
        else
        {
            LED3 = 1;
        }
        if(0 = = SW4)
        {
            LED4 = 0;
        }
        else
        {
            LED4 = 1;
        }
        if(0 = = SW5)
        {
            LED5 = 0;
        }
        else
        {
            LED5 = 1;
        }
        if(0 = = SW6)
        {
            LED6 = 0;
        }
        else
        {
            LED6 = 1;
        }
        if(0 = = SW7)
        {
            LED7 = 0;
        }
        else
        {
            LED7 = 1;
        }
    }
}
```

小贴士

在C语言中，最容易产生混淆的操作符要属“=”与“==”。其中，“=”并不是“等于”符号，而是赋值操作符，如$x=3$，是将整数值3赋予变量x，而非判断变量x是否等于数值3。除此之外，还可以在一个语句中向多个变量赋同一个值，即多重赋值。例如，在下面代码中把0同时赋给x、y与z。

```
x=y=z=0;
```

相对于只有一个等号的赋值操作符，关系操作符中的等于操作符采用两个等号“==”表示。正因如此，导致了一个潜在的问题：出于习惯，我们可能经常将需要等于操作符的地方写成赋值操作符，如下面的代码：

```
int x=10;
int y=1;
if(x=y)
{
/*处理代码*/
}
```

在上面的代码中，if语句看起来好像是要检查变量x是否等于变量y，实际上并非如此，此时if语句将变量y的值赋给变量x，并检查结果是否为非零。因此，虽然这里的x不等于y，但是y的值为1，if语句还是会返回真。

步骤十　程序编译

编译程序，如果有警告、错误，修改程序，重新编译。程序编写初期容易出现括号不配对、缺少“;”结束符以及拼写错误等常见问题，请仔细检查。

步骤十一　程序下载及功能验证

使用STC-ISP程序下载对应HEX文件，按压开发板上“COLD BOOT”键，完成下载。依次按压SW0～SW7键，观察LED灯D0～D7是否点亮，如点亮，则表示该实验成功；若未按要求点亮LED灯，则表示实验失败，需先检查各连接线是否正确，是否存在接触不良等问题，排除以上问题后，若故障依旧，则检查编写的程序，直至故障解决。

任务评价

序号	一级指标	分值	得分	备注
1	理解关系运算符及关系表达式	10		
2	理解逻辑运算符及逻辑表达式	10		
3	过程设计与流程图绘制	20		
4	掌握语句 if 与 if...else	40		
5	硬件故障排除	10		
6	素养评价	10		
合计		100		

知识升华

在我们生活的周围到处可以看到 LED 提示灯，LED 提示灯可以作为紧急疏散或警报系统的一部分，帮助快速传达安全信息，确保在场的人员在紧急情况下的安全。LED 提示灯虽小，但通过创意应用，也能发挥一定的辅助作用，增强学习、生活的互动性、提高信息传递效率。

思考练习

1. 若变量 a 是整型，f 是实型，则表达式 10+a+10 * f 值的数据类型为__________。

2. C 语言中的逻辑运算符“!”的优先级__________于“&&”的优先级。

3. C 语言中的逻辑运算符“&&”的优先级__________于“‖”的优先级。

4. 能正确表示逻辑关系：“a≥10 或 a≤0”的 C 语言表达式是（　　）。

A. a>=0 | a<=10　　B. a>=10 or a<=0

C. a>=10 &&a<=0　　D. a>=10 ‖ a<=0

5. 逻辑运算符中，运算优先级按从高到低依次为（　　）。

A. &&, !, ‖　　B. ‖, &&, !　　C. &&, ‖, !　　D. !, &&, ‖

6. 算术运算符、赋值运算符和关系运算符优先级按从高到低依次为（　　）。

A. 算术运算符、赋值运算符、关系运算符

B. 算术运算符、关系运算符、赋值运算符

C. 关系运算符、赋值运算符、算术运算符

D. 关系运算符、算术运算符、赋值运算符

7. 以下程序段的输出结果是（　　）。

```
int x=5;
if(x>0)y=1;
  else if(x==0)y=0;
    else y=1;
printf("%d",y);
```

A. 1　　B. 5　　C. 0　　D. 2

8. 下列哪个表达式在 C 语言中代表逻辑“真”？（　　）。

A. 0　　B. 非零的数

C. 大于零的整数　　D. 大于零的数

9. 请详细列出 3 种逻辑运算符所表达的逻辑关系。

10. 请绘制出 if... else... 语句的流程图。

任务拓展

编写程序，以实现智慧充电桩在充电时的声音提示功能。当按下按键 1 时，开始充电，此时 LED 灯全亮；当按下按键 2 时，结束充电，LED 灯闪烁两次后关闭。

任务二　按键控制 LED 流水灯

任务描述

选取 4 个按键分别控制 LED 灯向左流水闪烁、向右流水闪烁、“1、3、5…”奇数灯依次闪烁、“2、4、6…”偶数灯依次闪烁。

任务目标

根据任务描述编写程序。

知识准备

数据在计算机内部都是以二进制形式存储的，在 C 语言中，针对数据的二进制位进行的运算称为位运算。

单片机通常使用 I/O 口控制外部设备完成相应的功能，比如 LED 灯的亮灭、蜂鸣器的鸣响、继电器的通断、电机的转动停止、水泵的抽水与否、门禁的开关等，这些都可以使用位运算来实现。

在 C 语言中共有 6 种位运算符，如表 4-2-1 所示。

表 4-2-1　位运算符

<table>
<tr><th>位运算符</th><th>含义</th><th>逻辑关系</th><th>运算规则</th></tr>
<tr><td>&</td><td>与</td><td>必须都为 1，否则为 0</td><td>0&0＝0
0&1＝0
1&0＝0
1&1＝1</td></tr>
<tr><td>|</td><td>或</td><td>只要其中之一为 1，就为 1</td><td>0 | 0＝0
0 | 1＝1
1 | 0＝1
1 | 1＝1</td></tr>
<tr><td>~</td><td>取反</td><td>求反</td><td>~0＝1
~1＝0</td></tr>
<tr><td>^</td><td>异或</td><td>必须不同，否则就为 0</td><td>0^0＝0
1^1＝0
0^1＝1
1^0＝1</td></tr>
<tr><td><<</td><td>左移</td><td>向左移位</td><td></td></tr>
<tr><td>>></td><td>右移</td><td>向右移位</td><td></td></tr>
</table>

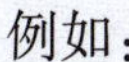

例如：

① 位运算“&”，C 语言中表示“按位与”运算，如表 4-2-2 所示。

表 4-2-2　运算符“&”

57&69 = ?	0011 1001 & 0100 0101 0000 0001

② 运算符“|”，C 语言中表示“按位或”运算，如表 4-2-3 所示。

表 4-2-3　运算符“|”

57 | 69 = ?	0011 1001 | 0100 0101 0111 1101

③ 运算符“~”，C 语言中表示“取反”运算，将数据的二进制位翻转，即 0 变 1，1 变 0，如表 4-2-4 所示。

表 4-2-4　预算符“~”

~57 = ?	~ 0011 1001 1100 0110

④ 运算符“^”，C 语言中表示“按位异或”运算。与 0 相^的位，保留原值；与 1 相^的位，值翻转，如表 4-2-5 所示。

表 4-2-5　预算符“^”

57^69 = ?	0011 1001 ^ 0100 0101 0111 1100

⑤ 运算符“<<”，左移运算符，将一个数的各个二进制位全部左移若干位，移位过程中，高位丢弃，低位补 0，如表 4-2-6 所示。

表 4-2-6　预算符“<<”

将 57 左移 1 位，57<<1 = ?	57<<1　0011 1001 0111 0010
将 57 左移 2 位，57<<2 = ?	57<<2　0011 1001 1110 0100

⑥ 运算符“>>”，右移运算符，将一个数的各个二进制位全部右移若干位，移位过程中，低位丢弃，最高位为 0 的数，高位补 0；最高位为 1 的数，高位补 1，如表 4-2-7 所示。

表 4-2-7　预算符“>>”

将 57 右移 1 位，57>>1 = ?	57>>1　0011 1001 0001 1100
将 57 右移 2 位，57>>2 = ?	57>>2　0011 1001 0000 1110

位运算的巧妙应用

①“按位与” & 常将一个数的二进制形式中的特定位清 0 或者保留原值。

比如:unsigned char led=0x0F;——对应 8 个 LED 灯,D7~D4 点亮,D3~D0 熄灭;

如果要使 D0、D2 点亮,其余 LED 灯保持原来的状态不变(即,使 led 的第 0、2 位清 0,其余位保留原来的值),可以使用表达式 led & 0xFA 来实现;

②“按位或” | 常将一个数的二进制形式中的特定位置 1。

比如:unsigned char led=0x0F;——对应 8 个 LED 灯,D7~D4 点亮,D3~D0 熄灭;

如果要使 D7、D6 熄灭,其余 LED 灯保持原来的状态不变(即,使 led 的第 7、6 位置 1,其余位保留原来的值),可以使用表达式 led | 0xC0 来实现;

③ 取反。

```
//LED 灯闪烁
unsigned char led=0xFF;
while(1)
{
    P1=led;//把变量 led 的值赋给 P1 口,控制 LED 灯
    led=~led;//变量 led 的二进制位翻转
    delay(1000);//延时 1s
}
```

④ 根据“与 0 相^的位,保留原值;与 1 相^的位,值翻转”的特点,“按位异或”^的应用,使一个数据的特定位翻转、其余位保留原值。

```
//实现 D1、D2 的闪烁
unsigned char led=0xFF;
while(1)
{
    P1=led;//把变量 led 的值赋给 P1 口,控制 LED 灯
    led^=0x06;//变量 led 的二进制位翻转
    delay(1000);//延时 1s
}
```

⑤ 左移。

```
//实现 D0~D7 的流水灯方式点亮
unsigned char led=0xFF;
while(1)
{
    P1=led;//把变量 led 的值赋给 P1 口,控制 LED 灯
    led<<=1;//变量 led 的二进制位左移一位
    delay(1000);//延时 1s
}
```

⑥ 右移。

```
//实现 D7~D0 的流水灯方式点亮
unsigned char led=0xFF;
while(1)
{
```

```
    P1=led;              //把变量 led 的值赋给 P1 口,控制 LED 灯
    led >>=1;            //变量 led 的二进制位右移一位
    delay(1000);         //延时 1s
}
```

任务实施

按键控制 LED 流水灯

本任务各步骤的实施过程，使读者进一步理解位运算符的运算法则，并在此基础上编写并测试程序。

步骤一　硬件连接

用 8 根杜邦线连接开发板 LED 灯 D0~D7 接口和芯片 P1.0~P1.7 接口；用 8 根杜邦线连接开发板键盘 SW0~SW7 接口和芯片 P2.0~P2.7 接口。

连接效果图如图 4-2-1 所示。

图 4-2-1　4 按键控制流水灯连接效果图

步骤二　创建 C 语言工程文件

(1) 在 D 盘下创建文件夹，命名为“流水灯控制”。

(2) 启动 Keil，创建工程：命名为“流水灯控制”，并把工程存放至“D:\流水灯控制”文件夹下。

（3）设置 CPU 数据的参考文件。

（4）创建主程序文件 main. c，并将其添加至工程文件组。

步骤三　程序编写与测试

```
#define MAIN_Fosc       22118400L       //定义主时钟
#include "STC15Fxxxx.H"

sbit SW0 = P2^0;
sbit SW1 = P2^1;
sbit SW2 = P2^2;
sbit SW3 = P2^3;
sbit SW4 = P2^4;
sbit SW5 = P2^5;
sbit SW6 = P2^6;
sbit SW7 = P2^7;
/******************** 延时函数 ***************************/
voiddelay(unsigned int ms)
{
    unsigned int k;
    unsigned char j;
    k = 0;
    while(k<ms)
    {
        k = k+1;
        j = 0;
        while(j<125)
            j = j+1;
    }
}

/******************** 主函数 **************************/
void main(void)
{
    unsigned char LED1 = 0xFF;
    unsigned char LED2 = 0xFF;
    unsigned char L1 = 0x01;
    unsigned char L2 = 0x80;

    P0M1 = 0;     P0M0 = 0;      //设置为准双向口
    P1M1 = 0;     P1M0 = 0;      //设置为准双向口
    P2M1 = 0;     P2M0 = 0;      //设置为准双向口
    P3M1 = 0;     P3M0 = 0;      //设置为准双向口
    P4M1 = 0;     P4M0 = 0;      //设置为准双向口
    P5M1 = 0;     P5M0 = 0;      //设置为准双向口
    P6M1 = 0;     P6M0 = 0;      //设置为准双向口
    P7M1 = 0;     P7M0 = 0;      //设置为准双向口

    while(1)
    {
```

```
        P1 = 0xFF;
        if(0 = = SW0)
        {
            P1 = LED1;//把变量 LED1 的值赋给 P1 口,控制 LED 灯
            LED1 = LED1<<1;//变量 LED1 的二进制位左移一位
            delay(1000);//延时 1s
        }
        if(0 = = SW1)
        {
            P1 = LED2;//把变量 LED2 的值赋给 P1 口,控制 LED 灯
            LED2 = LED2 >> 1;//变量 LED2 的二进制位右移一位
            delay(1000);//延时 1s
        }
        if(0 = = SW2)
        {
            P1 = LED1;//把变量 LED1 的值赋给 P1 口,控制 LED 灯
            LED1 = LED1&( ~L1);
            L1 = L1<<2;//变量 LED1 的二进制位左移两位
            delay(1000);//延时 1s
        }
        if(0 = = SW3)
        {
            P1 = LED2;//把变量 LED2 的值赋给 P1 口,控制 LED 灯
            LED2 = LED2&( ~L2);
            L2 = L2 >> 2;//变量 LED1 的二进制位右移两位
            delay(1000);//延时 1s
        }
    }
}
```

小贴士

算术右移和逻辑右移的区别只有在二进制数的最高位是 1 的情况下才会体现，如果二进制数的最高位是 1，那进行算术右移时会在左边补充 1。

它们各自的作用：逻辑右移是用在无符号整数的除法运算中的，算术右移是用在有符号整数的除法运算中的。

步骤四　程序编译

编译程序，如果有警告、错误，则修改程序，重新编译。程序编写初期容易出现括号不配对、缺少“;”结束符以及拼写错误等常见问题，请仔细检查。

步骤五　程序下载及功能验证

使用 STC-ISP 程序下载对应 HEX 文件，按压开发板上“COLD BOOT”键，完成下载。按压 K0~K3 键时观察 LED 灯 D0~D7 是否按照指定顺序点亮，如正确点亮，则表示该实验成功；若未按要求点亮 LED 灯，则表示实验失败，需先检查各连接线是否正确，是否存在

接触不良等问题，排除以上问题后，若故障依旧，请检查编写的程序，直至故障解决。注：本程序中涉及按位运算，比较容易出现补位方面的问题，请仔细核对程序。每次按键测试后需重启程序进行下一次测试。

任务评价

序号	一级指标	分值	得分	备注
1	理解位运算符	30		
2	过程设计与流程图绘制	20		
3	掌握语句 if 与 if...else	30		
4	硬件故障排除	10		
5	素养评价	10		
合计		100		

素养小天地

位运算是计算机科学中的基础概念，它涉及对数据在二进制层面上的操作，如与、或、非、异或等。这些操作直接作用于比特（bit），是计算机处理信息的最基本方式之一，对于理解计算机系统的工作原理、算法优化、数据压缩、加密解密等领域至关重要。在培养学生的批判性思维、逻辑分析能力方面也非常重要。两者都强调逻辑性、条理性和严谨性，有助于学生形成系统、全面的思考习惯。

思考练习

1. 表达式 0x13&0x17 的值是__________。
2. 表达式 0x13 | 0x17 的值是__________。
3. 若 x=2，y=3 则 x&y 的结果是__________。
4. 在位运算中，操作数每右移一位，其结果相当于（　　）。

A. 操作数乘以 2　　B. 操作数除以 2

C. 操作数除以 4　　D. 操作数乘以 4

5. 设有以下语句：

```
char  x=3,y=6,z;
z=x^y<<2;
```

则 z 的二进制值是（　　）。

A. 00010100　　B. 00011011　　C. 00011100　　D. 00011000

6. 下列哪个位运算符用于对两个操作数的每一位执行逻辑与操作？（　　）

A. |　　B. &　　C. ^　　D. ~

7. 若变量 x 的二进制表示为 0101，那么表达式 x<<2 的结果（二进制表示）是什么？（　　）

A. 0010　　B. 1010　　C. 010100　　D. 000101

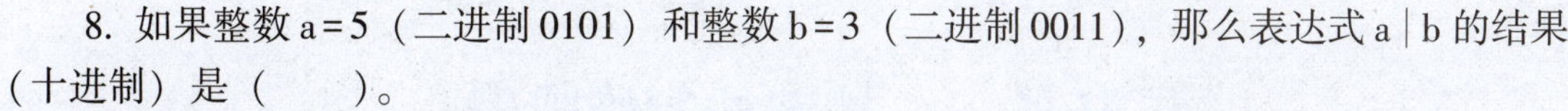

8. 如果整数 a = 5（二进制 0101）和整数 b = 3（二进制 0011），那么表达式 a | b 的结果（十进制）是（　　）。

A. 3　　B. 5　　C. 7　　D. 8

9. 什么是位运算？

10. C 语言中常用的位运算符有哪些？

任务拓展

编写程序，实现智慧充电桩充电时指示灯提示。当未充电时，指示灯由左向右依次闪烁；当开始充电时，奇数号指示灯与偶数号指示灯依次闪烁。当充电完成时，指示灯全亮。

任务三　按键控制蜂鸣器

任务描述

按下 SW0 按键后，D0 亮，否则 D0 灭；按下 SW1 按键后，D1 亮，否则 D1 灭；按下 SW2 按键后，D2 亮，否则 D2 灭；依次类推。SW0~SW7 中只要有一个按键按下，铃就响，否则铃不响。

任务目标

在上一任务的基础上，进一步学习蜂鸣器的相关知识，根据需求编写程序。

知识准备

蜂鸣器是一种一体化结构的电子讯响器，广泛应用于计算机、打印机、复印机、报警器、电话机等电子产品中作发声器件，本任务介绍如何用单片机驱动蜂鸣器。

按结构原理，蜂鸣器主要分为压电式蜂鸣器和电磁式蜂鸣器两种类型。按工作方式分，蜂鸣器主要分为有源和无源两种，如图 4-3-1 所示。

图 4-3-1　常见蜂鸣器

电磁式蜂鸣器由振荡器、电磁线圈、磁铁、振动膜片及外壳等组成。接通电源后，振荡器产生的音频信号电流通过电磁线圈，使电磁线圈产生磁场，振动膜片在电磁线圈和磁铁的相互作用下，周期性地振动发声。

压电式蜂鸣器主要由多谐振荡器、压电蜂鸣片、阻抗匹配器及共鸣箱、外壳等组成。多谐振荡器由晶体管或集成电路构成，当接通电源后（1.5~15 V 直流工作电压），多谐振荡器起振，输出 1.5~2.5 kHz 的音频信号，阻抗匹配器推动压电蜂鸣片发声。

任务实施

本任务通过各步骤的实施，除巩固按键相关编程的知识外，还将深入了解蜂鸣器的工作原理，在此基础上编写并测试程序。

按键控制蜂鸣器

步骤一　硬件连接

用 8 根杜邦线连接开发板 LED 灯 D0~D7 接口和芯片 P1.0~P1.7 接口；用 8 根杜邦线

连接开发板键盘 SW0～SW7 接口和芯片 P2.0～P2.7 接口。用 1 根杜邦线连接开发板上的蜂鸣器和芯片 P3.0 接口；连接效果如图 4-3-2 所示。

图 4-3-2　按键蜂鸣器控制连接图

步骤二　绘制流程图

根据任务需求，程序的主体流程图如图 4-3-3 所示。

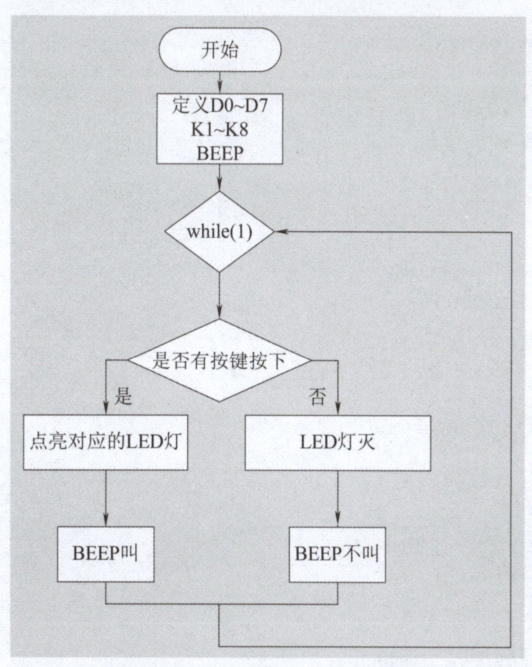

图 4-3-3　程序的主体流程图

步骤三 程序编写

```
#define MAIN_Fosc        22118400L        //定义主时钟
#include "STC15Fxxxx.H"

sbit BEEP=P3^0;
/********************主函数**************************/
void main(void)
{
    unsigned char LED;
    unsigned char KEY=0;//KEY 为 0 时表示没有按键按下,1:SW0;2:SW1;3:SW2
                          //4:SW3;5:SW4;6:SW5;7:SW6;8:SW7
    P0M1=0;      P0M0=0;      //设置为准双向口
    P1M1=0;      P1M0=0;      //设置为准双向口
    P2M1=0;      P2M0=0;      //设置为准双向口
    P3M1=0;      P3M0=0;      //设置为准双向口
    P4M1=0;      P4M0=0;      //设置为准双向口
    P5M1=0;      P5M0=0;      //设置为准双向口
    P6M1=0;      P6M0=0;      //设置为准双向口
    P7M1=0;      P7M0=0;      //设置为准双向口

    while(1)
    {
        LED=0x01;

        //按键识别
        if((P2&0x01)==0)
            KEY=1;
        else if((P2&0x02)==0)
            KEY=2;
        else if((P2&0x04)==0)
            KEY=3;
        else if((P2&0x08)==0)
            KEY=4;
        else if((P2&0x10)==0)
            KEY=5;
        else if((P2&0x20)==0)
            KEY=6;
        else if((P2&0x40)==0)
            KEY=7;
        else if((P2&0x80)==0)
            KEY=8;
        else KEY=0;

    //LED 灯控制
        if(KEY>0)
        {
            LED=LED<<(KEY-1);
            P1=~LED;
        }
```

```
        else
            P1=0xFF;//没有按键按下时,灯全灭

        //蜂鸣器控制
        if(KEY>0)
            BEEP=0;
        else
            BEEP=1;
    }
}
```

小贴士

注意上述程序采用了移位方法来实现按键亮灯，与任务一中的方法（算法）有所不同，所以在实际项目中实现同一个功能可以采用多种方法（算法）。

算法的优劣在程序开发中一般由算法所占用的“时间”和“空间”两个维度去考量。

时间维度是指执行当前算法所消耗的时间，通常用“时间复杂度”来描述。

空间维度是指执行当前算法需要占用多少内存空间，通常用“空间复杂度”来描述。

步骤四　程序编译

编译程序，如果有警告、错误，则修改程序，重新编译。程序编写初期容易出现括号不配对、缺少“;”结束符以及拼写错误等常见问题，本程序设计较多的括号，请仔细检查括号配对问题。注：“==”逻辑判断符优先级高于“&”位运算符。

步骤五　程序下载及功能验证

程序下载完成后，依次按压 SW0~SW7 键，观察 LED 灯 D0~D7 是否点亮并且蜂鸣器是否鸣叫，如点亮并伴有“嘀……”声，则表示该实验成功；若未按要求点亮 LED 灯或蜂鸣器未鸣叫，则表示实验失败，需先检查各连接线是否正确，是否存在接触不良等问题，排除以上问题后若故障依旧，则检查编写的程序，直至故障解决。

任务评价

序号	一级指标	分值	得分	备注
1	理解关系运算符及关系表达式	10		
2	理解逻辑运算符及逻辑表达式	10		
3	过程设计与流程图绘制	20		
4	掌握语句 if 与 if...else	40		
5	硬件故障排除	10		
6	素养评价	10		
合计		100		

素养小天地

通过讨论蜂鸣器在公共安全、环境监测等领域的应用，引导学生理解科技人员的社会责任，培养他们为社会作贡献的意识。实验中的试错过程能锻炼学生在面对困难和挑战时坚持不懈、勇于尝试新方法和思路的品质。

思考练习

1. 按结构原理蜂鸣器主要分为________和________两种类型。

2. 按工作方式蜂鸣器主要分为________和________两种类型。

3. 蜂鸣器的工作由振动装置和谐振装置完成，________蜂鸣器的工作发声原理是方波信号输入谐振装置转换为声音信号输出，而________蜂鸣器的工作发声原理是直流电源输入经过振荡系统的放大取样电路在谐振装置作用下产生声音信号。

4. 电磁式蜂鸣器由________、电磁线圈、磁铁、振动膜片及外壳等组成，其工作原理是振荡器产生的音频信号电流通过电磁线圈，使电磁线圈产生磁场，振动膜片在________的作用下，周期性地振动发声。

5. 蜂鸣器在________、________、________等众多电子产品中都有应用，作为发声器件。

6. 蜂鸣器在电路中通常用作（　　）。

A. 电源指示　　B. 信号指示　　C. 声音提示　　D. 数据存储

7. 蜂鸣器的工作原理主要是通过（　　）来产生声音。

A. 电磁感应　　B. 机械振动　　C. 化学反应　　D. 光学效应

8. 简述蜂鸣器在电子产品中有哪些常见应用？

9. 请说明蜂鸣器在电路中的表示方法。

10. 请简述电磁式蜂鸣器的基本工作原理。

任务拓展

编写程序，实现智慧充电桩充电时声音提示。当开始充电时蜂鸣器发出“嘀”的一声；当结束充电时，蜂鸣器连续发出“嘀、嘀”两声。

项目五

让我的单片机自动化——循环结构

项目简介

在之前的项目中，通过编写顺序结构程序，让我们的单片机动了起来，但大家不难发现程序只运行了一次，如何使我们的单片机变成一个自动化的小助手呢？本项目通过学习for、while、do...while三大循环语句，来实现单片机的自动化运行。

项目目标

本项目在原顺序结构的基础上加入了循环结构，从而实现了“让我的单片机自动化”这一目标，进一步锻炼读者的编程思路，熟练绘制流程图，最终能编写出一段条理清晰的程序。

本项目在讲述三种循环结构时，既要注重相似处也要注重差异处，通过解决同一个问题来比较三种循环结构的语法差别。同一流水灯问题，可以分别采用三种循环结构来实现，鼓励学生自主完成三种语句的应用并分组讨论，一方面要融入实践和探索的精神，培养学生严谨的科学态度；另一方面，组织学生根据所学知识自主解决生活或者学习上的其他问题，培养学生创新意识和动手能力。

工作任务

根据制作“让我的单片机自动化”项目目标，基于工作过程，以任务驱动的方式，将项目分成以下三个任务：

（1）while语句控制下的流水灯

（2）do...while语句控制下的流水灯

（3）for语句控制下的流水灯

任务一　while语句控制下的流水灯

任务描述

使用while语句和移位运算控制8个LED灯，实现流水灯效果，如图5-1-1所示。

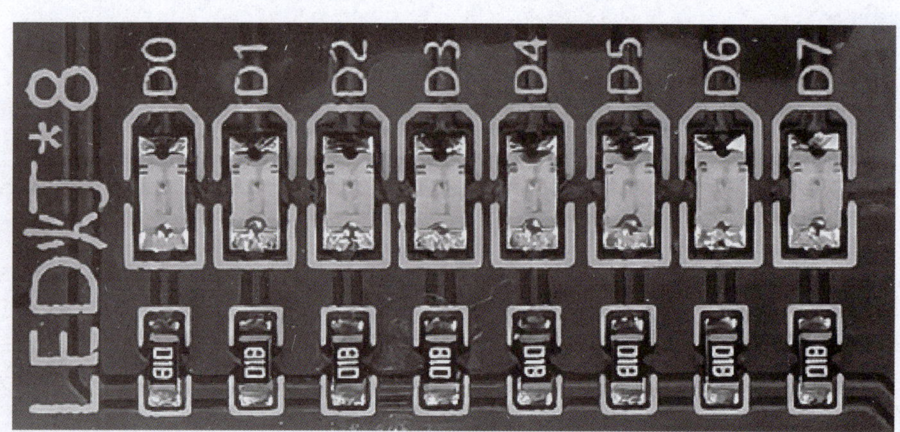

图 5-1-1　流水灯效果

任务目标

本次任务的学习，使读者理解 while 循环语句的基本语法和执行流程，熟练使用 while 循环控制 LED 灯从左至右依次点亮，巩固之前所学的移位运算。

知识准备

前面讲解了顺序结构和选择结构，本节开始讲解循环结构。所谓循环（Loop），就是重复地执行同一段代码，例如要计算 1+2+3+…+99+100 的值，就要重复进行 99 次加法运算。

1. while 循环语句

while 语句的一般形式：

```
while(表达式)
{
语句块
}
```

流程图和执行过程如表 5-1-1 所示。

表 5-1-1　流程图和执行过程

流程图	执行过程
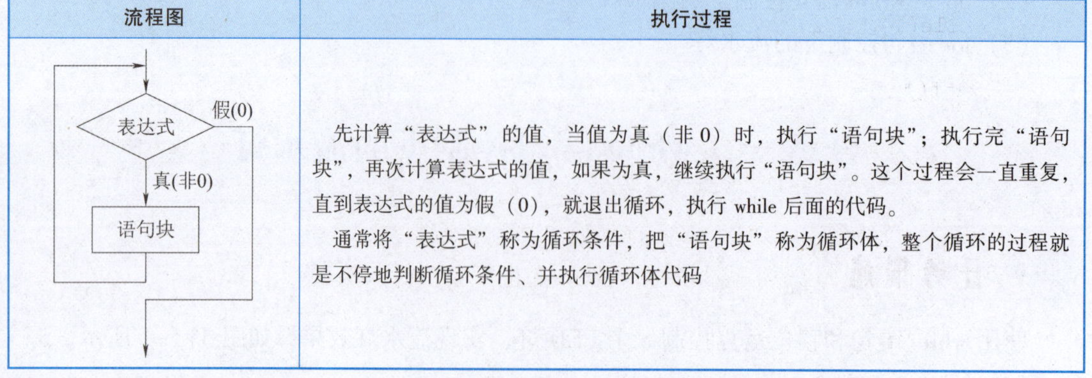	先计算“表达式”的值，当值为真（非 0）时，执行“语句块”；执行完“语句块”，再次计算表达式的值，如果为真，继续执行“语句块”。这个过程会一直重复，直到表达式的值为假（0），就退出循环，执行 while 后面的代码。 通常将“表达式”称为循环条件，把“语句块”称为循环体，整个循环的过程就是不停地判断循环条件、并执行循环体代码

2. while 循环语句案例

用 while 循环计算从 1 加到 50 的值，代码如下：

```
#include<stdio.h>//该程序为标准 C 程序,在 Keil 软件中调试运行无法得到结果
int main()
{
    int i=1,sum=0;
    while(i<=50)
    {
        sum=sum+i;
        i=i+1;
    }
printf("%d\n",sum);
    return 0;
}
```

运行结果：1275

3. 代码分析

① 程序运行到 while 时，因为 i=1，i<=100 成立，所以会执行循环体；执行结束后 i 的值变为 2，sum 的值变为 1。

② 接下来会继续判断 i<=100 是否成立，因为此时 i=2，i<=100 成立，所以继续执行循环体；执行结束后 i 的值变为 3，sum 的值变为 3。

③ 重复执行步骤②。

④ 当循环进行到第 100 次，i 的值变为 101，sum 的值变为 5 050；因为此时 i<=100 不再成立，所以就退出循环，不再执行循环体，转而执行 while 循环后面的代码。

while 循环的整体思路是这样的：设置一个带有变量的循环条件，也即一个带有变量的表达式；在循环体中额外添加一条语句，让它能够改变循环条件中变量的值。这样，随着循环的不断执行，循环条件中变量的值也会不断变化，终有一个时刻，循环条件不再成立，整个循环就结束了。

如果循环条件中不包含变量，会发生什么情况呢？

① 循环条件成立的话，while 循环会一直执行下去，永不结束，成为“死循环”。在单片机的程序编写中这一点非常重要，也非常实用，例如：

```
#include<stdio.h>//该程序为标准 C 程序,在 Keil 软件中调试运行无法得到结果
int main()
{
    while(1)
    {
  printf("1");
    }
    return 0;
}
```

运行程序，会不停地输出“1”，直到用户强制关闭。

② 循环条件不成立的话，while 循环就一次也不会执行。例如：

```
#include<stdio.h>
int main()
```

```
{
    while(0)
    {
  printf("1");
    }
    return 0;
}
```

运行程序，什么也不会输出。

任务实施

WHILE 语句控制下的流水灯

本任务需要大家自主绘制流程图，通过该实施过程，我们进一步深入理解程序开发的基本过程与思路，锻炼我们的逻辑思维能力，同时也养成一个良好的程序开发习惯。在完成流程图的绘制后，编写并测试程序，同时进一步修正自己的流程图。

步骤一　硬件连接

用 8 根杜邦线连接开发板 LED 灯 D0~D7 接口和芯片 P1.0~P1.7 接口。流水灯连接图如图 5-1-2 所示。

图 5-1-2　流水灯连接图

步骤二　绘制流程图

请在下框中尝试绘制流程图。

步骤三　程序编写

```
1.#define MAIN_Fosc        22118400L        //定义主时钟
#include "STC15Fxxxx.H"


//函数声明
voiddelay_nms(unsigned int ms);
/***************************************
*函数名:main
*功能:主函数
***************************************/
void main()
{
    int j=0;
    P1=0xFF;

    P0M1=0;      P0M0=0;      //设置为准双向口
    P1M1=0;      P1M0=0;      //设置为准双向口
    P2M1=0;      P2M0=0;      //设置为准双向口
    P3M1=0;      P3M0=0;      //设置为准双向口
    P4M1=0;      P4M0=0;      //设置为准双向口
    P5M1=0;      P5M0=0;      //设置为准双向口
    P6M1=0;      P6M0=0;      //设置为准双向口
    P7M1=0;      P7M0=0;      //设置为准双向口

    delay_nms(1000);
    while(j<8)
    {
```

```
        P1=P1<<1;
        delay_nms(1000);
        j=j+1;
        if(j==8)P1=0xFF;
    }
}
/*************************************
*函数名:delay_nms(unsigned int ms)
*功能:延时函数
*参数:延时长度,单位 ms
*返回值:无
*************************************/
void delay_nms(unsigned int ms)
{
    unsigned int k;
    unsigned char j;
    k=0;
    while(k<ms)
    {
        k=k+1;
        j=0;
        while(j<125)
        j=j+1;
    }
}
```

小贴士

采用定时器，将需要定时时间算好后写入单片机中断程序中即可，这种方法可以实现精确定时，最终的误差仅由晶振来决定。

虽然用定时器最准确。但是定时器数量有限，有时候不见得够用。比如温度检测(尤其是变化比较大、快的)，需要一个定时器就得一直不停检测。此时如果另外一个定时器有正好分配的其他任务，那么只有用其他方法延时了。

一般采用我们上述程序开发中使用的方法，即利用晶振频率算 CPU 指令周期，再算延时函数循环中有几条代码，需要多少个指令周期。由此得到延时函数执行一次的时长。但是用延时函数进行延迟时，不只和 CPU 指令周期有关，还和你是否使用了操作系统，用了哪种操作系统有关。总之受影响的因素很多，因此采用延时函数实现定时、计时功能的精度不够。

步骤四　程序编译

编译程序，如果有警告、错误，则修改程序，重新编译。程序编写初期容易出现括号不配对、缺少“;”结束符以及拼写错误等常见问题，本任务涉及循环语句，请仔细分析条件判断问题，防止出现死循环情况。

步骤五　程序下载及功能验证

程序下载完成后，观察 LED 灯 D0～D7 是否依次点亮，若未按要求点亮，则先检查各连接线是否正确，是否存在接触不良等问题。排除以上问题后，若故障依旧，则检查编写的程序，直至故障解决。

任务评价

序号	一级指标	分值	得分	备注
1	理解 while 的基本语法	20		
2	掌握 while 的执行流程	30		
3	掌握流程图的绘制方法	20		
4	程序编写调试	20		
5	素养评价	10		
合计		100		

素养小天地

流水灯通常是指一系列 LED 灯按照预定顺序逐个点亮，形成流动的光效。我们的学习过程亦是如此，即按照由浅入深、循序渐进的原则，逐步理解和掌握复杂的理论知识和思想观念。每一盏“灯”代表一个知识点或价值观念，通过有序的学习路径，逐步构建出读者完整的知识体系和价值观框架。

思考练习

1. 循环体中的__________语句可以使程序跳出当前循环，继续执行循环后面的代码。

2. 循环体中的__________语句可以使程序跳过当前循环的剩余部分，立即开始下一次循环。

3. 在 while 循环中，如果循环条件一开始就为假，那么循环体将__________执行。

4. 在 C 语言中，while 循环的特点是（　　）。

A. 先判断条件，后执行循环体　　　　B. 先执行循环体，后判断条件

C. 循环体至少执行一次　　　　　　　D. 循环条件始终为真

5. 在 C 语言的 while 循环中，如果循环条件永远为真，那么以下哪种情况会发生？（　　）

A. 程序会正常运行并在完成所有迭代后退出

B. 程序会陷入无限循环，只能通过外部中断来停止

C. 编译器会检测到这种情况并自动停止程序

D. 操作系统会检测到这种情况并自动停止程序

6. 语句 while(！e)；中的条件！e 起到什么作用？

7. 写出 while 语句的一般形式。

8. 绘制出 while 语句的流程图。

9. 试述 while 死循环的利弊。

10. 什么是循环结构？它在编程中有什么作用？

任务拓展

编写程序实现智慧充电桩充电时指示灯的往复显示，当开始充电时 LED 指示灯由左至右、由右至左逐一往复闪亮。

任务二 do... while 语句控制下的流水灯

任务描述

使用 do... while 语句和移位运算控制 8 个 LED 灯，实现流水灯效果。

任务目标

本次任务的学习，使读者理解 do... while 循环语句的基本语法和执行流程，熟练使用 do... while 循环控制 LED 灯的亮灭，进一步巩固之前所学的移位运算，理解 while 与 do... while 语句的联系与区别。

知识准备

1. 自增（++）和自减（--）运算符

自增（++）：将变量的值加 1，分前缀式（如++i）和后缀式（如 i++）。前缀式是先加 1 再使用；后缀式是先使用再加 1。

自减（--）：将变量的值减 1，分前缀式（如--i）和后缀式（如 i--）。前缀式是先减 1 再使用；后缀式是先使用再减 1。

自增和自减运算符如表 5-2-1 所示。

表 5-2-1 自增和自减运算符

运算符	含义	运算符	含义
y=x++	先 y=x， 然后 x=x+1	y=++x	先 x=x+1， 然后 y=x
y=x--	先 y=x， 然后 x=x-1	y=--x	先 x=x-1， 然后 y=x

2. do... while 循环语句

do... while 循环的一般形式为：

```
do
{
语句块
}while(表达式);
```

do... while 循环语句的流程图和执行过程如表 5-2-2 所示。

表 5-2-2　do. . . while 循环语句的流程图和执行过程

流程图	执行过程
语句块 非0 表达式? 0	do. . . while 循环与 while 循环的不同在于，它会先执行“语句块”，然后再判断表达式是否为真，如果为真则继续循环；如果为假，则终止循环。因此，do. . . while 循环至少要执行一次“语句块”

3. break 和 continue 语句

在 C 语言中，为了使用循环控制更灵活，C 语言允许在特定条件成立时使用 break 语句和 continue 语句控制循环的执行过程。

break 的作用是永久终止循环，一旦执行 break 语句，程序会立即跳出循环，继续往后执行。continue 的作用是跳过本次循环，不执行 continue 后面的代码，继续下一轮循环。流程示意如图 5-2-1 所示。

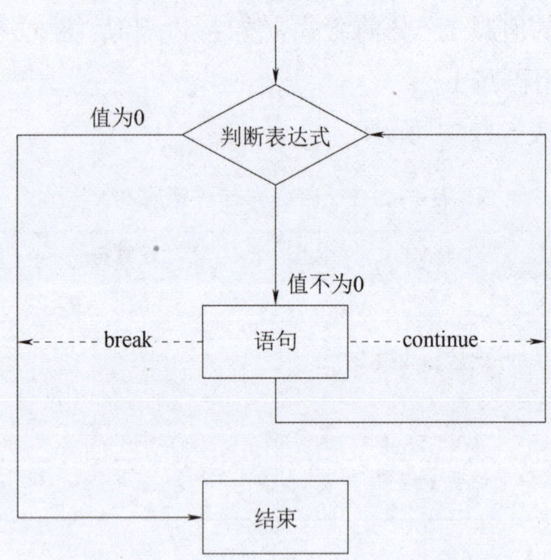

图 5-2-1　break 和 continue 流程示意

任务实施

do. . . while 语句控制下的流水灯

本任务同样需要大家自主绘制流程图，通过该实施过程，我们进一步深入理解程序开发的基本过程与思路，锻炼我们的逻辑思维能力，注意与 while 流程的异同点，同时也养成一个良好的程序开发习惯。在完成流程图的绘制后，编写并测试程序，同时进一步修正自己的流程图。

步骤一　硬件连接

用 8 根杜邦线连接开发板 LED 灯 D0~D7 接口和芯片 P1.0~P1.7 接口。

步骤二　绘制流程图

请在下框中尝试绘制流程图。

步骤三　程序编写

```
#define  MAIN_Fosc        22118400L        //定义主时钟
#include "STC15Fxxxx.H"

//函数声明
void delay_nms(unsigned int ms);
/****************************************
 * 函数名:main
 * 功能:主函数
 ****************************************/
void main()
{
    int j = 0;
    P1 = 0xFF;

    P0M1 = 0;       P0M0 = 0;       //设置为准双向口
    P1M1 = 0;       P1M0 = 0;       //设置为准双向口
    P2M1 = 0;       P2M0 = 0;       //设置为准双向口
    P3M1 = 0;       P3M0 = 0;       //设置为准双向口
    P4M1 = 0;       P4M0 = 0;       //设置为准双向口
    P5M1 = 0;       P5M0 = 0;       //设置为准双向口
    P6M1 = 0;       P6M0 = 0;       //设置为准双向口
    P7M1 = 0;       P7M0 = 0;       //设置为准双向口

    delay_nms(1000);
    do
    {
        P1 = P1>>1;
```

```
        delay_nms(1000);
        j++;
        if(j==8)P1=0xFF;
    }
    while(j<8);
}
/**************************************
*函数名:delay_nms(unsigned int ms)
*功能:延时函数
*参数:延时长度,单位ms
*返回值:无
**************************************/
void delay_nms(unsigned int ms)
{
    unsigned int k;
    unsigned char j;
    k=0;
    while(k<ms)
    {
        k=k+1;
        j=0;
        while(j<125)
        j=j+1;
    }
}
```

步骤四　程序编译

编译程序，如果有警告、错误，则修改程序，重新编译。程序编写初期容易出现括号不配对、缺少“;”结束符以及拼写错误等常见问题，本项目涉及循环语句，请仔细分析条件判断问题，防止出现死循环情况。

步骤五　程序下载及功能验证

程序下载完成后，观察 LED 灯 D7 ~ D0 是否依次点亮，若未按要求点亮，请先检查各连接线是否正确，是否存在接触不良等问题。排除以上问题后，若故障依旧，则检查编写的程序，直至故障解决。

任务评价

序号	一级指标	分值	得分	备注
1	理解 do...while 的基本语法	20		
2	掌握 do...while 的执行流程	30		
3	掌握流程图的绘制方法	20		
4	程序编写调试	20		
5	素养评价	10		
合计		100		

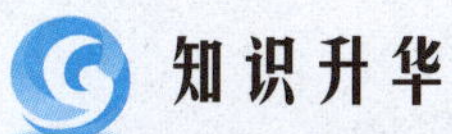

知识升华

我们在学习和生活中，在不停地往复循环前行。在参与知识传授与学习、社会实践、志愿服务等活动之后，组织反思讨论，针对活动中的体验与感受进行反思总结。这一“实践-反思-再实践”的循环，有助于我们在实践中深化理解，在反思中提升认识，逐步形成正确的世界观、人生观和价值观。

思考练习

1. 程序段“int x = 3; do {printf (“% d”, x - -);} while (! x);”的执行结果是________。

2. 在 do... while 循环中，循环体至少会执行________次，因为循环条件的判断是在循环体________进行的。

3. 以下程序运行时输出结果是________。

```
#include  <stdio.h>
main()
{
    int s=1,n=235;
    do{
        s*=n%10;n/=10;
    }while(n);
    printf("%d\n",s);
}
```

4. 有以下程序段：

```
int n,t=1,s=0;
scanf("%d",&n);        //从键盘上输入一个字符
do{s=s+t;t=t-2;}while(t! =n);
```

为使此程序段不陷入死循环，从键盘上输入的数据应该是（　　）。

A. 任意正奇数　　B. 任意负偶数　　C. 任意正偶数　　D. 任意负奇数

5. 在 for 循环中，以下哪个部分不是必需的？（　　）

A. 初始化表达式　　B. 循环条件

C. 循环体　　D. 更新表达式

6. 在 C 语言中，continue 语句的作用是（　　）。

A. 终止当前函数的执行

B. 跳出最外层的循环结构

C. 跳过当前循环中 continue 之后的代码，开始下一次循环

D. 暂停程序的执行，等待用户输入

7. 在 C 语言中，关于 do... while 循环的描述，以下哪项是正确的？（　　）

A. do... while 循环先执行循环体，然后检查条件

B. 如果 do... while 的循环条件最初为假，那么循环体将不会执行

C. do... while 循环不能转换为等价的 while 循环

D. do. . . while 循环比 for 循环更有效率

8. 写出 do. . . while 语句的一般形式。

9. 绘制出 do. . . while 语句的流程图。

10. 什么是无限循环？如何避免编写无限循环的代码？

任务拓展

编写程序，实现智慧充电桩充电时 LED 指示灯的往复显示，当结束充电后 LED 指示灯间断性闪烁。

任务三　for 语句控制下的流水灯

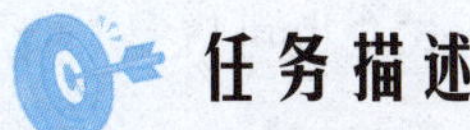

任务描述

使用 for 语句和移位运算控制 8 个 LED 灯，实现流水灯效果。

任务目标

本次任务的学习，使读者理解 for 循环语句的基本语法和执行流程，熟练使用 for 循环控制 LED 灯的亮灭，巩固之前所学的移位运算。

知识准备

除了 while 循环，C 语言中还有 for 循环，它的使用更加灵活，完全可以取代 while 循环。

1. for 循环语句

for 语句的一般形式：

```
for(初始化表达式;循环条件;更新表达式)
{
语句块
}
```

for 循环语句的流程图和执行过程如表 5-3-1。

表 5-3-1　for 循环语句的流程图和执行过程

流程图	执行过程
表达式1(初始化语句) 表达式2(循环条件) 假(条件不成立) 真(条件成立) 语句块 表达式3(自增或自减)	（1）先执行“初始化表达式”。 （2）再执行“循环条件”，如果它的值为真（非 0），则执行循环体，否则结束循环。 （3）执行完循环体后再执行“更新表达式”。 （4）重复执行步骤（2）和（3），直到“表达式 2”的值为假，就结束循环。 上面的步骤中，（2）和（3）是一次循环，会重复执行，for 语句的主要作用就是不断执行步骤（2）和（3）。 “表达式 1”仅在第一次循环时执行，以后都不会再执行，可以认为这是一个初始化语句。“表达式 2”一般是一个关系表达式，决定了是否还要继续下次循环，称为“循环条件”。“表达式 3”很多情况下是一个带有自增或自减操作的表达式，以使循环条件逐渐变得“不成立”

说明：

① 循环变量赋初值、循环条件和循环变量增值部分均可缺省，甚至全部缺省，但其间的分号不能省略。

② 当循环体语句组仅由一条语句构成时，可以不使用复合语句形式。

③ 循环变量赋初值表达式，既可以是给循环变量赋初值的赋值表达式，也可以是与此无关的其他表达式。

例如：

```
for(sum=0;i<=100;i++)
{
    sum+=i;
}
```

④ 循环条件部分是一个逻辑量，除一般的关系（或逻辑）表达式外，也允许是数值（或字符）表达式。

任务实施

for 语句控制下的流水灯

本任务依旧需要大家自主绘制流程图，通过该实施过程，使我们进一步深入理解程序开发的基本过程与思路，锻炼我们的逻辑思维能力，同时也养成一个良好的程序开发习惯。在完成流程图的绘制后，编写并测试程序，同时进一步修正自己的流程图。

步骤一　硬件连接

用 8 根杜邦线连接开发板 LED 灯 D0～D7 接口和芯片 P1.0～P1.7 接口。

步骤二　绘制流程图

请在下框中尝试绘制流程图。

步骤三　程序编写与调试

```
#define  MAIN_Fosc        22118400L        //定义主时钟
#include "STC15Fxxxx.H"

//函数声明
void delay_nms(unsigned int ms);
/*************************************
*函数名:main
*功能:主函数
*************************************/
void main()
{
    int j=0;
    unsigned char flag=0x01;

    P0M1=0;      P0M0=0;      //设置为准双向口
    P1M1=0;      P1M0=0;      //设置为准双向口
    P2M1=0;      P2M0=0;      //设置为准双向口
    P3M1=0;      P3M0=0;      //设置为准双向口
    P4M1=0;      P4M0=0;      //设置为准双向口
    P5M1=0;      P5M0=0;      //设置为准双向口
    P6M1=0;      P6M0=0;      //设置为准双向口
    P7M1=0;      P7M0=0;      //设置为准双向口

    delay_nms(1000);
    for(j=0;j<8;j++)
    {
        P1=~flag;
        flag=flag<<1;
        delay_nms(1000);
    }
    flag=0xFF;
}
/*************************************
*函数名:delay_nms(unsigned int ms)
*功能:延时函数
*参数:延时长度,单位ms
*返回值:无
*************************************/
void delay_nms(unsigned int ms)
{
    unsigned int k;
    unsigned char j;
    k=0;
    while(k<ms)
    {
        k=k+1;
        j=0;
        while(j<125)
        j=j+1;
    }
}
```

小贴士

C++/C 循环语句中，for 语句使用频率最高，while 语句其次，do...while 语句很少用。同时也是由于在编写 for 语句时就明确了初始值、循环条件等，可读性比较强，所以避免了大量的死循环错误，大部分的程序员也乐于使用 for 循环来开发程序。

步骤四　程序编译

编译程序，如果有警告、错误，则修改程序，重新编译。程序编写初期容易出现括号不配对、缺少“;”结束符以及拼写错误等常见问题。

步骤五　程序下载及功能验证

程序下载完成后，观察 LED 灯 D0 ~ D7 是否依次亮灭，若未按要求亮灭，则先检查各连接线是否正确，是否存在接触不良等问题，排除以上问题后，若故障依旧，则检查编写的程序，直至故障解决。

任务评价

序号	一级指标	分值	得分	备注
1	理解 for 的基本语法	20		
2	掌握 for 的执行流程	30		
3	掌握流程图的绘制方法	20		
4	程序编写调试	20		
5	素养评价	10		
合计		100		

素养小天地

“for 循环”的理念体现为一系列有序、重复且逐步深化的处理过程，旨在通过不断的实践、反思和迭代，促进对 C 语言程序编写的深入理解，同时也在潜移默化中提升了吃苦耐劳的意志品质，将社会主义核心价值观内化于心。

思考练习

1. 在 C 语言中，常用的三种循环结构是__________循环、__________循环和__________循环。

2. for 循环的基本语法结构是 for（__________;__________;__________），其中第一个空白处通常用于初始化循环变量，第二个空白处用于设置循环条件，第三个空白处用于更新循环变量。

3. 在一个 for 循环中，如果我们想要在循环体内跳过当前迭代的剩余部分并立即开始下一次迭代，我们可以使用__________语句。

4. 下面有关于 for 循环的正确描述是（　　）。

A. for 循环只能用于循环次数已经确定的情况

B. for 循环是先执行循环体语句，后判定表达式

C. 在 for 循环中，只能写一条语句

D. for 循环体语句中，可以包含多条语句，但要用花括号括起来

5. 在 C 语言中，哪种循环结构会先执行一次循环体，然后再判断循环条件？（　　）

A. for 循环　　B. while 循环　　C. do...while 循环　D. 所有的循环结构

6. 下列哪个选项正确地描述了 break 语句在循环中的作用？（　　）

A. 跳过当前循环的剩余部分，继续下一次循环

B. 终止整个程序的执行

C. 跳出当前循环，不再继续执行循环体内的代码

D. 暂停循环的执行，等待用户输入

7. 以下哪个循环结构是根据循环条件的真假来决定是否执行循环体的？（　　）

A. 仅 for 循环　　B. 仅 while 循环

C. for 循环和 while 循环　　D. for 循环、while 循环和 do...while 循环

8. 写出 for 语句的一般形式。

9. 绘制出 for 语句的流程图。

10. 对比 for 和 while 循环，试述它们的优缺点。

任务拓展

编写程序实现智慧充电桩待机时 LED 指示灯进入由左至右、由右至左逐一往复，由中间至两边，奇数灯逐一闪烁，偶数灯逐一闪烁的变幻显示模式的功能。

项目六

让我的单片机数字化——数组

项目简介

本项目在前期编程的基础上，进一步学习 C 语言中“第一个真正意义上存储数据的结构”——数组。为便于更好地理解数组这一概念，将结合单片机中的常用元件——数码管来讲解，实现“让我的单片机数字化”。

项目目标

通过本项目的学习，我们可以掌握数码管工作的基本原理，熟悉如何通过程序编写实现数码管的显示功能，掌握 C 语言中声明数组、初始化数组、访问数组元素的方法。

数组的有序特性可以映射到我们学习、生活等方面。如同数组元素按索引排序，多数活动也可根据对事件的认知发展、年龄层次或逻辑连贯性进行有序安排。对于活动的时间、地点、人物、事件等都可以认为是数组中的一个元素，依次展开，逐步深入，构建起完整的社会价值体系。

工作任务

根据“让我的单片机数字化”项目要求，我们将项目的主要实施过程分成以下三个任务：

（1）显示字符“1”

（2）循环显示字符“0~F”

（3）10 秒计时切换——二维数组解决法

任务一　显示字符“1”

任务描述

在数码管上显示字符“1”，如图 6-1-1 所示。

任务目标

本次任务的学习，使学生理解数码管显示原理，熟练掌握在数码管上显示指定字符的方法。

图 6-1-1　数码管显示字符“1”

知识准备

数码管是一种半导体发光器件，其基本单元是发光二极管。当向发光二极管施加正向电压时，发光二极管导通，会发出特定色彩的荧光。

常见数码管有七段数码管和八段数码管，区别在于八段数码管比七段数码管多一个用于显示小数点的发光二极管单元 dp（decimal point）。

LED 数码管的各段为 a、b、c、d、e、f、g 和 dp，如图 6-1-2 所示。

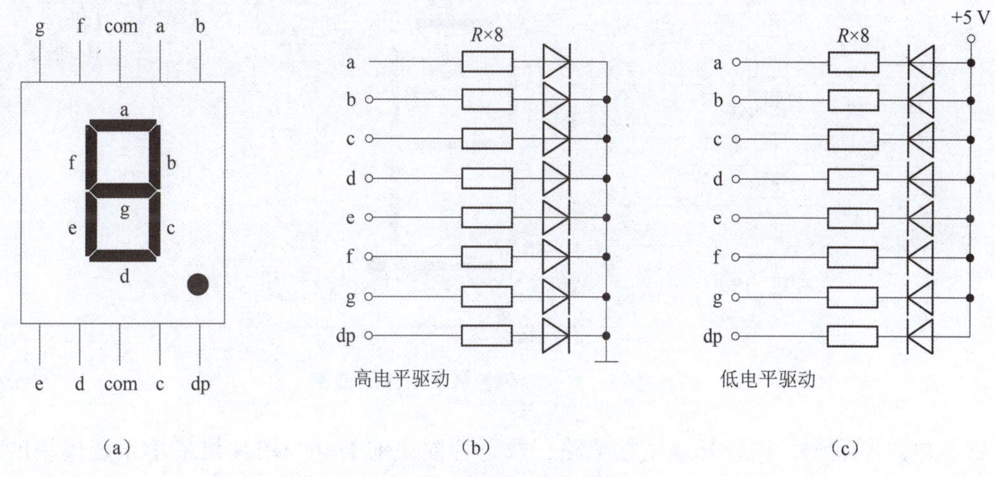

图 6-1-2　数码管结构原理图

（a）符号和引脚；（b）共阴极；（c）共阳极

共阴极结构的数码管就是将 8 个发光二极管的阴极连在一起，而阳极是独立的；共阳极结构的数码管就是将 8 个发光二极管的阳极连在一起，而阴极是独立的。

1 位数码管的 3 脚和 8 脚在内部是连在一起的，通常称为公共端 com。在各段上施加不同的电压，就可以根据要求显示 0~9 等数字或者其他特定的字符。

数码管的工作参数：正向压降一般为 1.5~2 V，额定电流为 10 mA，最大电流为 40 mA。在实际使用时，为防止烧坏数码管，一般对每段都串联一个限流电阻（300 Ω），使其工作电流为 10 mA 左右。

任务实施

显示字符 1

本任务各步骤的实施过程，使我们深入理解数码管的显示原理，在理解数码管对应编码的基础上编写并测试程序。

步骤一　数码管检测

（1）判断共阴与共阳。将数字万用表置于“‣››› ⊣⊢”挡，将黑表笔（表内电池的负极）接公共端，红表笔接其余任一引脚，若数码管亮，表明被测数码管是共阴的，否则可将两表笔交换，若数码管亮，则表明数码管为共阳的。

（2）判断数码管的好坏。知道了数码管是共阴、共阳后，若为共阴管，应将数字万用表的黑表笔接其公共端，红表笔依次点触其余引脚，若各段分别显示出所对应的数码笔画，表明数码管是好的；若发光较暗，表明数码管发光效率低或已老化；若某段不亮，则表明数码管已局部损坏。

步骤二　认知 1 位数码管模块电路原理图并正确连接

1 位数码管模块电路原理图如图 6-1-3 所示，请仔细辨析各引脚编号及连接情况。

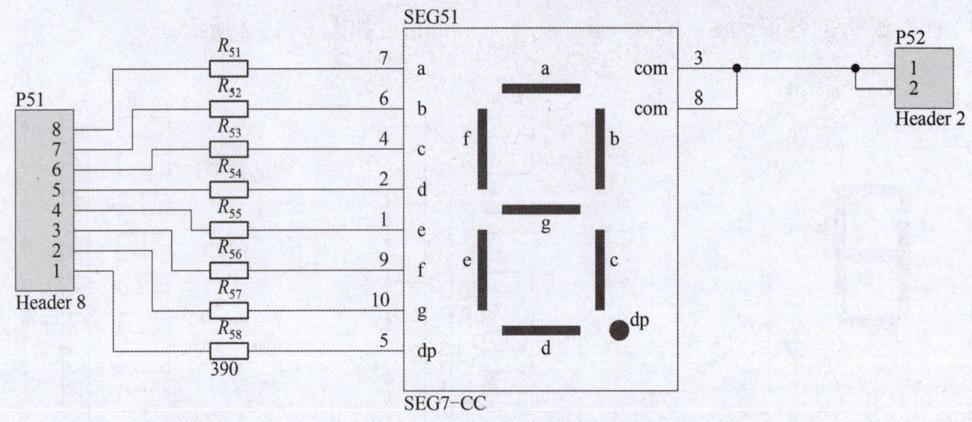

图 6-1-3　1 位数码管模块电路原理图

根据电路原理图，用杜邦线搭接电路，数码管模块的 I/O 与单片机最小系统模块的 P1 口相连。连接图如图 6-1-4 所示。

步骤三　认知所显字符“1”的编码

数码管的静态显示方法：

对于共阴极数码管，电路中一般把阴极接地。当给任意一段的阳极加载高定平时，对应的段就点亮了。如果要显示字符“1”，给 b、c 两段的阳极加高电平，其余的阳极都加低电平，就显示出字符“1”了。

而对于共阳极数码管则应给对应段的阴极加低电平。

为了检验学习成果，请完成表 6-1-1。

图 6-1-4　1 位数码管连接图

表 6-1-1　所显字符“1”的编码表

类型	字符	dp	g	f	e	d	c	b	a	编码
共阴	1									
共阳	1									

步骤四　程序编写

主要程序代码如下所示:

```
#define  MAIN_Fosc       22118400L        //定义主时钟
#include "STC15Fxxxx.H"
/******************** 主函数 ***************************/
void main(void)
{
    P0M1 = 0;        P0M0 = 0;        //设置为准双向口
    P1M1 = 0;        P1M0 = 0;        //设置为准双向口
    P2M1 = 0;        P2M0 = 0;        //设置为准双向口
    P3M1 = 0;        P3M0 = 0;        //设置为准双向口
    P4M1 = 0;        P4M0 = 0;        //设置为准双向口
```

```
    P5M1 = 0;       P5M0 = 0;       //设置为准双向口
    P6M1 = 0;       P6M0 = 0;       //设置为准双向口
    P7M1 = 0;       P7M0 = 0;       //设置为准双向口

    P1 = 0xF9; //显示字符 1
}
```

步骤五　程序编译

编译程序，如果有警告、错误，则修改程序，重新编译。程序编写初期容易出现括号不配对、缺少“;”结束符以及拼写错误等常见问题。

步骤六　程序下载及功能验证

程序下载完成后，数码管上将显示字符“1”；若未按要求显示“1”，则表示实验失败，请先检查各连接线是否正确，是否存在接触不良等问题，排除以上问题后，若故障依旧，则检查编写的程序，特别是字符编码是否有误，直至故障解决。

任务评价

序号	一级指标	分值	得分	备注
1	认识数码管各引脚编号	20		
2	认识数码管各段编号	20		
3	正确说出数字 0~9 对应共阴、阳极数码管编码	30		
4	正确编写指定数字数码管显示程序	20		
5	素养评价	10		
合计		100		

素养小天地

无论是学习、工作还是进行任何项目、事业的初始阶段，都会面临一定的挑战，但这一阶段也极其关键，因为它为后续的发展奠定了基调和基础。本任务在数码管上显示字符“1”，虽然简单，但却是显示其他内容的基石。“打好基础”不仅指知识和技能的初步积累，更重要的是形成正确的思维方式、价值取向和行为模式。这要求教育者有耐心、有智慧，用科学的方法和满腔的热情去引导学生，帮助他们在人生的起跑线上迈出坚实的步伐。

思考练习

1. 共阳型七段数码管各段点亮需要（　　）。

A. 高电平　　B. 接电源　　C. 低电平　　D. 接公共端

2. 数码管是一种什么类型的电子显示器件？（　　）

A. 只可以显示数字的器件　　B. 可以显示数字和字母的器件

C. 仅用于装饰的器件　　D. 一种发光二极管

3. 若使用共阳数码管，其公共端应接哪种电平？(　　)

A. 高电平　　B. 低电平　　C. 交流电平　　D. 任意电平

4. 共阴极数码管字符“7”对应的编码是__________。

5. 共阴极数码管编码“0x5b”对应的字符是__________。

6. 数码管显示方式一般有__________和__________。

7. 数码管是什么？

8. 常见的数码管有哪些种类？

9. 8 段数码管各引脚定义是什么？

10. 试举例生活中数码管常见的应用场合。

任务拓展

编写程序，实现智慧充电桩充电时，数码管进行 60 秒倒计时显示。

任务二　循环显示字符“0～F”

任务描述

在数码管上循环显示字符“0～F”。

任务目标

通过本次任务的学习，在原有数字显示的基础上，进一步学习字符“0～F”的显示方法，进一步熟练掌握在数码管上显示指定字符的方法。进一步理解数组的相关概念，熟悉各字符对应数组的表示方法。

知识准备

C 语言支持数组数据结构，它可以存储一个固定大小的相同类型元素的顺序集合。数组是用来存储一系列数据的，但这些数据往往被认为是一系列相同类型的变量。

数组的声明并不是声明一个个单独的变量，比如 number0，number1，...，number99，而是声明一个数组变量，比如 numbers，然后使用 numbers[0]，numbers[1]，...，numbers[99] 来代表一个个单独的变量。数组中的特定元素可以通过索引访问。

所有的数组都是由连续的内存位置组成。最低的地址对应第一个元素，最高的地址对应最后一个元素。

一维数组定义格式：

```
类型说明符 数组名[常量表达式];
```

例如：

```
int a[5];
```

它表示定义了一个整型数组，数组名为 a，定义的数组称为数组 a。数组名 a 除了表示该数组之外，还表示该数组的首地址（关于地址现在先不讨论，稍后讲指针的时候再说）。

此时数组 a 中有 5 个元素，每个元素都是 int 型变量，而且它们在内存中的地址是连续分配的。也就是说，int 型变量占 4 字节的内存空间，那么 5 个 int 型变量就占 20 字节的内存空间，而且它们的地址是连续分配的。

这里的元素就是变量的意思，数组中习惯上称为元素。

在定义数组时，需要指定数组中元素的个数。方括号中的常量表达式就是用来指定元素的个数。数组中元素的个数又称数组的长度。

数组中既然有多个元素，那么如何区分这些元素呢？方法是通过给每个元素进行编号。数组元素的编号又叫下标。

数组中的下标是从 0 开始的（而不是 1）。那么，如何通过下标表示每个数组元素的呢？通过“数组名［下标］”的方式。例如“int a[5];”表示定义了有 5 个元素的数组 a，这 5 个元素分别为 a[0]、a[1]、a[2]、a[3]、a[4]。其中 a[0]、a[1]、a[2]、a[3]、a[4] 分别表示这 5 个元素的变量名。

为什么下标是从 0 开始而不是从 1 开始呢？试想，如果从 1 开始，那么数组的第 5 个元素就是 a[5]，而定义数组时是 int a[5]，两个都是 a[5] 就容易产生混淆。而下标从 0 开始就不存在这个问题了！所以定义一个数组 a[n]，那么这个数组中元素最大的下标是 n-1；而元素 a[i] 表示数组 a 中第 i+1 个元素。

另外，方括号中的常量表达式可以是“数字常量表达式”，也可以是“符号常量表达式”。但不管是什么表达式，必须是常量，绝对不能是变量。通常情况下 C 语言不允许对数组的长度进行动态定义，换句话说，数组的大小不依赖程序运行过程中变量的值。非通常的情况为动态内存分配，此种情况下数组的长度就可以动态定义。

任务实施

循环显示字符 0~F

本任务各步骤的实施过程，使我们深入理解数码管显示字符“0~F”的基本原理，在理解数码管对应编码的基础上，掌握数组初始化及引用的方法。

步骤一　认知所显字符“0~F”的编码

之前我们学会了字符“1”的编码，试着思考其他字符如何编码，并请完成表 6-2-1。

表 6-2-1　所显字符“0~F”的编码表

类型	字符	dp	g	f	e	d	C	b	a	编码
共阴	0									
	1									
	2									
	3									
	4									
	5									
	6									
	7									
	8									
	9									
	A									
	B									
	C									
	D									
	E									
	F									

续表

类型	字符	dp	g	f	e	d	C	b	a	编码
共阳	0									
	1									
	2									
	3									
	4									
	5									
	6									
	7									
	8									
	9									
	A									
	B									
	C									
	D									
	E									
	F									

步骤二　硬件连接

将开发板数码管模块的 I/O 与芯片 P1 接口相连。

步骤三　程序编写

主要程序代码如下所示：

```
#define  MAIN_Fosc        22118400L          //定义主时钟
#include "STC15Fxxxx.H"

//共阳数码管编码 0~F 数组
unsigned charSEG[16] = {0xc0,0xf9,0xa4,0xb0,0x99,0x92,0x82,0xf8,0x80,0x90,
0x88,0x83,0xc6,0xa1,0x86,0x8e};

//函数声明
void delay_nms(unsigned int ms);
/********************主函数***************************/
void main(void)
{
    int j=0;P0M1=0;       P0M0=0;       //设置为准双向口
    P1M1=0;       P1M0=0;       //设置为准双向口
    P2M1=0;       P2M0=0;       //设置为准双向口
    P3M1=0;       P3M0=0;       //设置为准双向口
    P4M1=0;       P4M0=0;       //设置为准双向口
    P5M1=0;       P5M0=0;       //设置为准双向口
```

```
    P6M1 = 0;      P6M0 = 0;       //设置为准双向口
    P7M1 = 0;      P7M0 = 0;       //设置为准双向口

    while(1)
    {
        for(j = 0;j<16;j++)
        {
            P1 = SEG[j];
            delay_nms(1000);
        }
    }
}

/**************************************
*函数名:delay_nms(unsigned int ms)
*功  能:延时函数
*参  数:延时长度,单位 ms
*返回值:无
**************************************/
void delay_nms(unsigned int ms)
{
    unsigned int k;
    unsigned char j;
    for(k = 0;k<ms;k++)
        for(j = 0;j<125;j++)
        ;
}
```

小贴士

显示数字或符号时，为了方便，可以下载一个数码管计算器，在百度中搜索数码管计算器即可。此软件可以帮助用户更轻松、便捷地计算出每一个数字、字母的二进制、十进制、十六进制等数据。

步骤四　程序编译

编译程序，如果有警告、错误，则修改程序，重新编译。程序编写初期容易出现括号不配对、缺少“;”结束符以及拼写错误等常见问题。在数组定义方面，要特别注意下标与赋值之间的关系。

步骤五　程序下载及功能验证

程序下载完成后，数码管上将循环显示字符“0~F”；若未按要求显示，则表示实验失败，需先检查各连接线是否正确，是否存在接触不良等问题，排除以上问题后，若故障依旧，则检查编写的程序，特别是字符编码是否有误，直至故障解决。

任务评价

序号	一级指标	分值	得分	备注
1	正确书写共阴、阳极数码管字符“0~F”的编码表	30		
2	正确定义数码管字符编码数组	30		
3	正确编写指定数字数码管显示程序并完成调试	30		
4	素养评价	10		
合计		100		

知识升华

数码管倒计时功能常被用于制造紧迫感、提醒和警示的场景中，以此激发我们的时间管理意识，促使我们合理安排学习、生活计划，培养责任感和紧迫感。

思考练习

1. 以下对一维数组 a 的定义中正确的是（　　）。

A. `char a(10);`　　B. `int a[0··100];`

C. `int a[5];`　　D. `int k=10;int a[k];`

2. 在 C 语言中，数组的下标索引是从哪个数字开始的？（　　）

A. 0　　B. 1　　C. 2　　D. 任意数字

3. 在 C 语言中，如果一个数组的大小没有显式指定，且进行了初始化，那么数组的大小是如何确定的？（　　）

A. 根据初始化的元素个数自动确定　　B. 默认为 10

C. 编译时会报错　　D. 默认为 0，需要在运行时动态分配

4. 共阴极数码管字符“b”对应的编码是__________。

5. 共阳极数码管编码“0xa1”对应的字符是__________。

6. 在 C 语言中，一维数组的定义方式为：类型说明符　数组名__________。

7. 数组是什么？

8. 一维数组的定义方法是什么？

9. 一维数组的引用方法是什么?

10. 试述数组在程序编写时的主要作用。

任务拓展

编写程序，实现智慧充电桩运行信息提示码的显示。例如：A01——代表待机状态；A02——代表充电状态；A03——代表充电结束状态；B01——代表费用结算状态；B02——代表费用结算完成；E01——代表输入电压不足；E02——代表输出电压不足；E03——代表无电压输出；E04——代表负载超限；E05——代表散热器工作不正常。

任务三　10 秒计时切换——二维数组解决法

任务描述

在数码管上依次显示字符“0”至“A”，再由“A”变为“0”。

任务目标

通过本次任务的学习，在已掌握的各类字符显示方法以及一维数组的基础之上，进一步理解二维数组的相关概念，并通过二维数组的方法实现显示内容的转换。

知识准备

在实际问题中有很多数据是二维的或多维的，因此 C 语言允许构造多维数组。多维数组元素有多个下标，以确定它在数组中的位置。本任务只介绍二维数组，多维数组可由二维数组类推而得到。

（1）二维数组的定义。

二维数组定义的一般形式：

```
类型说明符 数组名[常量表达式1][常量表达式2];
```

例如：

```
int b[3][4];
```

定义二维数组 b 为 3＊4（3 行 4 列），数组元素为 int 型。

（2）二维数组元素的引用。

二维数组元素的表示形式：

```
数组名[下标1][下标2];
```

下标可以是整型常量，或者是整型表达式。

（3）二维数组元素的初始化。

方法一：按行赋初始值。

```
int b[3][2]={{1,2},{3,4},{5,6}};
```

方法二：可将所有数据写在一个大括号中，按数组排列的顺序对元素赋初始值。

```
int b[3][2]={1,2,3,4,5,6};
```

方法三：可以部分赋初始值。

```
int b[3][2]={{1},{3,4},{6}};
```

方法四：如果对全部元素都赋初始值，则在定义二维数组时，可以不指定第一维的长度，但第二维的长度不能省略，第一维的 [ ] 也不能省略。

```
int b[ ][2]={1,2,3,4,5,6};
等价于 int b[3][2]={1,2,3,4,5,6};
```

任务实施

10 秒计时切换

本任务各步骤的实施过程，使我们深入理解二维数组定义、初始化和引用，并在此基础上探讨多维数组的初始化及引用的方法。

步骤一　确定所需显示内容的编码

之前我们学会了字符“0~F”的编码，试着思考本任务显示内容如何编码，并请完成表 6-3-1。

表 6-3-1　所显内容编码表

	0	1	2	3	4	5	6	7	8	9	A
编码											
	A	9	8	7	6	5	4	3	2	1	0
编码											

步骤二　硬件连接

将开发板数码管模块的 I/O 与芯片 P1 接口相连。

步骤三　程序编写

主要程序代码如下所示：

```
#define  MAIN_Fosc       22118400L       //定义主时钟
#include "STC15Fxxxx.H"

//共阳数码管编码 0~A,A~0 数组
unsigned charSEG[2][11] = {{0xc0,0xf9,0xa4,0xb0,0x99,0x92,0x82,0xf8,0x80,
0x90,0x88},{0x88,0x90,0x80,0xf8,0x82,0x92,0x99,0xb0,0xa4,0xf9,0xc0}};

//函数声明
void delay_nms(unsigned int ms);

/******************** 主函数 ***************************/
void main(void)
{
    int j=0;
    P0M1=0;      P0M0=0;      //设置为准双向口
    P1M1=0;      P1M0=0;      //设置为准双向口
    P2M1=0;      P2M0=0;      //设置为准双向口
    P3M1=0;      P3M0=0;      //设置为准双向口
    P4M1=0;      P4M0=0;      //设置为准双向口
    P5M1=0;      P5M0=0;      //设置为准双向口
    P6M1=0;      P6M0=0;      //设置为准双向口
    P7M1=0;      P7M0=0;      //设置为准双向口

    while(1)
```

```
    {
        for(j=0;j<11;j++)
        {
            P1=SEG[0][j];
            delay_nms(1000);
        }
        for(j=0;j<11;j++)
        {
            P1=SEG[1][j];
            delay_nms(1000);
        }
    }
}

/****************************************
*函数名:delay_nms(unsigned int ms)
*功  能:延时函数
*参  数:延时长度,单位 ms
*返回值:无
****************************************/
void delay_nms(unsigned int ms)
{
    unsigned int k;
    unsigned char j;
    for(k=0;k<ms;k++)
        for(j=0;j<125;j++)
        ;
}
```

小贴士

数组的特点是快，但在使用中务必初始化，否则，可能会得到不可预测的结果。数组中数据类型必须统一，调用时只能使用数字下标方法调用，这对代码中语义的表达是很不利的，也就是说，代码的可读性会降低，并且还要记住各维度表示的意思，如果是多人协作，会造成很大的交流成本，在实际应用中往往使用一维数组来解决问题，能不用二维数组就不用。

步骤四　程序编译

编译程序，如果有警告、错误，则修改程序，重新编译。程序编写初期容易出现括号不配对、缺少“;”结束符以及拼写错误等常见问题。在数组定义方面要特别注意下标与赋值之间的关系。

步骤五　程序下载及功能验证

程序下载完成后，数码管上将循环显示字符“0~A”“A~0”；若未按要求显示，则表

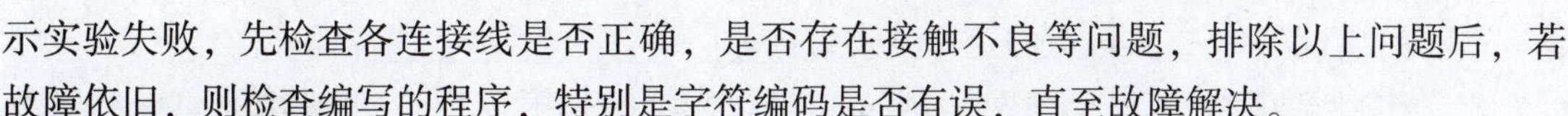

示实验失败，先检查各连接线是否正确，是否存在接触不良等问题，排除以上问题后，若故障依旧，则检查编写的程序，特别是字符编码是否有误，直至故障解决。

任务评价

序号	一级指标	分值	得分	备注
1	正确书写共阴极数码管显示字符编码表	30		
2	正确定义数码管字符编码数组	30		
3	正确编写指定数字数码管显示程序并完成调试	30		
4	素养评价	10		
合计		100		

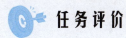

眼界拓展

本次任务通过二维数组定义了一个显示字库，来实现计时程序的开发。在生活周边可以看到丰富多彩、形式各异的字库。我们可以通过编程课程，开发包含中国传统书法元素的字库，为视障人士或其他有特殊需要的人士设计专用的字库，既弘扬中华优秀传统文化，又传递社会主义核心价值观。

思考练习

1. 以下对二维数组 a 进行正确初始化的是（　　）。

A. int a[2][3]={{1,2},{3,4},{5,6}};

B. int a[ ][3]={1,2,3,4,5,6};

C. int a[2][ ]={1,2,3,4,5,6};

D. int a[2][ ]={{1,2},{3,4}};

2. 在定义 int a[5][4]；之后，对 a 的引用正确的是（　　）。

A. a[2][4]　　B. a[1,3]　　C. a[4][3]　　D. a[5][0]

3. 在执行语句：int a[ ] [3]={1,2,3,4,5,6};后，a[1][0]的值是（　　）。

A. 4　　B. 1　　C. 2　　D. 5

4. 在 C 语言中，二维数组的元素是如何存储的？（　　）

A. 按行存储　　B. 按列存储　　C. 随机存储　　D. 无法确定

5. 关于二维数组的定义，以下哪个说法是错误的？（　　）

A. 二维数组可以看作是一维数组的元素

B. 二维数组中的每个元素可以是任意数据类型

C. 二维数组的大小在定义时必须全部指定

D. 二维数组名代表数组的首地址

6. 在 C 语言中，二维数组可以视为由多个一维数组组成，其中每个一维数组称为二维数组的一个__________。

7. 在 C 语言中，二维数组的定义方式为：____________________。

8. 若二维数组 arr 有 m 行 n 列，则 arr[i][j]表示的是第__________行第__________列的元素。

9. 二维数组初始化方式有哪些？

10. 如何访问二维数组中的元素？

项目七

让我的单片机智能化——函数

项目简介

小到手表、收音机、电脑，大到火车、飞机、航母，都包含了许多元器件——相对独立的模块，它们可以分别被维修、更新或替换，而不影响其他部分。

类似地，在程序中我们也可以制造和使用自己的“元器件”，功能相对独立的模块——函数。一个个函数可以被看作是“蒙着面干活”的黑箱，它们分别用于实现不同的功能，并随时听候我们调用，而我们在调用时则根本不必关心其内部细节。

有了函数，不仅可大大简化编程的复杂度，还可以使程序逻辑更为清晰。

函数能够实现C语言的模块化程序设计，通过函数，让单片机智能化运行。

项目目标

本项目为C语言的模块化程序设计，将相对单独的功能用函数来实现。要求了解C语言中函数的概念，掌握函数的定义方法、函数的参数、函数的调用方法、函数的原型与声明。

C语言中的函数是实现特定功能的代码块，它们可以被反复调用，从而提高代码的复用性和可维护性；在编写函数模块时，要求学生对自己的代码负责，对使用自己代码的人负责，培养学生的责任感和使命感。

在编写和调试函数模块的过程中，强调团队合作的重要性，就好比在社会主义社会中，集体利益高于个人利益，弘扬团队合作精神。

工作任务

根据“C语言的模块化程序设计”的要求，以任务驱动的方式，用函数实现模块化程序设计。

（1）用有参函数控制LED灯的闪烁速度

（2）按键识别功能模块的函数实现

（3）按键控制LED流水灯速度

知识准备

1. 函数概述

“函数”是从英文function翻译过来的，function在英文中的意思也是“功能”。函数就是功能，每一个函数用来实现一个特定的功能。

在设计一个较大的程序时，往往分为若干个程序模块，每一个模块包括一个或多个函数。一个 C 程序可以由一个主函数和若干个其他函数构成。由主函数调用其他函数，其他函数再调用其他函数。程序中函数调用示意图如图 7-0-1 所示。

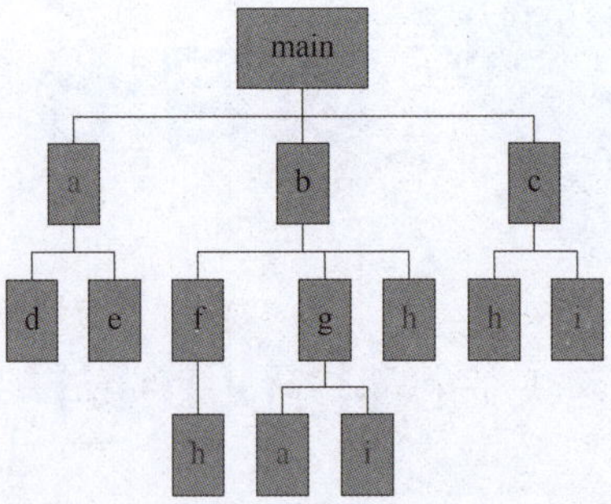

图 7-0-1　程序中函数调用示意图

C 语言的函数有以下特点：

（1）C 语言程序由函数组成，一个主函数 main( )+ 若干其他函数；

C 程序的执行是从 main( ) 函数开始的，如果在 main( ) 函数中调用其他函数，在调用后返回至 main( ) 函数，在 main( ) 函数中结束整个程序的运行。

（2）函数之间是调用的关系，调用某函数的函数称为主调函数，被调用的函数称为被调函数。

图 7-0-2　函数调用示意图

函数调用示意图如图 7-0-2 所示。

主函数可以调用其他函数，其他函数可以相互调用，但主函数不能被其他函数调用。

（3）一个 C51 程序由一个或多个文件构成。

（4）每个函数都是平行的，任何函数都不从属于其他函数。

（5）从用户角度，函数可以分为：

① 标准函数，即库函数，是由系统提供的，用户不必自己定义，可以直接使用的函数。

② 用户自定义的函数。是用以解决用户特定需要的函数。

（6）从函数形式，函数可以分为：

① 无参函数。

② 有参函数。

（7）从函数有无返回值，函数可以分：

① 有返回值函数。

② 无返回值函数。

2. 函数定义

在 C 语言中，在程序中用到的函数，必须“先定义，后使用”。什么是函数定义呢？

定义函数，应该包括以下四项内容：

① 指定函数的名字，以便以后按名字调用。

② 指定函数的类型，即函数返回值的类型。

③ 指定函数的参数的类型和名字，在调用函数时向它们传递数据，无参函数调用时不需要这项。

④ 指定函数应当完成什么功能，即函数的功能。这是函数体要实现的。

3. 定义函数的一般形式

```
函数类型 函数名(参数类型 1 参数名 1,参数类型 2 参数名 2,...)
```

```
{
    变量声明;
    语句 1;     } 函数体
    语句 2;
    …
}
```

函数的定义由头部和函数体两部分组成。

头部（第一行），头部给出了函数名，还规定了函数的返回值类型和各个参数的类型及参数名。

头部下面有{}包起来的语句，称为函数体，用于实现函数的功能。函数体包括声明部分和语句部分。

函数根据有无参数，可分为无参数函数和有参数函数。

4. 无参数函数定义的一般形式

```
函数类型 函数名()
{
    变量声明;
    语句 1;
    语句 2;
    …
}
```

5. 有参数函数定义的一般形式

```
函数类型 函数名(参数类型 1 参数名 1,参数类型 2 参数名 2,..)
{
    变量声明;
    语句 1;
    语句 2;
    …
}
```

6. 空函数

```
void 函数名()
{
}
```

空函数，什么工作也不做，没有任何实际作用。先分配好函数名，等以后扩充函数功能时补上函数体、参数、类型。

小贴士

之前学习过的项目任务中的 C 语言语句都可以写在函数体中，实现各个项目任务功能的模块化。

C 语言中各个函数是相互平行和独立的。函数的定义不能嵌套，在一个函数体内部不允许再定义另外一个函数。

例如，下面的函数定义是错误的：

```
void main()
{
    ...
    void delay(unsigned int ms)
    {
        unsigned int i,j;
        for(i=0;i<ms;i++)
            for(j=0;j<1100;j++)
                ;
    }
    ...
}
```

正确的写法是：

```
void delay(unsigned int ms)
{
    unsigned int i,j;
    for(i=0;i<ms;i++)
        for(j=0;j<1100;j++)
            ;
}
void main()
{
    ...
    ...
}
```

关于函数定义的说明：

(1) 函数类型。

定义函数时，函数类型应写在函数名之前，其规定了函数返回值的数据类型。函数类型可以是 int、long、short、float、char 等。如果不写函数类型，默认是 int 型。

如果要规定函数没有返回值，函数类型应使用关键字 void，而不能省略。

例如，下面定义的 ledOff( ) 函数的功能是熄灭所有 LED 灯，该函数不需要返回值，可以定义为：

```
void ledOff()
{
    P1=0xFF;
}
```

(2) 函数名。

函数名必须符合 C 语言的标识符命名规则。最好给函数取一个“见名知意”的名字。一个好的函数名能够反映该函数的功能。

例如：

ledOff——熄灭所有 LED 灯；

ledOn——点亮所有 LED 灯。

（3）函数名后的（）必不可少，即使函数没有参数也不能省略。如果少了（），那么就不是函数定义了。

7. 函数的参数

一个程序由若干个函数组成，各函数调用时，经常要传递一些数据，即调用函数把数据传递给被调用函数，经过被调用函数处理后，得到一个确定的结果，在返回调用函数时，将结果带回调用函数，如图 7-0-3 所示。

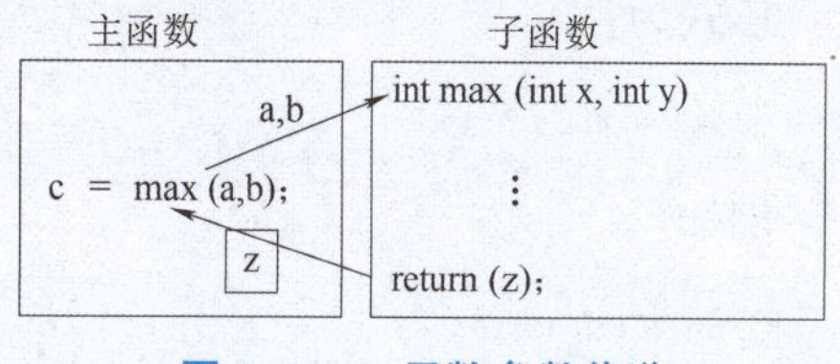

图 7-0-3　函数参数传递

各函数之间数据往来通过参数传递和返回语句实现。

8. 形式参数和实际参数

函数参数：用于函数之间数据的传递。

形式参数：定义函数时给出的参数。

实际参数：调用函数时给出的参数。

说明：

（1）定义函数时，必须说明形参的类型。形参只能是变量，不能是常量或表达式。

（2）子函数被调用之前，形参和子函数中的变量不占内存，调用结束并返回后，形参所占的内存被收回。

（3）实参可以是常量、变量或表达式，因为传递过来的是具体数值。

（4）实参和形参类型必须一致（或可以安全转换）。

（5）C 语言中，实参和形参传递的是“按值传递”，即单向传递，只与参数相对位置有关，而与变量名无关。

9. 函数的值

函数值也就是函数的返回值，是一个具体的值。

说明：

① 函数使用 return 语句返回值。

② 一个函数内可以有多个 return 语句，执行到任何 return 语句，函数都将立即返回到调用函数。

③ return 后面的（）可以省略，可以返回一个表达式，先求解表达式的值，再返回。

（1）函数值的类型。

说明：

① 函数值的类型即函数的类型。

例如，函数 max 是 int 型，函数的返回值也是 int 型。

② 省略了类型说明的函数，默认是 int 型。

③ return 中表达式的值一般和函数类型相同。如果不一致，则需要进行类型转换。

（2）无返回值。

说明：

① 如果函数中没有 return，可以使用类型 void。

② 如果一个函数被声明 void 类型，没有返回值，就不允许再引用它的返回值。只能单

纯调用它。

10. 函数调用

(1) 函数语句。

形式为：

```
函数(实参列表);
```

例如：

```
printMessage();
```

说明：

这种方式不要求函数带返回值，函数只执行一定操作。

(2) 函数表达式。

函数的返回值参与运算。

例如：

```
m=max(a,b);
m=3*max(a,b);
```

说明：

void 类型函数不能使用这种调用方式。

(3) 函数调用的执行过程。

① 计算实参表达式的值；

② 按照位置，将实参的值一一传递给形参；

③ 执行被调用函数；

④ 当遇到 return（表达式）语句时，计算表达式的值并返回调用函数。

11. 函数原形

在程序中调用函数需满足以下条件：

① 被调用函数必须存在，且遵循“先定义后使用”的原则；

② 如果被调用函数的定义在主调函数之后，需要在调用之前给出原形说明。

原形说明：

```
类型说明 函数名(参数类型,参数类型…);
```

任务一 用有参函数控制 LED 灯的闪烁速度

任务描述

通过用有参函数控制 LED 灯的闪烁速度，初步学会 LED 灯的闪烁速度的变换控制：

(1) 定义有参数的延时函数；

(2) 调用延时函数，并传入实际参数；

(3) 实现对 LED 灯的闪烁速度进行控制。

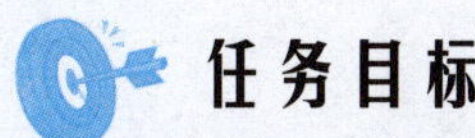

任务目标

设计带有参数的时间延时函数，在主函数中进行调用，并传入实参，以控制 LED 灯的闪烁速度。

电路连接准备

在本项目中，使 LED 灯的控制接口连接 STC15 单片机 P0 口，如表 7-1-1 所示，电路图及连接线示意图如图 7-1-1 和图 7-1-2 所示。

表 7-1-1　LED 灯与 STC15 单片机 P0 口对应关系

LED	STC15 单片机
LED0	P0. 0
LED1	P0. 1
LED2	P0. 2
LED3	P0. 3
LED4	P0. 4
LED5	P0. 5
LED6	P0. 6
LED7	P0. 7

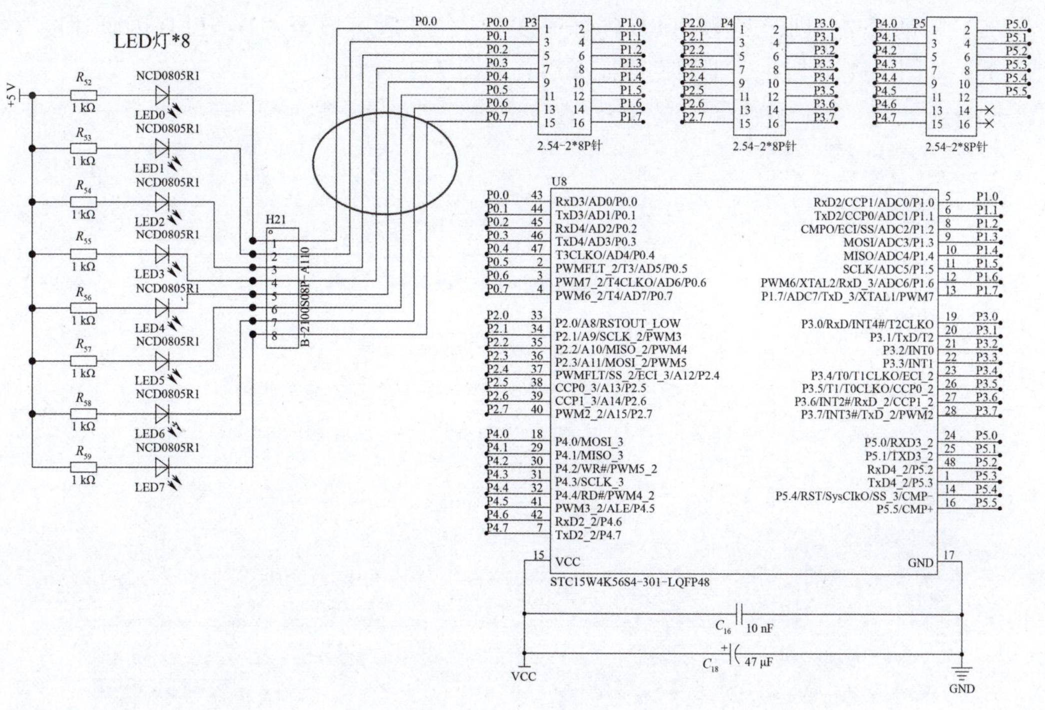

图 7-1-1　电路图

图 7-1-2　连接线示意图

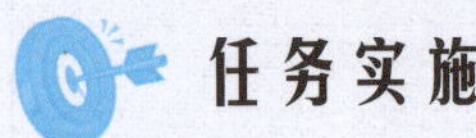

任务实施

LED 闪烁速度

步骤一　创建 STC15 单片机的 C 语言工程

（1）在 D 盘下创建文件夹：LED 闪烁速度。

（2）启动 Keil，创建工程：LED 闪烁速度，并把工程存放至“D:\LED 闪烁速度”文件夹下，如图 7-1-3 所示，工程创建完成后，如图 7-1-4 所示。

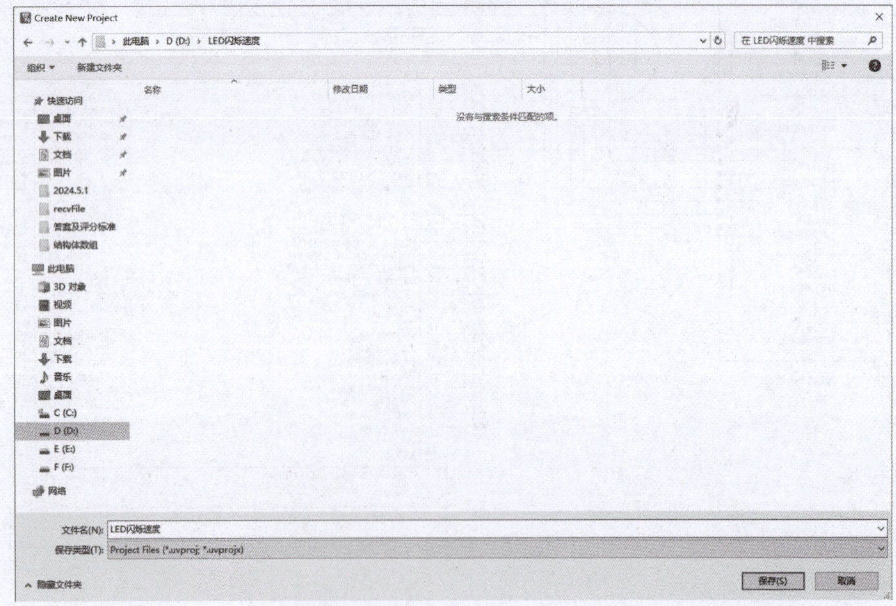

图 7-1-3　设置工程路径

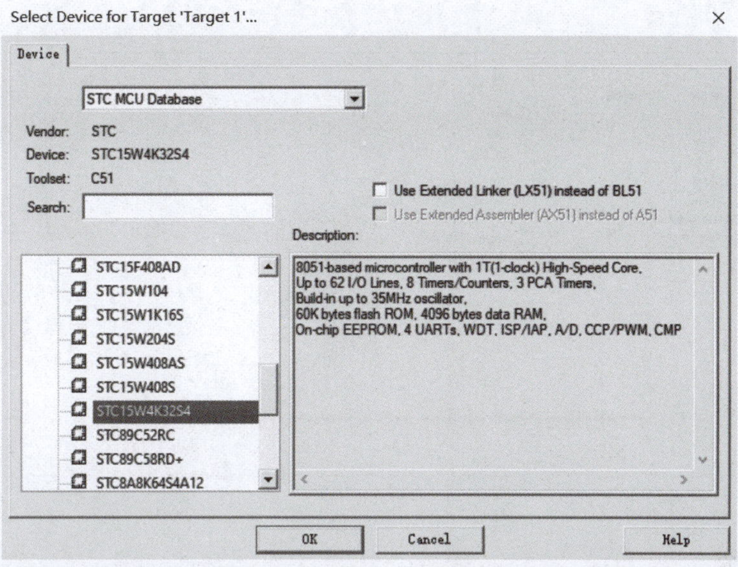

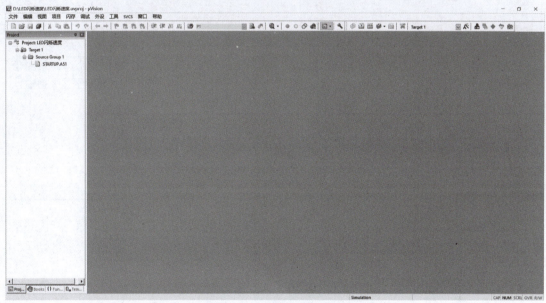

图 7-1-4　创建工程完成

步骤二　创建 C 语言源程序文件 main. c，并添加到工程中

创建 main. c 文件，如图 7-1-5 所示。

将 main. c 文件添加至工程，如图 7-1-6 所示。

把 STC15 单片机的头文件 15W4KxxS4. h 复制到工程所在文件夹中。

步骤三　编写 C 语言源程序

编写 C 语言源程序，如图 7-1-7 所示。

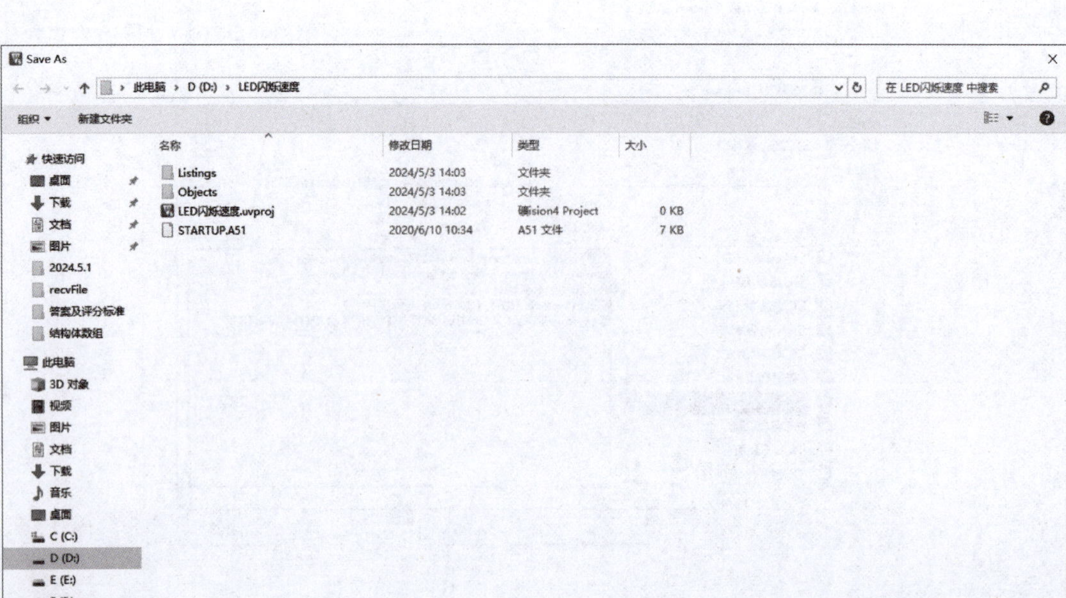

图 7-1-5　创建 main. c 文件

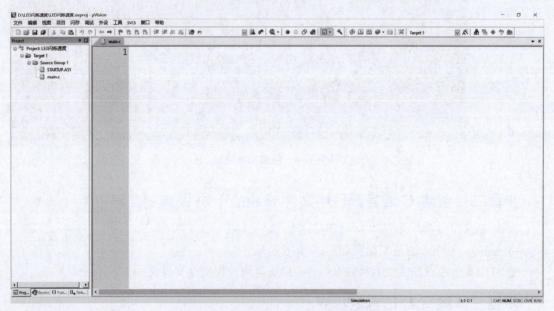

图 7-1-6　将 main. c 文件添加至工程

main.c

```
/****************************************
功能描述：延时函数
入口参数：uint16 x ，该值为1时，延时1ms
返回值：无
****************************************/
void delay_ms(uint16 x)
{
    uint16 j, i;
    for (j = 0; j < x; j++)
    {
        for (i = 0; i < 1100; i++)
            ;
    }
}
/****************************************
*函数名：main
*功  能：主函数
****************************************/
int main()
{
    int j = 0;
    //注意：STC15W4K32S4系列的芯片,上电后所有与PWM相关的I/O口均为
    //      高阻态,需将这些口设置为准双向口或强推挽模式方可正常使用
    P0M1 = 0;P0M0 = 0;            //设置P0.0~P0.7为准双向口
    while (1)
    {
        for (j = 0; j < 10; j++)
        {
            P0 = 0x00;        //点亮LED
            delay_ms(1000 + j * 100); //调用延时函数
            P0 = 0xFF;        //熄灭LED
            delay_ms(1000 + j * 100); //调用延时函数
        }
    }
    return 0;
}
```

图 7-1-7　编写 C 语言源程序

```
#define  MAIN_Fosc     11059200L        //定义主时钟
#include "15W4KxxS4.H"
#define  uint16  unsigned int
#define  uint8   unsigned char
/***************************************
* 功能:用有参函数控制 LED 灯闪烁速度
* 作者:***
* 日期:2024-*-* V1.0
****************************************/


/****************************************
功能描述:延时函数
入口参数:uint16 x,该值为 1 时,延时 1ms
返回值:无
****************************************/
void delay_ms(uint16 x)
{
    uint16 j,i;
    for(j=0;j<x;j++)
    {
        for(i=0;i<1100;i++)
```

```
        ;
    }
}
/***************************************
* 函数名:main
* 功  能:主函数
***************************************/
int main()
{
    int j=0;
    //注意:STC15W4K32S4 系列的芯片,上电后所有与 PWM 相关的 I/O 口均为
    //      高阻态,需将这些口设置为准双向口或强推挽模式方可正常使用
    P0M1=0;     P0M0=0;      //设置 P0.0~P0.7 为准双向口
    while(1)
    {
        for(j=0;j<10;j++)
        {
            P0=0x00;//点亮 LED
            delay_ms(1000+j*100);//调用延时函数
            P0=0xFF;//熄灭 LED
            delay_ms(1000+j*100);//调用延时函数
        }
    }
    return 0;
}
```

步骤四　编译程序

编译程序，如果有警告、错误，则修改程序，重新编译，结果如图 7-1-8 所示。

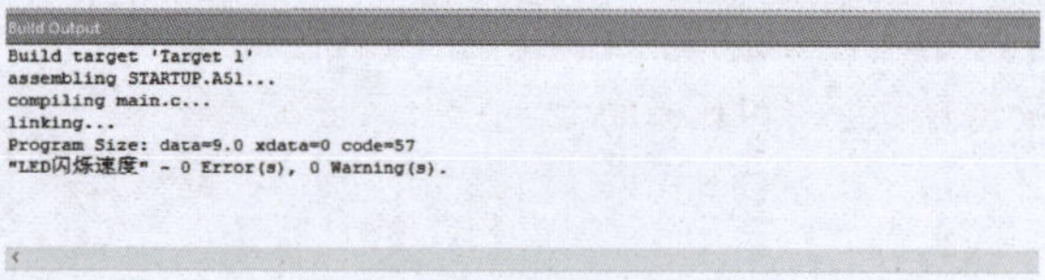

```
Build Output
Build target 'Target 1'
assembling STARTUP.A51...
compiling main.c...
linking...
Program Size: data=9.0 xdata=0 code=57
"LED闪烁速度" - 0 Error(s), 0 Warning(s).
```

图 7-1-8　程序编译结果

配置工程属性，生成 HEX 文件，如图 7-1-9 所示。

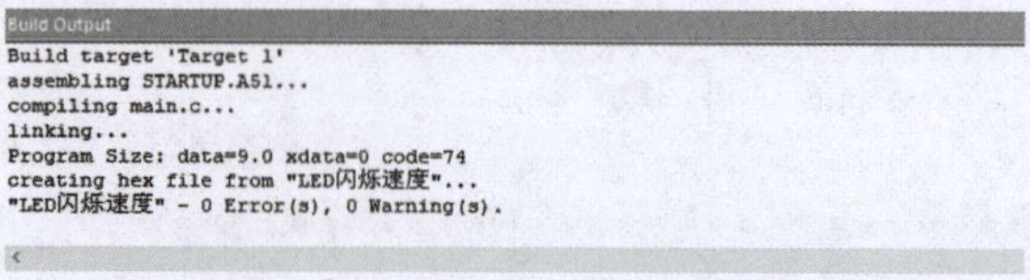

```
Build Output
Build target 'Target 1'
assembling STARTUP.A51...
compiling main.c...
linking...
Program Size: data=9.0 xdata=0 code=74
creating hex file from "LED闪烁速度"...
"LED闪烁速度" - 0 Error(s), 0 Warning(s).
```

图 7-1-9　程序编译生成 HEX 文件

步骤五　写入单片机

把生成的 HEX 文件，写入单片机，观察现象，验证功能，并进行成果展示。

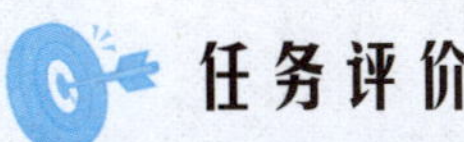

序号	一级指标	分值	得分	备注
1	单片机 C 语言工程	10		
2	C 语言源文件创建与添加至工程	10		
3	C 语言源程序编程：有参延时函数编程、有参函数调用	30		
4	源程序调试与生成 HEX 文件	20		
5	写入单片机，验证功能，成果展示	20		
6	素养评价（代码质量、标准规范、文档描述）	10		
合计		100		

素养小天地

本任务是用有参函数控制 LED 灯的闪烁速度，通过实际操作控制 LED 灯的闪烁速度的实验，让学生理解理论与实践相结合的重要性，培养他们的动手能力和实践精神。尝试不同的方法来实现 LED 灯闪烁，激发创新思维和探索精神。了解电子技术和编程知识对于国家信息化建设的重要性，要满怀爱国情怀和社会责任感。

思考练习

1. C 语言规定，在一个源程序中，main 函数的位置（　　）。

A. 必须在最开始　　B. 必须在系统调用的库函数的后面

C. 可以任意　　D. 必须在最后

2. 以下函数定义正确的是（　　）。

A. `int fun(int x,int y){ }`　　B. `int fun(int x;int y)`

C. `int fun(int x,int y);`　　D. `int fun(int x,y)`

3. 关于函数参数，以下说法正确的是（　　）。

A. 函数参数：用于函数之间数据的传递

B. 形式参数：调用函数时给出的参数

C. 实际参数：定义函数时给出的参数

D. 以上都不正确

4. 从用户角度，函数可以分为__________和__________。

5. 从有无参数形式，函数可以分为__________和__________。

6. 从有无返回值角度，函数可以分为__________和__________。

7. （判断题）最简单的 C 程序通常包含一个 main( ) 函数，main 函数是程序的入口，也称为程序的主函数。（　　）

8. （判断题）C 语言程序可以由多个函数组成，其中 main( ) 函数是程序的入口，程序中可以定义其他辅助函数。（　　）

9. 请简述函数的概念与特点。

10. 请简述函数参数的传递方式。

任务拓展

根据任务一的程序设计方法，思考以下情景任务实现方法，并进行编程实现。

1. 如何加快 LED 灯的闪烁速度？
2. 如何实现 LED 灯亮的时间长、灭的时间短？
3. 如何把 LED 灯的闪烁部分的功能用一个函数来实现？

任务二　按键识别功能模块的函数实现

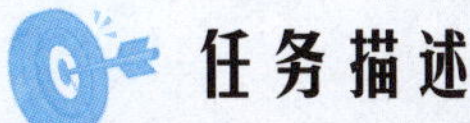

任务描述

通过按键识别功能模块的函数实现，进一步掌握函数的定义与调用：

① 定义按键识别函数；

② 调用按键识别函数，获得返回值；

③ 定义数码管的显示函数，用于显示按键识别函数的返回值。

任务目标

设计带有参数的数码管的显示函数，在主函数中进行调用，显示传入的参数值；设计带有返回值的按键识别函数，在主函数中进行调用，以指示哪个按键被按下。

电路连接准备

在本项目中，使一位共阳数码管控制接口连接 STC15 单片机的 P1 口，按键 SW0～SW7 连接 STC15 单片机的 P2 口，如表 7-2-1 所示，连接线示意图如图 7-2-1 所示。

表 7-2-1　按键及数码管与 STC15 单片机接口对应关系

按键	STC15 单片机	数码管	STC15 单片机
SW0	P2. 0	a	P1. 0
SW1	P2. 1	b	P1. 1
SW2	P2. 2	c	P1. 2
SW3	P2. 3	d	P1. 3
SW4	P2. 4	e	P1. 4
SW5	P2. 5	f	P1. 5
SW6	P2. 6	g	P1. 6
SW7	P2. 7	dp	P1. 7

任务实施

按键识别

步骤一　创建 STC15 单片机的 C 语言工程

（1）在 D 盘下创建文件夹：按键识别。

（2）启动 Keil，创建工程：按键识别，并把工程存放至“D:\按键识别”文件夹下，如图 7-2-2 所示，工程创建完成后，如图 7-2-3 所示。

图 7-2-1　连接线示意图

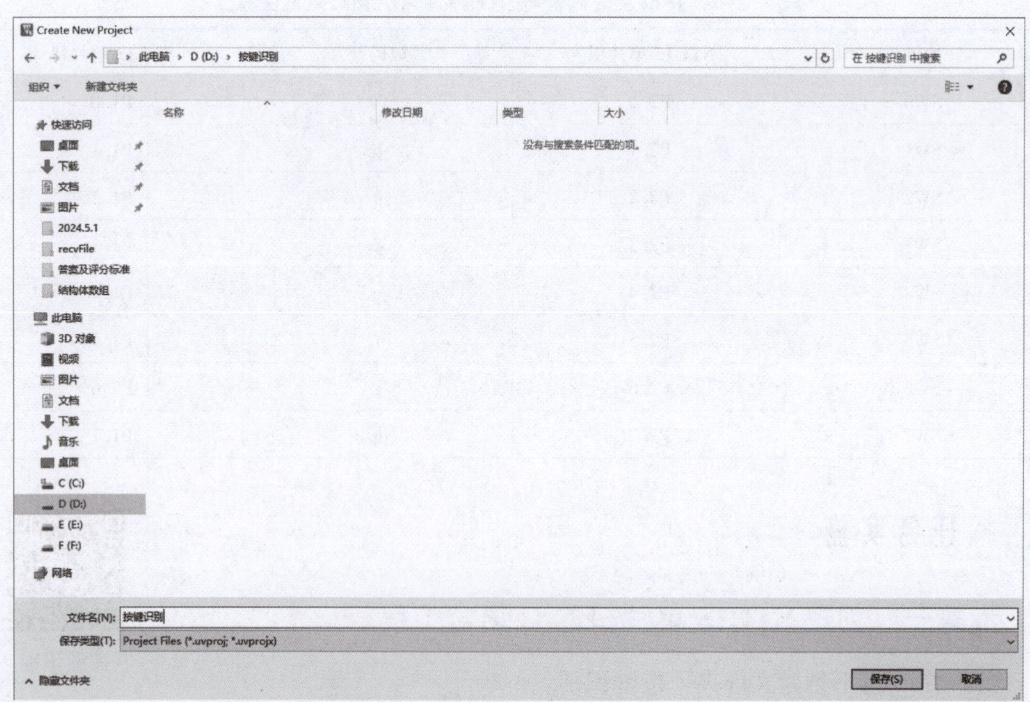

图 7-2-2　设置工程路径

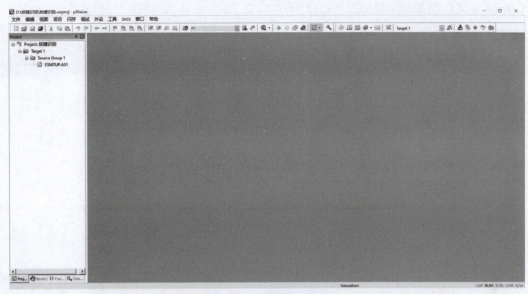

图 7-2-3　工程创建完成

步骤二　创建 C 语言源程序文件 main. c，并添加到工程中

创建 main. c 文件，如图 7-2-4 所示。

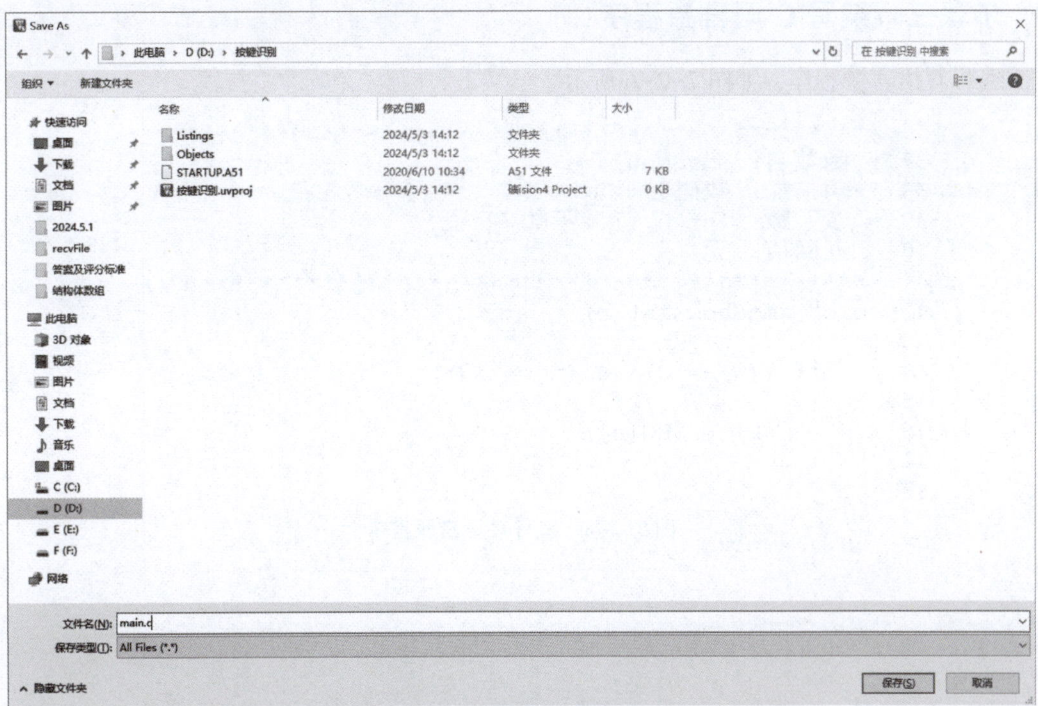

图 7-2-4　创建 main. c 文件

main. c 文件添加至工程如图 7-2-5 所示。

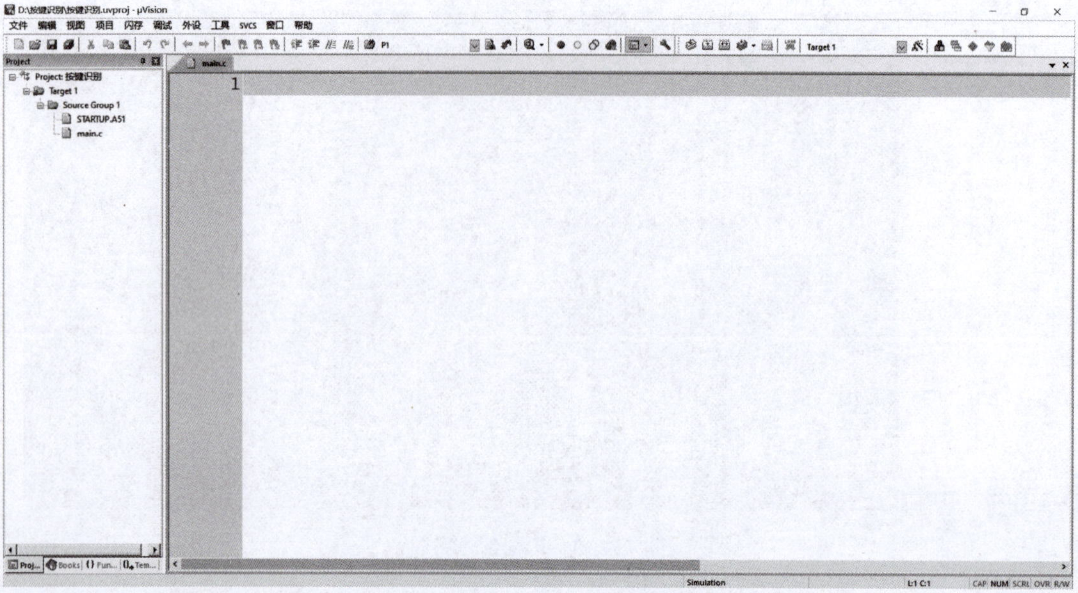

图 7-2-5　将 main. c 文件添加至工程

把 STC15 单片机的头文件 15W4KxxS4. h 复制到工程所在文件夹中。

步骤三　编写 C 语言源程序

编写 C 语言源程序，如图 7-2-6 所示。

```
/************************************************
* 函数名: smgShow
* 功  能: 数码管显示
* 参  数: int n,待显示的值
* 返回值: 无
************************************************/
void  smgShow(int n)
{
    if ((n >= 0) && (n <= 15))
    {
        P1 = SEG[n];
    }
}
```

图 7-2-6　编写 C 语言源程序

```
/**************************************************
* 函数名: keyScan
* 功  能: 独立按键识别
* 参  数: 无
* 返回值: int,为0时表示没有按键按下,
         1: K0; 2: K1; 3: K2;  4: K3;
         5: K4; 6: K5; 7: K6;  8: K7
**************************************************/
int keyScan()
{
    int KEY = 0;
    //按键识别
    if ((P2 & 0x01) != 0x01)
    {
        KEY = 1;
    }
    else if ((P2 & 0x02) != 0x02)
    {
        KEY = 2;
    }
    else if ((P2 & 0x04) != 0x04)
    {
        KEY = 3;
    }
    else if ((P2 & 0x08) != 0x08)
    {
        KEY = 4;
    }
    else if ((P2 & 0x10) != 0x10)
    {
        KEY = 5;
    }
    else if ((P2 & 0x20) != 0x20)
    {
        KEY = 6;
    }
    else if ((P2 & 0x40) != 0x40)
    {
        KEY = 7;
    }
    else if ((P2 & 0x80) != 0x80)
    {
        KEY = 8;
    }
    else
    {
        KEY = 0;
    }
    return KEY;
}
```

图 7-2-6　编写 C 语言源程序（续）

```
#define    MAIN_Fosc      11059200L  //定义主时钟
#include    "15W4KxxS4.H"

#define  uint16  unsigned int
#define  uint8   unsigned char
/**********************************
```

```
* 功能:按键识别功能模块的函数实现
* 作者:***
* 日期:2024-*-* V2.0
****************************************/
//共阳数码管 0~F 段码
unsigned char SEG[16]={0xc0,0xf9,0xa4,0xb0,0x99,0x92,0x82,0xf8,
                        0x80,0x90,0x88,0x83,0xc6,0xa1,0x86,0x8e
                       };
//函数原型声明
int keyScan();
void  smgShow(int n);

int main()
{
    int key=0;
    P1M1=0;
    P1M0=0;          //设置 P1.0~P1.7 为准双向口
    P2M1=0;
    P2M0=0;
    smgShow(key);

    while(1)
    {
        key=keyScan();

      if(key > 0)
       {
           smgShow(key);
       }
    }
}
/*****************************************************
* 函数名:smgShow
* 功  能:数码管显示
* 参  数:int n,待显示的值
* 返回值:无
*****************************************************/
void  smgShow(int n)
{
    if((n >=0)&&(n<=15))
    {
        P1=SEG[n];
    }
}
/*****************************************************
* 函数名:keyScan
* 功  能:独立按键识别
* 参  数:无
* 返回值:int,为 0 时表示没有按键按下,
          1:K0;2:K1;3:K2;4:K3;
```

```
          5:K4;6:K5;7:K6;8:K7
*************************************************/
int keyScan()
{
    int KEY=0;

    //按键识别
    if((P2 & 0x01)! =0x01)
    {
        KEY=1;
    }
    else if((P2 & 0x02)! =0x02)
    {
        KEY=2;
    }
    else if((P2 & 0x04)! =0x04)
    {
        KEY=3;
    }
    else if((P2 & 0x08)! =0x08)
    {
        KEY=4;
    }
    else if((P2 & 0x10)! =0x10)
    {
        KEY=5;
    }
    else if((P2 & 0x20)! =0x20)
    {
        KEY=6;
    }
    else if((P2 & 0x40)! =0x40)
    {
        KEY=7;
    }
    else if((P2 & 0x80)! =0x80)
    {
        KEY=8;
    }
    else
    {
        KEY=0;
    }

    return KEY;
}
```

步骤四　编译程序

编译程序，如果有警告、错误，则修改程序，重新编译，结果如图 7-2-7 所示。

```
Build Output
Build target 'Target 1'
assembling STARTUP.A51...
compiling main.c...
linking...
Program Size: data=27.0 xdata=0 code=306
"按键识别" - 0 Error(s), 0 Warning(s).
```

图 7-2-7　程序编译结果

配置工程属性，生成 HEX 文件，如图 7-2-8 所示。

```
Build Output
Build target 'Target 1'
assembling STARTUP.A51...
compiling main.c...
linking...
Program Size: data=27.0 xdata=0 code=306
creating hex file from "按键识别"...
"按键识别" - 0 Error(s), 0 Warning(s).
```

图 7-2-8　程序编译生成 HEX 文件

步骤五　写入单片机

把生成的 HEX 文件写入单片机，观察现象，验证功能，并进行成果展示。

任务评价

序号	一级指标	分值	得分	备注
1	单片机 C 语言工程	10		
2	C 语言源文件创建与添加至工程	10		
3	C 语言源程序编程：有参数码管显示函数编程、有返回值按键识别函数编程、有参函数和有返回值函数调用	30		
4	源程序调试与生成 HEX 文件	20		
5	写入单片机，验证功能，成果展示	20		
6	素养评价（代码质量、标准规范、文档描述）	10		
合计		100		

素养小天地

本任务是按键识别功能模块的函数实现，在按键识别功能模块的实现过程中需要注意细节，如按键状态的判断等，引导学生认识到在工作中对细节的关注和处理是非常重要的，强调细节。一个好的按键识别功能模块可以提高整个系统的稳定性和可靠性，从而培养学生的责任感和使命感。

思考练习

1. C 语言中函数返回值的类型由（　　）决定。

A. return 语句中的表达式类型

B. 调用该函数的主调函数的类型

C. 调用函数时临时决定

D. 定义函数时所指定的函数类型

2. 假设函数 f 有如下定义：

```
int f(int a,int b){...}
```

那么下面哪些语句是合法的？（以下选项中，假设 j 的类型为 int，而 x 的类型为 double）(　　)。

A. `j=f(83,12);`　　B. `x=f(100,50);`

C. `j=f(3.15,9.28);`　　D. `f(100,200);`

3. 以下说法正确的有（　　）（多选）。

A. 函数值也就是函数的返回值，是一个具体确定的值

B. 函数使用 return 语句返回值

C. 一个函数内可以有多个 return 语句，执行到任何 return 语句，函数都将立即返回到调用函数

D. return 后面的( )可以省略，可以返回一个表达式，先求解表达式的值，再返回。

4. C 语言允许函数值类型缺省定义，此时该函数值默认的类型是__________。

5. 在 C 语言中，__________出现在函数定义中。

6. 在 C 语言中，__________出现在函数调用中。

7. （判断题）函数使用 return 语句返回值。（　　）

8. （判断题）如果一个函数被声明 void 类型，没有返回值，就不允许再引用它的返回值，只能单纯调用它。（　　）

9. 请简述函数调用的两种方式。

10. 请说明什么是函数的值。

任务拓展

根据任务二的程序设计方法，思考以下情景时任务的实现方法，并进行编程实现。

1. 按键识别判断是否还有其他的方法？
2. 如何重新设计按键识别的返回值？
3. 假设按键识别值是 3~10，数码管上怎么显示对应的按键？

任务三　按键控制 LED 流水灯速度

任务描述

通过按键控制 LED 流水灯速度，进一步掌握函数的定义、调用与参数传递。

① 定义有参数的流水灯函数；

② 调用按键识别函数，SW0 加快流水灯速度，SW1 减慢流水灯速度；

③ 调用 LED 流水灯函数，并传入实际参数，实现对 LED 流水灯速度的控制。

任务目标

设计带有参数的 LED 流水灯函数和按键识别函数，在主函数中进行调用，SW0 加快流水灯速度，SW1 减慢流水灯速度，更新延时参数，并传入 LED 流水灯函数，以控制 LED 流水灯速度。

电路连接准备

在本项目中，使 LED 灯控制接口连接 STC15 单片机 P0 口，按键 SW0～SW7 连接单片机的 P2 口，如表 7-3-1 所示，连接线示意图如图 7-3-1 所示。

表 7-3-1　按键及 LED 灯与 STC15 单片机接口对应关系

按键	STC15 单片机	LED 灯	STC15 单片机
SW0	P2. 0	LED0	P0. 0
SW1	P2. 1	LED1	P0. 1
SW2	P2. 2	LED2	P0. 2
SW3	P2. 3	LED3	P0. 3
SW4	P2. 4	LED4	P0. 4
SW5	P2. 5	LED5	P0. 5
SW6	P2. 6	LED6	P0. 6
SW7	P2. 7	LED7	P0. 7

任务实施

按键控制
LED 流水灯速度

步骤一　创建 STC15 单片机的 C 语言工程

(1) 在 D 盘下创建文件夹：流水灯速度。

(2) 启动 Keil，创建工程：流水灯速度，并把工程存放至“D:\流水灯速度”文件夹下，如图 7-3-2 所示，工程创建完成后，如图 7-3-3 所示。

图 7-3-1　连接线示意图

图 7-3-2　设置工程路径

图 7-3-3　工程创建完成

步骤二　创建 C 语言源程序文件 main. c，并添加到工程中

创建 main. c 文件，如图 7-3-4 所示。

将 main. c 文件添加至工程，如图 7-3-5 所示。

把 STC15 单片机的头文件 15W4KxxS4. h 复制到工程所在文件夹中。

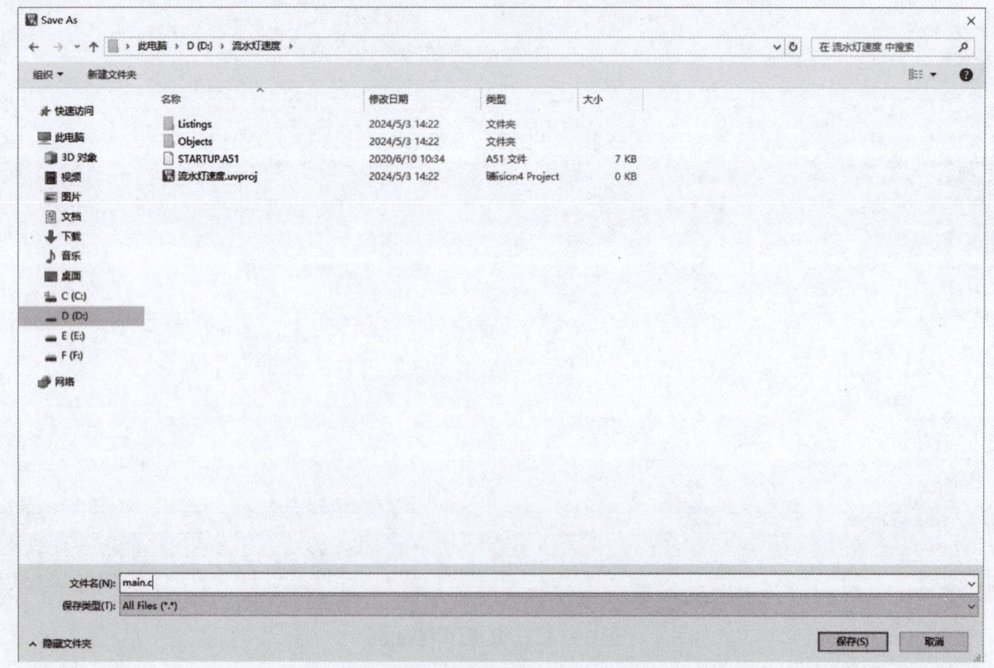

图 7-3-4　创建 main. c 文件

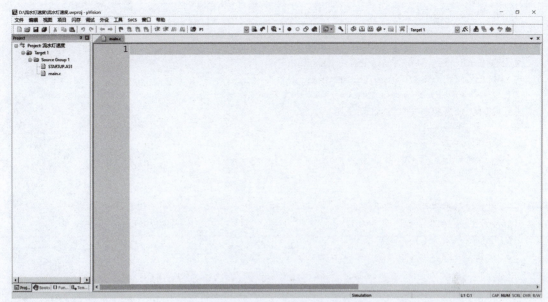

图 7-3-5　将 main. c 文件添加至工程

步骤三　编写 C 语言源程序

编写 C 语言源程序，如图 7-3-6 所示。

```
int main()
{
    int key = 0;
    int s = 10;//用于流水灯速度改变
    P0M1 = 0;
    P0M0 = 0;
    P2M1 = 0;
    P2M0 = 0;
    //s的范围设定为1~30
    while (1)
    {
        key = keyScan();
        if (key == 1)
        {
            s--;
            if (s <= 1)
            {
                s = 1;
            }
        }
        if (key == 2)
        {
            s++;
            if (s > 30)
            {
                s = 30;
            }
        }
        liuShuiDeng(s);
    }
}
```

图 7-3-6　编写 C 语言源程序

```
#define   MAIN_Fosc      11059200L   //定义主时钟
#include  "15W4KxxS4.H"

#define  uint16   unsigned int
#define  uint8    unsigned char
/**********************************
* 功能:按键控制 LED 流水灯速度
* 作者:* * *
* 日期:2024-*-*V2.0
**********************************/


//函数原型声明
void  liuShuiDeng(int n);
int keyScan();
void delay_ms(unsigned int ms);

int main()
{
    int key=0;
    int s=10;//用于流水灯速度改变
    P0M1=0;
    P0M0=0;
    P2M1=0;
    P2M0=0;

    //s 的范围设定为 1~30
    while (1)
    {
        key=keyScan();
        if (key==1)
        {
            s--;
            if (s <=1)
            {
                s=1;
            }
        }
        if (key==2)
        {
            s++;
            if (s > 30)
            {
                s=30;
            }
        }
        liuShuiDeng(s);
    }
}
/*********************************************
```

```
* 函数名:liuShuiDeng
* 功  能:流水灯函数
* 参  数:int n,控制流水灯速度
* 返回值:无
***************************************************/
void  liuShuiDeng(int n)
{
    int j=0;
    int m=n*100;
    P0=0xFF;
    delay_ms(m);

    for (j=0; j < 8; j++)
    {
        P0=P0 << 1;
        delay_ms(m);
    }
}

/****************************************
功能描述:延时函数
入口参数:uint16 x ,该值为 1 时,延时 1ms
返回值:无
****************************************/
void delay_ms(uint16 x)
{
    uint16 j, i;
    for (j=0; j < x; j++)
    {
        for (i=0; i < 1100; i++)
            ;
    }
}
/***************************************************
* 函数名:keyScan
* 功  能:独立按键识别
* 参  数:无
* 返回值:int,为 0 时表示没有按键按下,
        1:K0;2:K1;3:K2;4:K3;
        5:K4; 6:K5; 7:K6;8:K7
***************************************************/
int keyScan()
{
    int KEY=0;
    //按键识别
    if ((P2 & 0x01) ! =0x01)
    {
        KEY=1;
    }
    else if ((P2 & 0x02) ! =0x02)
```

```
    {
        KEY=2;
    }
    else if((P2 & 0x04)!=0x04)
    {
        KEY=3;
    }
    else if((P2 & 0x08)!=0x08)
    {
        KEY=4;
    }
    else if((P2 & 0x10)!=0x10)
    {
        KEY=5;
    }
    else if((P2 & 0x20)!=0x20)
    {
        KEY=6;
    }
    else if((P2 & 0x40)!=0x40)
    {
        KEY=7;
    }
    else if((P2 & 0x80)!=0x80)
    {
        KEY=8;
    }
    else
    {
        KEY=0;
    }
    return KEY;
}
```

步骤四　编译程序

编译程序，如果有警告、错误，则修改程序，重新编译，结果如图 7-3-7 所示。

```
Build Output
Build target 'Target 1'
assembling STARTUP.A51...
compiling main.c...
linking...
Program Size: data=17.0 xdata=0 code=304
"流水灯速度" - 0 Error(s), 0 Warning(s).
```

图 7-3-7　程序编译结果

配置工程属性，生成 HEX 文件，如图 7-3-8 所示。

```
Build Output
Build target 'Target 1'
assembling STARTUP.A51...
compiling main.c...
linking...
Program Size: data=17.0 xdata=0 code=304
creating hex file from "流水灯速度"...
"流水灯速度" - 0 Error(s), 0 Warning(s).
```

图 7-3-8　程序编译生成 HEX 文件

步骤五　写入单片机

把生成的 HEX 文件，写入单片机，观察现象，验证功能，并进行成果展示。

任务评价

序号	一级指标	分值	得分	备注
1	单片机 C 语言工程	10		
2	C 语言源文件创建与添加至工程	10		
3	C 语言源程序编程：有参流水灯函数编程、有返回值按键识别函数调用	30		
4	源程序调试与生成 HEX 文件	20		
5	写入单片机，验证功能，成果展示	20		
6	素养评价（代码质量、标准规范、文档描述）	10		
合计		100		

素养小天地

本任务是按键控制 LED 流水灯速度，通过实际操作开发按键控制 LED 流水灯速度的功能，让学生理解到技术与生活的紧密联系，培养学生将技术应用于实际生活的能力和想法。鼓励学生尝试不同的编程方法来实现按键控制 LED 流水灯的速度，激发学生的创新思维和探索精神。

思考练习

1. 以下正确的函数定义形式是（　　）。

A. int fun(int x,int y){}

B. int fun(int x:int y)

C. int fun(int x,int y);

D. int fun(int x,y)

2. C 语言规定，简单变量做实参时，它和对应形参之间的数据传递方式是（　　）。

A. 地址传递

B. 单向值传递

C. 由实参传给形参，再由形参传回给实参

D. 由用户指定传递方式

3. （多选）关于函数值的类型，以下正确的说法有（　　）。

A. 函数的类型即函数值的类型

B. 省略了类型说明的函数，默认是 int 型

C. return 中表达式的值一般和函数类型相同

D. 如果不一致，则需要进行类型转换．以函数类型为准

4. C 语言中，实参和形参传递的是__________，即单向传递，只与参数相对位置有关，

而与变量名无关。

5. 定义函数时，必须说明形参的类型，形参只能是__________，不能是常量或表达式。

6. 定义函数时，函数名必须符合__________。

7. （判断题）在程序中调用函数时，被调用函数必须存在，且遵循“先定义后使用”的原则。（　　）

8. （判断题）如果一个函数被声明 void 类型，没有返回值，也可以引用它的返回值。（　　）

9. 请写出函数原形说明。

10. 请简述函数调用的执行过程。

任务拓展

根据本任务的程序设计方法，思考以下情景时任务的实现方法，并进行编程实现。

1. 如何实现按键 SW0~SW3 加快流水灯速度？
2. 如何实现按键 SW4~SW7 减慢流水灯速度？
3. 如何实现更快地改变流水灯速度？

项目八

让我的单片机炫起来——指针

项目简介

指针是C语言中的一个重要概念，也是C语言的精华之一。指针是C语言程序设计的一个强大工具，正确灵活地运用指针，能够使程序简洁、高效。

本项目通过3个任务的学习与实践，逐步掌握指针的相关知识，让单片机功能炫起来。

项目目标

本项目通过3个任务，学习C语言中的指针。要求掌握的内容包括：

① 掌握指针的概念，定义和使用指针变量。

② 掌握指针与数组的关系，指针与数组有关的算术运算。

③ 掌握字符串指针的用法。

本项目通过开发实际的项目任务，如多彩报警灯，让学生在实践中学习和掌握知识，同时培养他们解决实际问题的能力和创新精神。

在使用指针过程中，避免野指针，引导学生树立安全第一的意识，并自觉遵守编程规范，提高代码的质量和可维护性，培养学生的安全意识和责任心。

工作任务

根据“C语言指针的相关知识与应用需求”的要求，以任务驱动的方式，用指针实现C程序的灵活设计。

（1）认识指针

（2）“多彩报警灯”炫起来

（3）输出字符串“Huawei”

任务一　认识指针

任务描述

通过指针变量的定义与赋值和指针变量的引用与交换两个任务实施，初步认识和掌握指针变量的概念、定义、赋值、引用。

① 指针的基本概念；
② 指针变量的定义与赋值；
③ 指针变量的引用与交换。

任务目标

通过指针变量的定义与赋值和指针变量的引用与交换两个任务实施，初步掌握指针变量的概念、定义、赋值和引用等内容。

知识准备

“编号”是人们常用的方法。比如超市的存包柜有箱子号、多媒体厅座位有座位号、楼房房间有房间号、书本每页有一个页码编……通过编号可以准确找到位置。

计算机内存可以有很多字节，比如 STC15W4K56 单片机内存中的前 512 个字节。人们使用为事物编号的方法为计算机内存的每个字节编号，以便方便地管理内存中的字节。把第一个字节编为 0 号，第二个字节编为 1 号，……，第 511 个字节编为 511 号，如图 8-1-1 所示。

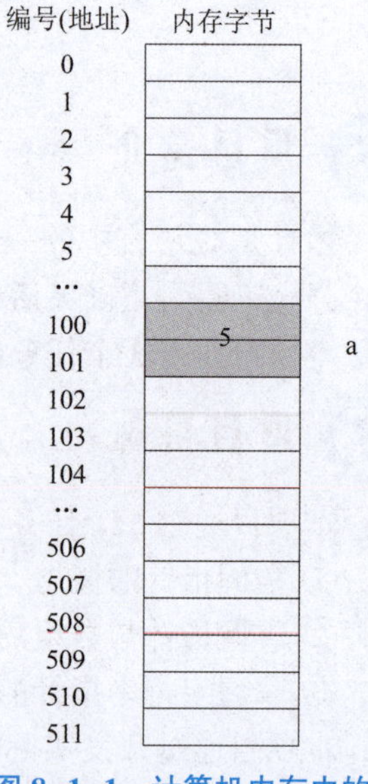

图 8-1-1　计算机内存中的字节的编号

计算机内存中的每个字节有一个编号，这就是地址，相当于教室的房间号。通过地址能够找到所需的变量单元，即地址指向该变量单元。因此，将地址形象化地称为“指针”。

那么什么是指针呢？指针就是地址，地址就是编号，就是内存中字节的编号。

变量位于内存中，例如定义变量

```
int a;
```

则变量 a 要占用内存中的 2 字节（在 Keil 5 环境中）。

变量 a 要占用的字节由计算机分配，在不同的计算机上运行程序，或在同一计算机的不同时刻运行程序，变量被分配的位置也不相同。然而，位置是可以假设的，假设变量 a 占据了内存中编号为 100 和 101 的两个字节，则这两个字节就被标记名称为“a”，如图 8-1-1 所示。

用变量 a 保存一个整数，就是用这两个字节保存一个整数。

例如，执行语句

```
a=5;
```

则 5 被保存到这两个字节中（转换为二进制形式），如图 8-1-2 所示。

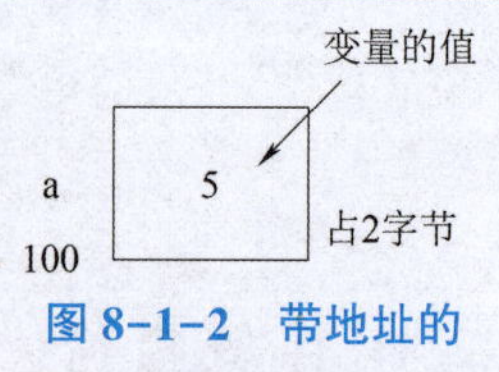

图 8-1-2　带地址的变量空间表示

如果学生处位于办公楼的 202，则称学生处的地址是 202。如果学生处比较大，占用了 202、203 两间房间，习惯上仍称学生处的地址为 202，即取第一间房间的编号为地址。对于变量 a，它占用了编号为 100 和 101 的两个字节，则变量 a 的地址为 100，即取它的第一个字节的编号作为变量的地址。注意：变量 a 的地址为 100，而变量 a 不只占了编号为 100

的这一字节。

在分析程序时，可以采用如图 8-1-2 所示的方式，在变量空间的左下角写出变量的地址就可以了。

小贴士

“变量的地址”和“变量的值”是两个不同的概念：

变量的地址：变量位于内存中的“门牌号”，即编号，在程序运行过程中，地址永久不变。写在变量的空间外、左下角。

变量的值：变量空间中所保持的数据内容，在程序运行期间，变量的值是可以改变的。写在变量空间内。

有了变量的地址后，访问变量有两种方式：

① 通过变量名。

② 通过变量的地址。

1. 指针变量

在程序中，地址也需要变量来保存，然而地址不能被保存在普通变量中，C 语言提供有一种特殊的变量用来存放地址，这种变量称为指针变量，指针变量也可以简称为指针。

什么是指针？指针应该包含两个意思：一是地址；二是指针变量。

2. 定义指针变量

例如定义整型变量 a，并赋初值 5：

```
int a=5;
```

定义指针变量，只需在变量名前加 * 号：

```
int *p;
```

定义指针变量的一般形式为：

```
类型名 * 指针变量名;
```

* 号是一个标志，有了 * 号才表示所定义的是指针变量，才能保存地址。否则 p 就是一个普通的 int 型变量，只能保存普通的 int 型数据，不能保存地址。

注意：指针变量的定义形式：

① 变量名是 p，而不是 * p；

② 变量 p 的类型是 int *，而不是 int。

int * 类型表示指针变量 p 所指向的数据的类型是 int 型，也就是 p 要保存一个地址，而这个地址必须是一个 int 型数据的地址。

指向整型数据的指针类型表示为 int *，读作指向 int 的指针，简称 int 指针。

```
int a,b;
double c,d;
int *p;   /*p 中只能保存 int 型数据的地址*/
则:
p=&a;   /*正确,将 a 的地址保存到 p 中,a 是 int 型变量*/
p=&b;   /*正确,将 b 的地址保存到 p 中,b 是 int 型变量*/
```

```
p=&c;  /*错误,c是double型,不是int型,p不能保存c的地址*/
p=&d;  /*错误,d是double型,不是int型,p不能保存d的地址*/
要想保存double型变量的地址,要定义double型指针:
double*q;/*q中只能保存double型数据的地址*/
q=&c;  /*正确,将c的地址保存到q中,c是double型变量*/
q=&d;  /*正确,将d的地址保存到q中,d是double型变量*/
q=&a;  /*错误,a是int型,不是double型,q不能保存a的地址*/
q=&b;  /*错误,b是int型,不是double型,q不能保存b的地址*/
```

小贴士

C 语言是很讲究的，不仅用专用的指针变量保存地址，而且对于不同类型的数据，还专用不同类型的指针变量。

3. 为指针变量赋值

为指针变量赋值，有两种方式：① 通过赋值语句的方式；② 在变量定义时赋初值。

（1）通过赋值语句为指针变量赋值。

```
int a=5;
int*p;
p=&a;/*不能写为*p=&a,变量名是p,不是*p*/
p=a;/*错误,p不能保存普通整数*/
```

在为指针变量赋值之前，指针变量的值是不确定的，也就是随机数，即随机的地址。千万不要使用未赋值的指针变量中保存的随机地址，否则，可能会导致整个系统崩溃。

（2）定义指针变量时赋初值。

```
int*q=&a;
```

注意：指针变量的初值必须是一个地址。

在这种赋值中，其含义仍然是 p=&a；而不是 * p=&a；

* 是与 int 结合的，变量的类型为 int *，变量名是 p，而不是 * p。

（3）指针变量之间互相赋值。

所赋的值是其中保存的地址。赋值要求两个指针变量的基类型必须相同。

```
int a=5;
int*p,*q;
p=&a;/*指针p指向了变量a,p保存变量a的地址*/
q=p;  /*q、p均指向变量a*/
```

（4）指针变量中只能存放地址，不能将一个整常数直接赋值给一个指针变量。

例如：

```
int*p;
p=100;/*p是指针变量,100是整数,不合法*/
```

系统无法分辨 100 是地址，从形式上看，100 是整型常数，只能赋值给整型变量。

但是，允许把数值 0 赋值给指针变量，仅此特例。

```
p=0;
```

系统规定，如果一个指针变量里保存的地址为 0，则说明这个指针变量不指向任何内容，称为空指针。

4. 两个运算符与引用指针变量

① &，取地址运算符，获取变量的地址，写作 & 变量名。&a 是变量 a 的地址。

② *，指针运算符，又称“间接访问”运算符。写作 * 指针变量名，例如 * p 表示指针变量 p 指向的对象，即以 p 为地址的内存单元的内容。

在引用指针变量时，可能有 3 种情况：

(1) 给指针变量赋值。

例如：

```
int *p;
int a=5;
p=&a;/*把变量 a 的地址赋给指针变量 p*/
```

指针变量 p 的值是变量 a 的地址，p 指向 a。

(2) 引用指针变量指向的变量。

```
int *p;
int a=5;
int b;
p=&a;/*把变量 a 的地址赋给指针变量 p*/
b=*p;/*指针变量 p 所指向的变量的值,即变量 a 的值,赋值给变量 b*/
*p=2;/*将整数 2 赋值给 p 当前所指向的变量,则此时相当于把 2 赋值给 a,即 a=2;*/
```

程序运行结果如图 8-1-3 所示。

Locals

Name	Value
p	I:0x08
*p	2
a	2
b	5

图 8-1-3　程序运行结果

(3) 引用指针变量的值。

```
int *p,*q;
int a=5;
p=&a;/*把变量 a 的地址赋给指针变量 p*/
q=p;  /*指针变量 p 的值,即变量 a 的地址,赋值给指针变量 q*/
```

注意：

& 和 * 都是单目运算符，结合方向为“自右向左”。

& 和 * 是互为逆运算，即一个 & 和一个 * 可以相互抵消。

例如，假设有变量 a 和指针变量 p，并且 p=&a;，则（用⇔表示等价于）：

①& * p⇔p⇔&a

指针运算 *、取地址运算 & 相互抵消，所以 & * p 等价于 p。

② * &a⇔a

取地址运算 &、指针运算 * 相互抵消，所以 * &a 等价于 a。

③& * & * p⇔p

指针运算 *、取地址运算 &、指针运算 *、取地址运算 & 相互抵消，所以 & * & * p 等价于 p。

④ * & * & * p⇔a

指针运算 *、取地址运算 &、指针运算 *、取地址运算 & 相互抵消，所以 * & * & * p 等价于 * p，而 p=&a，所以 * & * & * p 等价于 a。

这是 C 语言中典型的一符号多用现象。

* 号在 C 语言中的用法有：

① 定义指针变量时，* 是一个标志，标志所定义的是指针变量。

例如：

```
int *p;
int *q;
```

（注意：* 前面有 int 等类型说明符）

② 取指针变量所指向的内容，或改写所指向的内容。

例如：

```
*p=2;
*q=a;
```

（注意：* 前面无 int 等类型说明符，* 前无内容，* 后有一个常量、变量、表达式等）

③ 在算术表达式中，* 是乘法运算符。

例如：

```
a*b
```

（注意：* 前后各有一个量：常量、变量、表达式等）

& 号在 C 语言中的用法有：

① 取地址运算符。

例如：

```
p=&a;
```

（注意：& 号仅仅右边有一个变量）

② 按位与运算符。

例如：

```
c=a&b;
```

（注意：& 号前后都有量：变量或者整常数等）

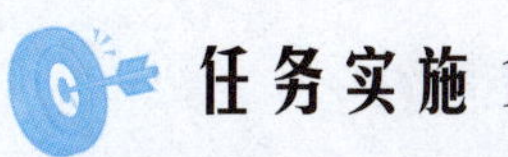

任务实施 1

指针变量 1

步骤一　创建 STC15 单片机的 C 语言工程

（1）在 D 盘下创建文件夹：指针变量 1。

（2）启动 Keil，创建工程：指针变量 1，并把工程存放至“D:\指针变量 1”文件夹下，如图 8-1-4 所示，工程创建完成后，如图 8-1-5 所示。

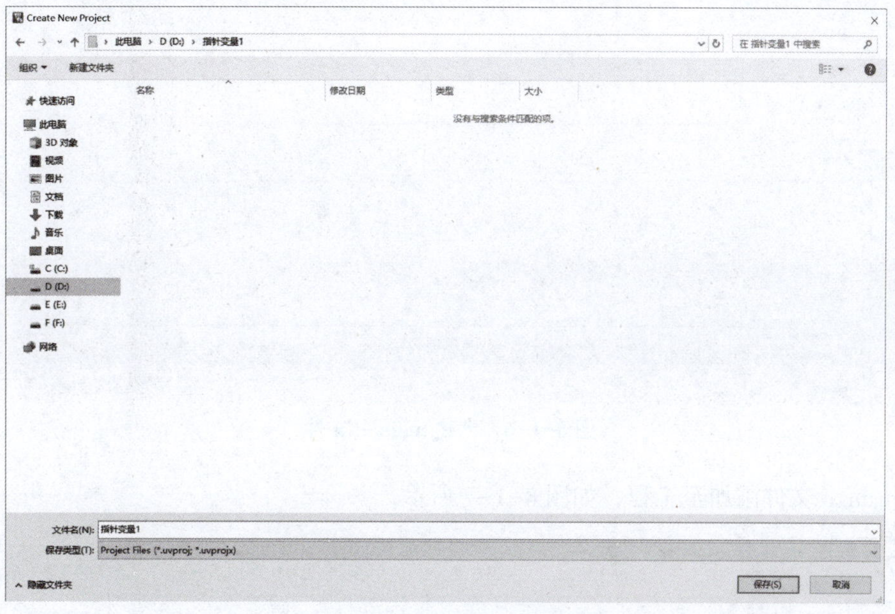

图 8-1-4　设置工程路径

图 8-1-5　创建工程完成

步骤二　创建 C 语言源程序文件 main. c，并添加到工程中

创建 main. c 文件，如图 8-1-6 所示。

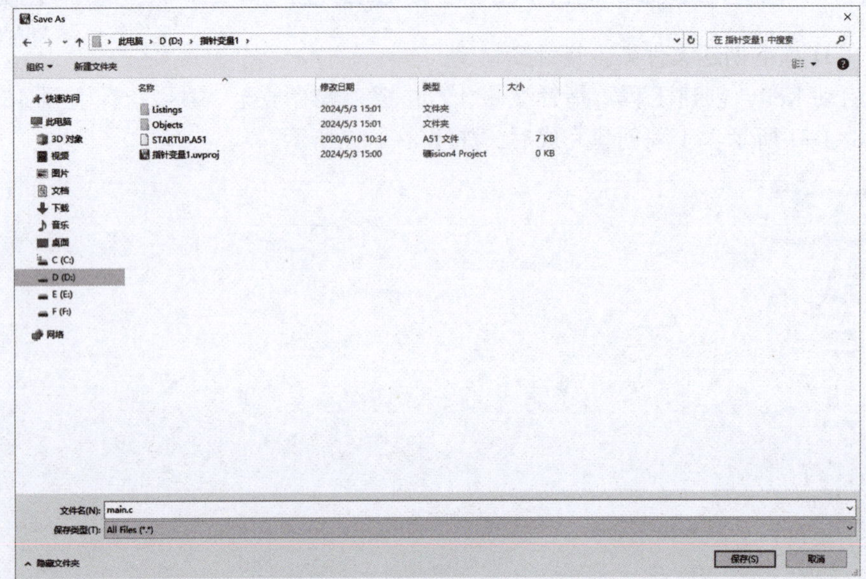

图 8-1-6　创建 main. c 文件

将 main. c 文件添加至工程，如图 8-1-7 所示。

图 8-1-7　将 main. c 文件添加至工程

把 STC15 单片机的头文件 15W4KxxS4. h 复制到工程所在文件夹中。

步骤三　编写 C 语言源程序

编写 C 语言源程序，如图 8-1-8 所示。

```
main.c
#define MAIN_Fosc       11059200L   //定义主时钟
#include "15W4KxxS4.H"

#define  uint16   unsigned int
#define  uint8    unsigned char
/*************************************
*功能: 指针变量的定义与赋值、引用
*作者: ***
*日期: 2024-*-* V2.0
*************************************/
//包含相应的头文件
#include"stdio.h"
int main()
{
  int a =2, x=4;
  int *p;
  SCON = 0x03; /*UART#1输出设置*/
  printf("a x的初始值:");
  printf("%d %d ",a,x);
  printf("\n"); /*换行*/
  p = &a;
  x=*p;     /* 等价于 x = a;*/
  *p = 10; /* 等价于 a = 10;*/
  printf("a x的最新值:");
  printf("%d %d ",a,x);
  printf("\n"); /*换行*/
  printf("%d",*p); /* 等价于printf("%d",a);*/
  return 0;
}
```

图 8-1-8　编写 C 语言源程序

```
#define MAIN_Fosc       11059200L   //定义主时钟
#include "15W4KxxS4.H"

#define   uint16   unsigned int
#define   uint8    unsigned char
/*************************************
* 功能:指针变量的定义与赋值、引用
* 作者:***
* 日期:2024-*-*V2.0
*************************************/
//包含相应的头文件
#include"stdio.h"
int main()
{
    int a=2,x=4;
    int *p;
    SCON=0x03;/* UART#1 输出设置 */
    printf("a x 的初始值:");
    printf("%d %d ",a,x);
    printf("\n");/* 换行 */
    p=&a;
```

```
    x=*p;/*等价于x=a;*/
    *p=10;/*等价于a=10;*/
    printf("a x的最新值:");
    printf("%d %d ",a,x);
    printf("\n");/*换行*/
    printf("%d",*p);/*等价于printf("%d",a);*/
    return 0;
}
```

步骤四　编译程序

编译程序，如果有警告、错误，则修改程序，重新编译，结果如图 8-1-9 所示。

```
Build Output
Build target 'Target 1'
assembling STARTUP.A51...
compiling main.c...
linking...
Program Size: data=37.1 xdata=0 code=1315
"指针变量1" - 0 Error(s), 0 Warning(s).
Simulation
```

图 8-1-9　程序编译结果

配置工程属性，生成 HEX 文件，如图 8-1-10 所示。

```
Build Output
Build target 'Target 1'
assembling STARTUP.A51...
compiling main.c...
linking...
Program Size: data=37.1 xdata=0 code=1315
creating hex file from "指针变量1"...
"指针变量1" - 0 Error(s), 0 Warning(s).
```

图 8-1-10　程序编译生成 HEX 文件

步骤五　在 UART #1 观察输出

程序执行输出结果是：

```
a x的初始值:2 4
a x的最新值:10 2
10
```

UART #1 窗口输出如图 8-1-11 所示。

```
UART #1
a x的初始值:2 4
a x的最新值:10 2
10
Command | UART #1
```

图 8-1-11　UART #1 窗口输出

任务评价

序号	一级指标	分值	得分	备注
1	单片机 C 语言工程	10		
2	C 语言源文件创建与添加至工程	10		
3	C 语言源程序编程：int * 指针变量定义、指针变量的赋值与引用	30		
4	源程序调试与生成 HEX 文件	20		
5	观察输出，分析程序	20		
6	素养评价（代码质量、标准规范、文档描述）	10		
合计		100		

任务实施

步骤一　创建 STC15 单片机的 C 语言工程

（1）在 D 盘下创建文件夹：指针变量 2。

（2）启动 Keil，创建工程：指针变量 2，并把工程存放至“D:\指针变量 2”文件夹下，如图 8-1-12 所示，工程创建完成后，如图 8-1-13 所示。

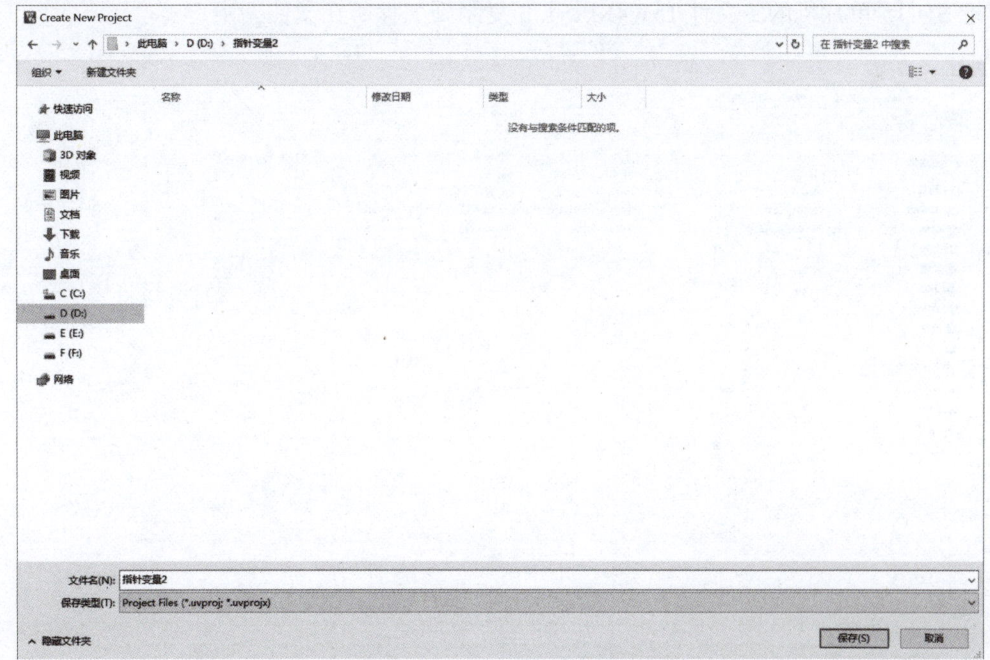

图 8-1-12　设置工程路径

图 8-1-13　创建工程完成

步骤二　创建 C 语言源程序文件 main. c，并添加到工程中

创建 main. c 文件，如图 8-1-14 所示。

将 main. c 文件添加至工程，如图 8-1-15 所示。

把 STC15 单片机的头文件 15W4KxxS4. h 复制到工程所在文件夹中。

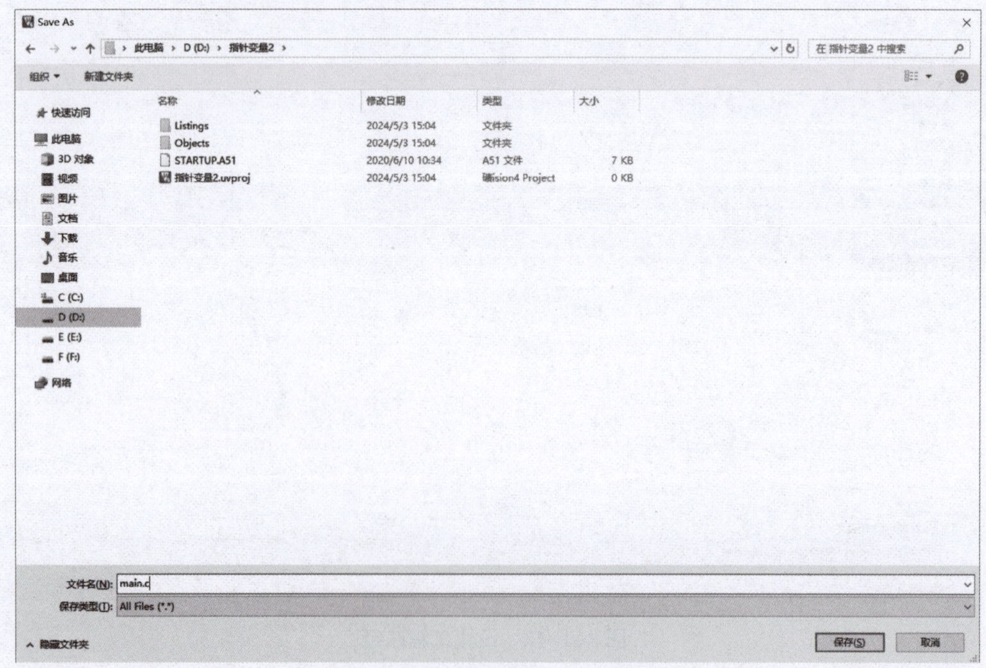

图 8-1-14　创建 main. c 文件

图 8-1-15　将 main. c 文件添加至工程

步骤三　编写 C 语言源程序

编写 C 语言源程序，如图 8-1-16 所示。

```
main.c
#define MAIN_Fosc       11059200L    //定义主时钟
#include     "15W4KxxS4.H"
#define  uint16   unsigned int
#define  uint8    unsigned char
/***********************************
*功能：指针变量的引用与交换
*作者：***
*日期：2024-*-* V2.0
*************************************/
#include"stdio.h"
int main()
{
    int a = 1, x = 3;
    int *p, *q, *t;
    SCON = 0x03; /*UART#1输出设置*/
    p = &a;
    q = &x;
    printf("变量a x的初始值:");
    printf("%d %d ", *p, *q); /* 等价于printf("%d %d ",a,x);*/
    printf("\n"); /*换行*/
    /* 交换p、q指针指向的地址*/
    t = p;
    p = q;
    q = t;
    printf("交换后的最新值:");
    printf("%d %d ", *p, *q);
    printf("\n"); /*换行*/
    printf("变量a x的值:");
    printf("%d %d ", a, x);
    return 0;
}
```

图 8-1-16　编写 C 语言源程序

```c
#define MAIN_Fosc      11059200L  //定义主时钟
#include    "15W4KxxS4.H"
#define  uint16  unsigned int
#define  uint8   unsigned char
/************************************
* 功能:指针变量的引用与交换
* 作者:***
* 日期:2024-*-* V2.0
*************************************/
#include"stdio.h"
int main()
{
    int a=1,x=3;
    int *p, *q, *t;
    SCON=0x03;/* UART#1 输出设置 */
    p=&a;
    q=&x;
    printf("变量 a x 的初始值:");
    printf("%d %d ",*p,*q);/* 等价于 printf("%d %d ",a,x); */
    printf("\n");/* 换行 */
    /* 交换 p、q 指针指向的地址 */
    t=p;
    p=q;
    q=t;
    printf("交换后的最新值:");
    printf("%d %d ",*p,*q);
    printf("\n");/* 换行 */
    printf("变量 a x 的值:");
    printf("%d %d ",a,x);
    return 0;
}
```

步骤四　编译程序

编译程序，如果有警告、错误，则修改程序，重新编译，结果如图 8-1-17 所示。

```
Build Output
Build target 'Target 1'
assembling STARTUP.A51...
compiling main.c...
linking...
Program Size: data=43.1 xdata=0 code=1350
"指针变量2" - 0 Error(s), 0 Warning(s).
```

图 8-1-17　程序编译结果

配置工程属性，生成 HEX 文件，如图 8-1-18 所示。

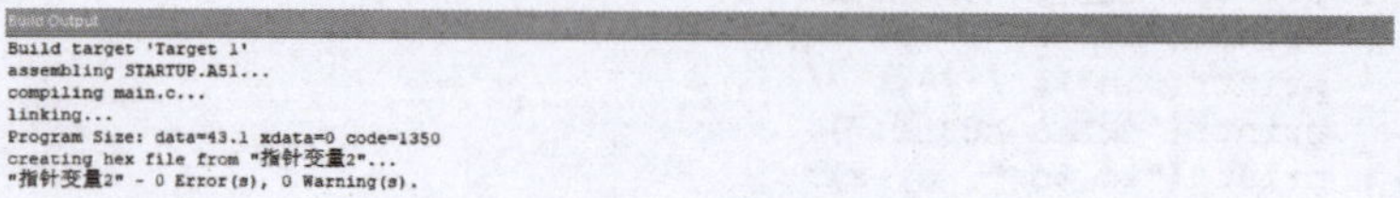

```
Build Output
Build target 'Target 1'
assembling STARTUP.A51...
compiling main.c...
linking...
Program Size: data=43.1 xdata=0 code=1350
creating hex file from "指针变量2"...
"指针变量2" - 0 Error(s), 0 Warning(s).
```

图 8-1-18　程序编译生成 HEX 文件

步骤五　在 UART #1 观察输出

程序执行输出结果是：

```
a x 的初始值:1 3
交换后的最新值:3 1
a x 的值:1 3
```

UART #1 窗口输出如图 8-1-19 所示。

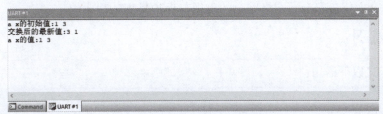

图 8-1-19　UART #1 窗口输出

程序执行过程示意图如图 8-1-20 所示。

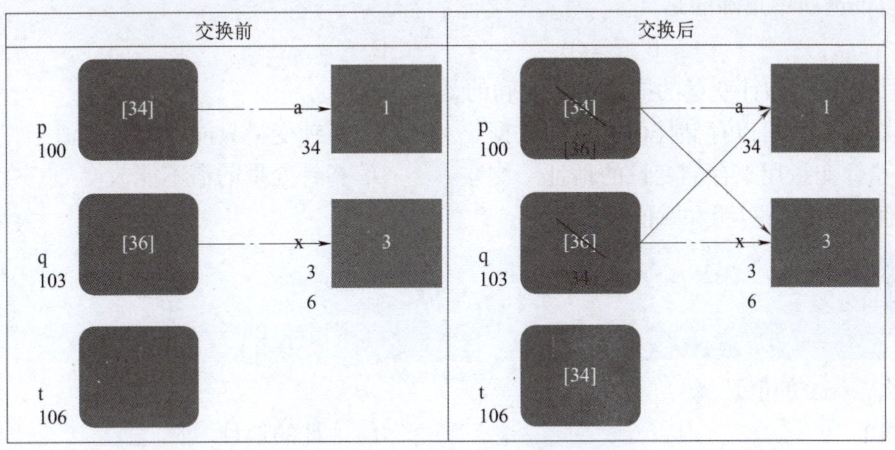

图 8-1-20　程序执行过程示意图

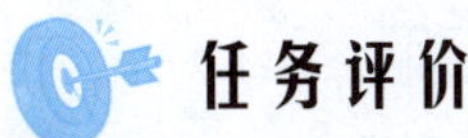

任务评价

序号	一级指标	分值	得分	备注
1	单片机 C 语言工程	10		
2	C 语言源文件创建与添加至工程	10		
3	C 语言源程序编程：int * 指针变量定义、交换 2 个指针指向的地址	30		
4	源程序调试与生成 HEX 文件	20		
5	观察输出，分析程序	20		
6	素养评价（代码质量、标准规范、文档描述）	10		
合计		100		

素养小天地

本任务是认识指针，通过认识了解指针，可以直观地了解计算机、单片机是如何管理内存的。我们在学习指针技术的同时，要思考如何合理使用和节约资源；思考如何在编程中更加高效地管理内存，减少浪费，这与我们日常生活中的资源节约和环保意识是相通的。

指针非常灵活，功能强大，但是指针的不当使用可能导致数据泄露、内存溢出等安全问题。我们要认真深入学习，掌握正确、安全地使用指针，注重数据安全和网络安全。这与社会中对于个人信息安全、网络安全的重视与保护是相辅相成的。

思考练习

1. 假设定义以下语句：

```
int a;
float b;
double c,d;
int *p;   /*p 中只能保存 int 型数据的地址*/
```

则以下选项中正确的是（　　）。

A. p=&a;　　B. p=&b;　　C. p=&c;　　D. p=&d;

2. 下列关于指针变量的描述中，正确的是（　　）。

A. 指针变量可以存储任何类型的数据　　B. 指针变量只能存储整数值

C. 指针变量用来存储变量的地址　　D. 指针变量的值不能改变

3. 假设有以下声明和赋值：

```
int *ptr1,*ptr2;
int num=10;
ptr1=&num;
```

那么，ptr1 的值是（　　）。

A. 10　　B. 地址的地址

C. num 变量的地址　　D. 一个随机的整数

4. C 语言中的“指针”包含两个意思：一是__________，二是__________。

5. 定义指针变量的一般形式是：____________________。

6. 给定以下代码段：

```
int x=10;
int *p=&x;
```

p 的值是__________，*p 的值是__________。

7. （判断题）指针变量中存储的是它所指向的变量的值。（　　）

8. （判断题）请判断以下指针变量的定义与赋值语句是否正确。（　　）

```
int *p;
int a=5;
p=&a;
```

9. 请简述什么叫内存单元的地址？什么叫指针？

10. 请定义一个 int 型指针变量，并赋初值，之后引用该指针，输出至 P0 口。

任务拓展

使用指针变量实现从小到大的排序。根据本任务的程序设计方法，思考以下情景时任务的实现方法，并进行编程实现：

1. 定义三个 int * 型指针变量。
2. 给所定义的三个指针赋初值。
3. 实现从小到大的排序。

任务二　“多彩报警灯”炫起来

任务描述

通过使用指针与数组，实现 8 个各色 LED 灯的报警灯炫彩闪烁效果，掌握以下内容：

① 指针与数组的关系；

② 指针变量加减整数；

③ 通过指针引用一维数组元素；

④ 数组名和地址关系。

任务目标

通过本任务的学习，掌握指针指向数组，指针变量加减整数，通过指针引用一维数组元素、数组名和地址等内容。

知识准备

C 语言数组和指针的关系极其密切。通过指针访问数组元素的机制是 C 语言特有的。一个变量有地址，一个数组包含多个元素，每个数组元素在内存中当然都有相应的地址。指针变量可以指向变量，当然可以指向数组元素（把数组的一个元素的地址存放到一个指针变量中）。数组元素的指针就是数组元素的地址。

```
int a[5]={1,2,3,4,5};/*定义 int 数组,每个元素占 2 字节,假设起始地址 100 */
int *p;              /*定义 int 型指针变量 p*/
p=&a[0];             /*把 a[0]的地址赋给 p,p 指向 a[0],p 的值是地址 100 */
```

以上程序使指针 p 指向数组 a 的第 0 号元素，如图 8-2-1 所示。

p &a[0]---->		
	1	a[0]
	2	a[1]
	3	a[2]
	4	a[3]
	5	a[4]

图 8-2-1　指针 p 指向数组 a 的第 0 号元素

引用数组元素可以使用下标法（如 a[0]、a[1]、a[2]、a[3]、a[4]），也可以使用指针法，即通过指向数组元素的指针找到所需的元素。使用指针法能够使程序质量更高，占用内存少，运算速度快。

在 C 语言中，数组名（比如上面的数组名 a）代表数组中首个元素的地址（即第 0 号的元素 a[0] 的地址）。

因此，下面两个语句等价：

```
p=&a[0];
p=a;
```

语句 p=a；的作用是：把数组的首个元素的地址，即 a[0]的地址赋给指针变量 p。

1. 指针变量加减整数

在指针已经指向一个数组元素时，可以对指针进行以下运算：

① 加一个整数，比如 p+1；

② 减一个整数，比如 p-1；

③ 自加运算，比如 p++;　 ++p;

④ 自减运算，比如 p--;　 --p;

⑤ 两个指针相减，比如 p1-p2（只有指向同一个数组的元素时才有实际意义）

假设：

```
int a[10]={1,2,3,4,5,6,7,8,9,10};/*定义 int 数组*/
int *p;                          /*定义 int 型指针变量 p*/
p=&a[2];                         /*把 a[2]的地址赋给 p,p 指向 a[2]*/
```

说明如下：

① 以上程序使指针 p 指向数组 a 的元素 a[2]，则 p+1 指向该数组 a 中的下一个元素，即 a[3]；p-1 指向该数组 a 中的上一个元素，即 a[1]。

注意：执行 p+1，不是将 p 的值（一个地址）简单的加 1，而是加上一个数组元素所占内存的字节数。

在上述程序中，数组 a 的元素是 int 类型，在 Keil 中，int 型元素占 2 个字节，所以，p+1 就是 p 的值（一个地址）加 2 个字节，使 p 指向下一个元素，如图 8-2-2 所示。

指针的自加运算（p++；++p;）的执行过程类似 p+1。

指针的自减运算（p--；--p;）的执行过程类似 p-1。

② 如果指针 p 指向数组的首元素 a[0]，则 p+j 和 a+j 都是数组元素 a[j]的地址，即 p+j 和 a+j 指向数组 a 序号为 j 的元素，如图 8-2-3 所示。

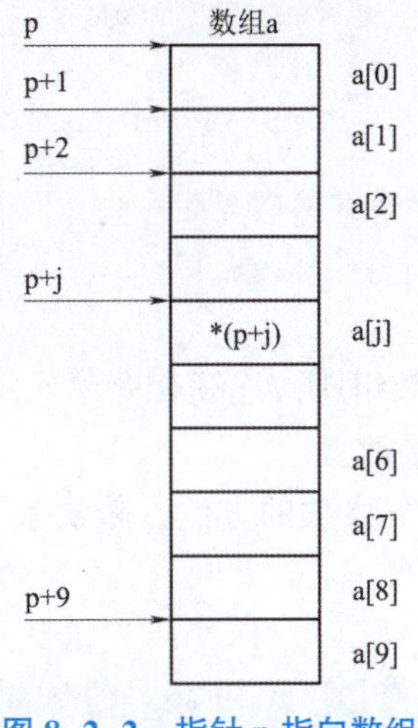

图 8-2-2　指针 p 指向数组 a

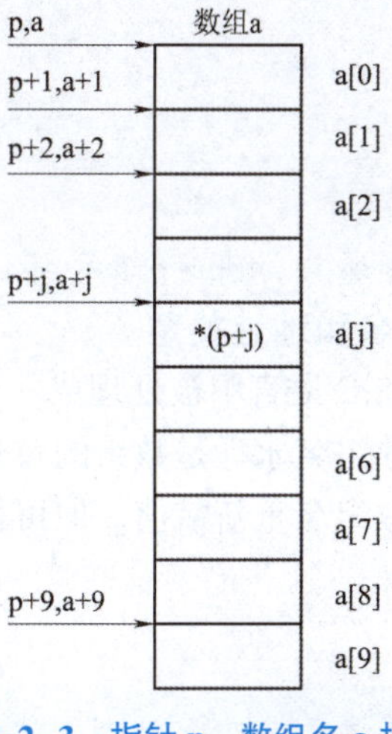

图 8-2-3　指针 p、数组名 a 指向数组 a

注意：a 代表数组首元素的地址，即 a[0]的地址。

③ *(p+j)、*(a+j)是 p+j、a+j 所指向的数组元素 a[j]。例如，*(p+5)、*(a+5)就是 a[5]。

④ 如果指针变量 p1 和 p2 都指向同一数组中的元素，执行 p2-p1，表示 p2 所指向的元素与 p1 所指向的元素之间相差的元素个数。

例如：

```
p1 =&a[2];
p2 =&a[6];
p2-p1; //结果是 4
```

注意：两个地址不能相加，如 p2+p1 没有实际意义。

2. 通过指针引用一维数组元素

通过指针引用一维数组元素需要一个指向数组元素的指针变量，它的基类型与数组元素的类型相同。

通过指针引用数组元素是 C 语言提供的一种高效数组访问机制。

假设指针 p 指向数组 a 某元素地址，则：

*p=5；//将对应数组元素赋值 5。

p+1 或（p++）也是指针，指向数组下一个元素。

p+5 指向 p 所指元素的后第五个元素。

p-1 指向 p 所指元素的前一元素。

指针有效范围必须满足数组空间的限制，避免越界访问。这个问题与数组下标越界问题的控制同样重要。

当指针 p 指向 s 数组的首地址时，表示数组元素 s[i]的表达式也可以是 p[i]。实际上，p 不一定要指向 s 的首地址，如果 p=&s[2]；即 p 指向 s[2]，则 p+3 指向 s[5]，p[3]引用的数组元素是 s[5]。

至此，有五种表示 s 数组元素 s [i] 的方法：

① s[i]

② *(s+i)

③ *(p+i)

④ p[i]

⑤ p 指向 s[i],使用 *p 表示 s[i]

3. 数组名和地址关系

数组名在 C 语言中被处理成一个地址常量，也就是数组所占连续存储单元的起始地址，一旦定义，数组名永远是数组的首地址，在其生存期不会改变。

不能给数组名重新赋值。但可以用在数组名后加一个整数的方法，依次表达数组中不同元素的地址。

例如：

```
int a[10];
```

a 与 &a[0]是等价的，a[1]的地址是 a+1，可用 &a[1]表示。

对数组元素 a[3]，可以用 *(a+3)来引用，也可以用 *&a[3]来引用。

电路连接准备

在本项目中，使 LED 灯控制接口连接 STC15 单片机 P0 口，如表 8-2-1 所示，电路图及连接线示意图如图 8-2-4、图 8-2-5 所示。

表 8-2-1　LED 与 STC15 单片机接口对应关系

LED	STC15 单片机
LED0	P0. 0
LED1	P0. 1
LED2	P0. 2
LED3	P0. 3
LED4	P0. 4
LED5	P0. 5
LED6	P0. 6
LED7	P0. 7

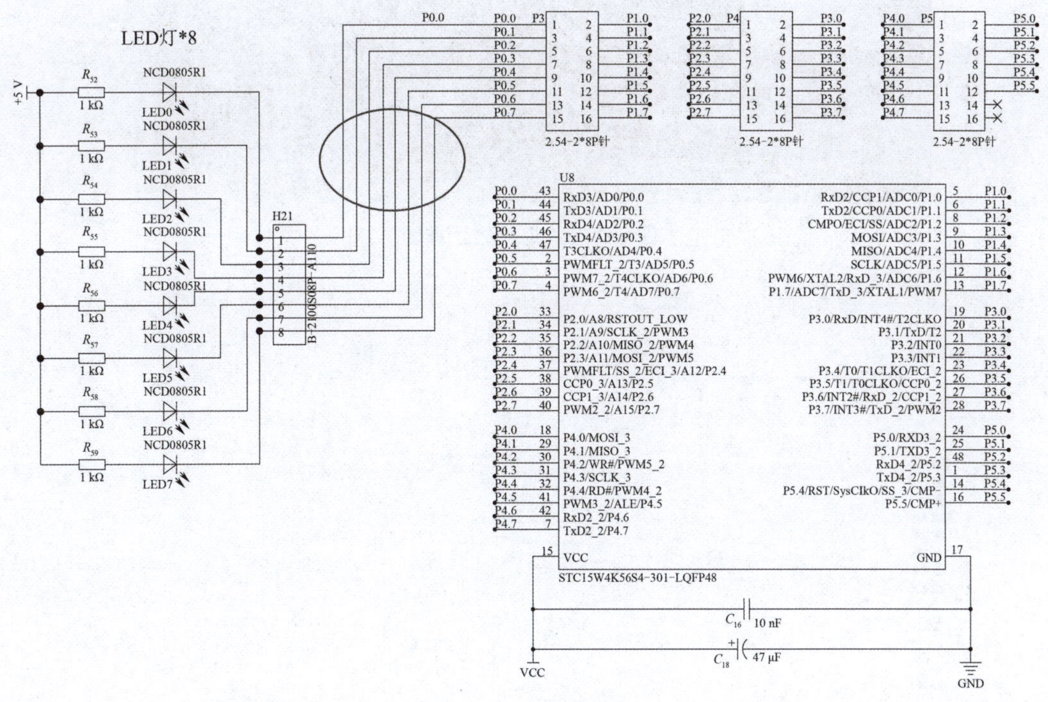

图 8-2-4　电路图

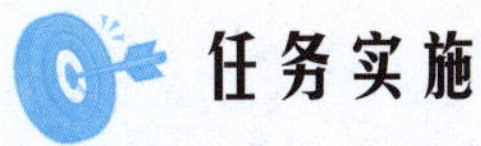

任务实施

指针与数组

步骤一　创建 STC15 单片机的 C 语言工程

（1）在 D 盘下创建文件夹：指针与数组。

（2）启动 Keil，创建工程：指针与数组，并把工程存放至“D:\指针与数组”文件夹下，如图 8-2-6 所示，工程创建完成后，如图 8-2-7 所示。

图 8-2-5　连接线示意图

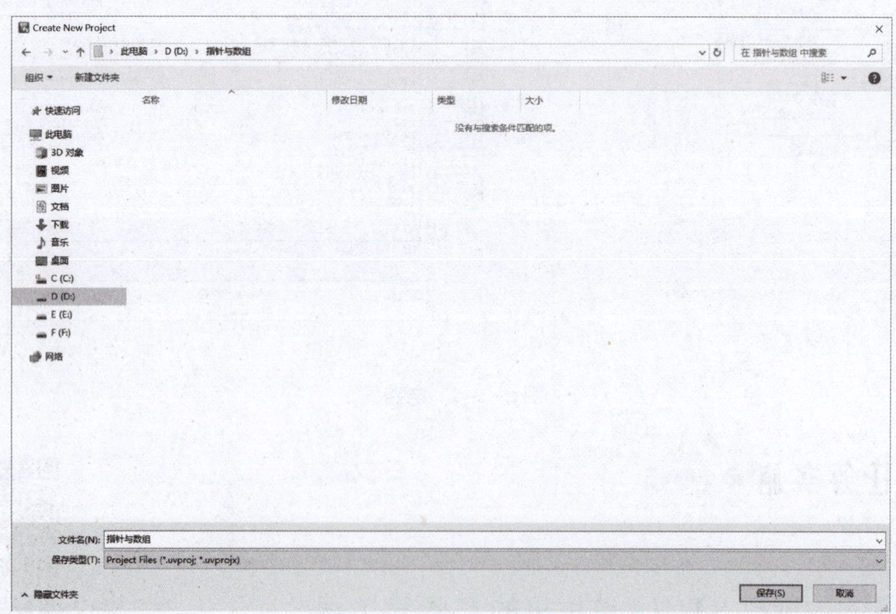

图 8-2-6　设置工程路径

图 8-2-7　工程创建完成

步骤二　创建 C 语言源程序文件 main. c，并添加到工程中

① 创建 main. c 文件，如图 8-2-8 所示。

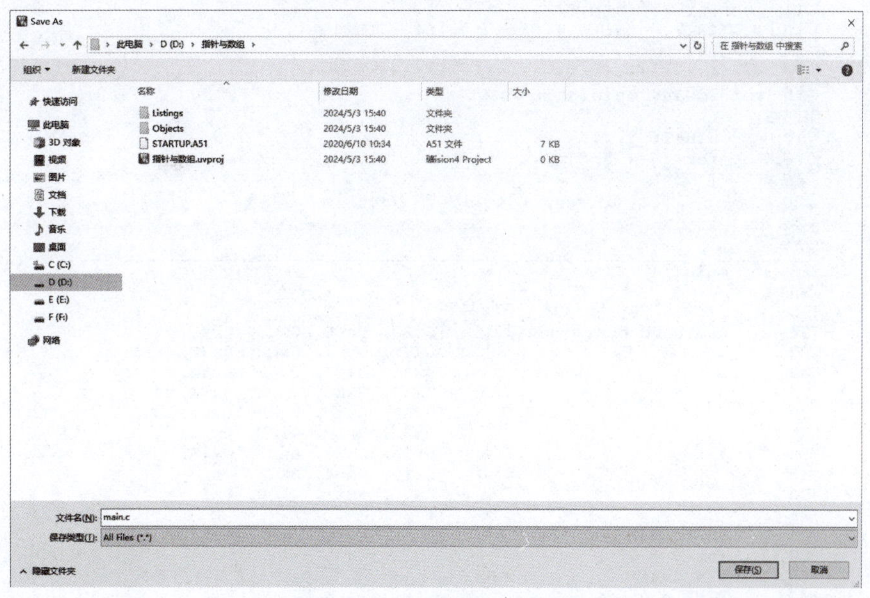

图 8-2-8　创建 main. c 文件

② 将 main. c 文件添加至工程，如图 8-2-9 所示。

把 STC15 单片机的头文件 15W4KxxS4. h 复制到工程所在文件夹中。

步骤三　编写 C 语言源程序

编写 C 语言源程序，如图 8-2-10 所示。

图 8-2-9　将 main. c 文件添加至工程

```
/************************************
*功能：使用指针与数组，实现八个各色LED灯的报警灯炫彩闪烁效果
*作者：***
*日期：2024-*-* V2.0
*************************************/
#define MAIN_Fosc        11059200L    //定义主时钟
#include   "15W4KxxS4.H"
#define  uint16   unsigned int
#define  uint8    unsigned char
/**************************************
功能描述：延时函数
入口参数：uint16 x ，该值为1时，延时1ms
返回值：无
***************************************/
void delay_ms(uint16 x)
{
    uint16 j, i;
    for (j = 0; j < x; j++)
    {
        for (i = 0; i < 1100; i++);
    }
}
int main()
{
    //LED灯的报警灯炫彩闪烁值
    unsigned char xuan[36] = {0x3C, 0xDB, 0xC3, 0x3C,
                              0x7E, 0xE7, 0xC3, 0x7E,
                              0x3C, 0xDB, 0xC3, 0x3C,
                              0x7E, 0xE7, 0xC3, 0x7E,
                              0xAA, 0x55, 0xAA, 0x55,
                              0x3C, 0xDB, 0xC3, 0x3C,
                              0x7E, 0xE7, 0xC3, 0x7E,
                              0xf0, 0x0f, 0xCC, 0x33,
                              0x00, 0xff, 0x00, 0xff
                             };
    unsigned char *p;
    int j = 0;
    p = xuan;
    P0M1 = 0;
    P0M0 = 0;
    while (1)
    {
        for (j = 0; j <= 35; j++)
        {
            P0 = *(xuan + j);
            delay_ms(1000);
        }
    }
    return 0;
}
```

图 8-2-10　编写 C 语言源程序

```
/************************************
* 功能:使用指针与数组,实现八个各色 LED 灯的报警灯炫彩闪烁效果
* 作者:***
* 日期:2024-*-*V2.0
*************************************/
#define MAIN_Fosc      11059200L  //定义主时钟
#include  "15W4KxxS4.H"
#define  uint16  unsigned int
#define  uint8   unsigned char
/****************************************
功能描述:延时函数
入口参数:uint16 x,该值为 1 时,延时 1ms
返回值:无
****************************************/
void delay_ms(uint16 x)
{
    uint16 j,i;
    for(j=0;j<x;j++)
    {
        for(i=0;i<1100;i++);
    }
}
int main()
{
    //LED 灯的报警灯炫彩闪烁值
    unsigned char xuan[36]={0x3C,0xDB,0xC3,0x3C,
                            0x7E,0xE7,0xC3,0x7E,
                            0x3C,0xDB,0xC3,0x3C,
                            0x7E,0xE7,0xC3,0x7E,
                            0xAA,0x55,0xAA,0x55,
                            0x3C,0xDB,0xC3,0x3C,
                            0x7E,0xE7,0xC3,0x7E,
                            0xf0,0x0f,0xCC,0x33,
                            0x00,0xff,0x00,0xff
                           };
    unsigned char *p;
    int j=0;
    p=xuan;
    P0M1=0;
    P0M0=0;
    while(1)
    {
        for(j=0;j<=35;j++)
        {
            P0=*(xuan+j);
            delay_ms(1000);
        }
    }
    return 0;
}
```

步骤四　编译程序

编译程序，如果有警告、错误，则修改程序，重新编译，结果如图 8-2-11 所示。

```
Build Output
Build target 'Target 1'
assembling STARTUP.A51...
compiling main.c...
MAIN.C(30): warning C182: pointer to different objects
linking...
Program Size: data=28.0 xdata=0 code=363
"指针与数组" - 0 Error(s), 1 Warning(s).
```

图 8-2-11　程序编译结果

配置工程属性，生成 HEX 文件，如图 8-2-12 所示。

```
Build Output
Build target 'Target 1'
assembling STARTUP.A51...
compiling main.c...
MAIN.C(30): warning C182: pointer to different objects
linking...
Program Size: data=28.0 xdata=0 code=363
creating hex file from "指针与数组"...
"指针与数组" - 0 Error(s), 1 Warning(s).
```

图 8-2-12　程序编译生成 HEX 文件

步骤五　写入单片机

把生成的 HEX 文件，写入单片机，观察现象，验证功能，并进行成果展示。

任务评价

序号	一级指标	分值	得分	备注
1	单片机 C 语言工程	10		
2	C 语言源文件创建与添加至工程	10		
3	C 语言源程序编程：数组定义与初始化、数组名的使用、使用数组名引用数组元素	30		
4	源程序调试与生成 HEX 文件	20		
5	写入单片机，验证功能，成果展示	20		
6	素养评价（代码质量、标准规范、文档描述）	10		
合计		100		

素养小天地

本任务是“多彩报警灯”炫起来，使用 C 语言指针控制单片机及外设，实现多彩报警灯，再完成任务功能的同时，要注重安全意识与责任感，安全至关重要。

指针的误操作可能导致程序崩溃、硬件损坏甚至安全事故。通过本任务，培养学生对自己代码的严谨性和安全性的高度认识，以及对可能产生的后果负责的态度；鼓励学生通过指针操作深入探索单片机的内存管理和硬件控制。这种科学探索精神不仅有助于技术提升，还能培养学生面对问题时敢于挑战、勇于创新的品质、科学精神与探索意识。

思考练习

1. 若有声明 `int arr [5], *p=arr;`，则 *(p+2)表示的是（　　）。

A. 数组 arr 的第三个元素的地址

B. 数组 arr 的第一个元素的值

C. 数组 arr 的第三个元素的值

D. p 指向的地址增加 2 之后的地址

2. 在 C 语言中，NULL 指针是（　　）。

A. 一个指向随机地址的指针

B. 一个没有初始化的指针

C. 一个值为 0 的指针

D. 一个指向字符串"null"的指针

3. 以下哪个表达式是合法的 C 语言表达式？（　　）

A. `int *p;p=100;`

B. `int *p;p=(int *)100;`

C. `int *p;p='a';`

D. `int *p;p="Hello";`

4. 在 C 语言中，数组名作为表达式使用时，其值是__________。

5. 如果 p 是一个指向整型的指针，那么 p++的效果是将 p 的值增加__________，使其指向下一个整型变量。

6. 给定以下代码段：

```
int arr[]={1,2,3};
int *p=arr;
```

*(p+2)的值是__________。

7. （判断题）在 C 语言中，指针常见的两种运算符是 *（取值运算符）与 &（取址运算符）。（　　）

8. 请简述数组名与地址的关系。

9. 请比较使用指针引用数组元素与下标法引用数组元素的方法。

任务拓展

使用指针与数组，根据实现八个各色 LED 灯的报警灯炫彩闪烁任务的程序设计，思考以下情况，并编程予以实现验证：

1.

```
for(j=0;j<=15;j++)
{
    P0=*(a+j);
    delay(1000);
}
```

替换为：

```
p=a;
for(j=0;j<=15;j++)
{
    P0=*(p+j);
    delay(1000);
}
```

编译程序，调试观察 p0 的变化，并在单片机上实现观察现象。

2.

```
for(j=0;j<=15;j++)
{
    P0=*(a+j);
    delay(1000);
}
```

替换为：

```
p=a;
for(j=0;j<=15;j++)
{
    P0=*(p++);
    delay(1000);
}
```

编译程序，调试观察 p0 的变化，并在单片机上实现观察现象。

任务三　输出字符串“Huawei”

任务描述

通过对输出字符串“Huawei”知识的学习，掌握以下内容：

① 用 char 型数组保存字符串；

② 用字符指针指向一个字符串。

任务目标

通过使用数组保存字符串、使用指针保存字符串的相关实验，要求掌握使用数组保存字符串、使用指针保存字符串的技能。

知识准备

在 C 语言中，字符串常量是用双引号（" "）括起来的一串字符（0 个或者多个字符），例如"Huawei""Xiaomi"""（空字符串）等。

在 C 语言中，没有字符串变量，在程序中存储字符串，有两种方式：

① 用字符数组存放一个字符串。

② 用字符指针指向一个字符串。

1. 用 char 型数组保存字符串

字符串由多个字符组成，可用一个 char 型的一维数组来保存字符串，注意：一个字符型数组只能保存一个字符串。

字符串末尾须有字符'\0'表示字符串的结束，所以，用 char 型数组保存字符串时，数组中须有'\0'元素，否则它只是一个数组。

例如：

（1）

```
char c[]={'H','u','a','w','e','i'};
```

定义了 char 型数组 c，在数组名后的[]内没有明确数组元素的个数，通过{}中的初始值对 c 进行初始化。初始值有 6 个字符，因此数组 c 中有 6 个元素。但是由于没有'\0'元素结尾,所以数组 c 只能作为 char 型数组使用,不能当作字符串使用。

（2）

```
char d[]={'H','u','a','w','e','i','\0'};
```

定义了 char 型数组 d，在数组名后的[]内没有明确数组元素的个数，通过{}中的初始值对 d 进行初始化。初始值有 7 个字符，因此数组 d 中有 7 个元素。但由于是'\0'元素结尾，所以数组 d 不仅能作为 char 型数组使用，还能当作字符串使用。

（3）

```
char e[10]={'H','u','a','w','e','i'};
```

定义了 char 型数组 e，在数组名后的[ ]内明确了数组有 10 个元素，通过{ }中的初始值对 e 进行初始化，而初始值有 6 个字符，因此数组 e 中前 6 个元素有了初始值，后 4 个元素自动补了 0('\0')，所以数组 e 不仅能作为 char 型数组使用，还能当作字符串使用。

字符串存储示意如图 8-3-1 所示。

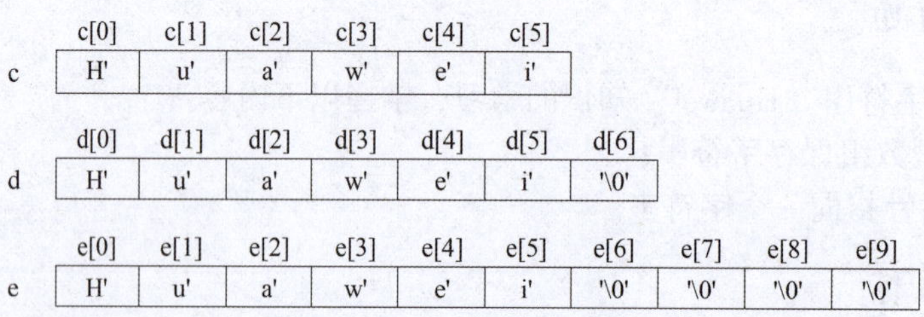

图 8-3-1 字符串存储示意

以上定义 char 型数组进行赋初值，通过对每个元素单独赋字符，来实现用 char 型数组保存字符串的操作，十分麻烦。

以下方式是用 char 型数组保存字符串时的简便用法：

```
char d[ ] = { "Huawei" };
```

还可以省略 { }，如下

```
char d[ ] = "Huawei";
```

上述两种写法与 char d[ ] = {'H','u','a','w','e','i','\0'}; 的写法是等效的。

2. 用字符指针指向一个字符串

在 C 语言中，可以将字符串的首地址赋值给 char * 型的指针变量，在 char * 型指针中保存字符串的首地址。

一对" "引起来的一串字符称为字符串常量，该字符串常量可以被作为一个表达式，该表达式的值就是字符串常量的首地址。

如下所示：

```
char * pstr = "Huawei"; //定义指针变量时赋初值
将字符串常量"Huawei"看作表达式,则表达式的值为这个字符串常量的首地址。

char * pstr;
pstr = "Huawei";
先定义 char * 型指针变量 pstr,然后通过赋值语句为 pstr 赋值。

char d[ ] = "Huawei";
char * pstr;
pstr = d;
```

先定义一个 char 型数组 d，并用一个字符串常量进行初始化，数组 d 包含 7 个元素。之后定义 char * 型指针变量 pstr，语句 pstr = d；相当于指针变量之间的赋值。

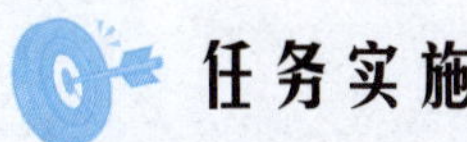

任务实施

指针与字符串

步骤一　创建 STC15 单片机的 C 语言工程

（1）在 D 盘下创建文件夹：指针与字符串。

（2）启动 Keil，创建工程：指针与字符串，并把工程存放至“D:\指针与字符串”文件夹下，如图 8-3-2 所示，工程创建完成后，如图 8-3-3 所示。

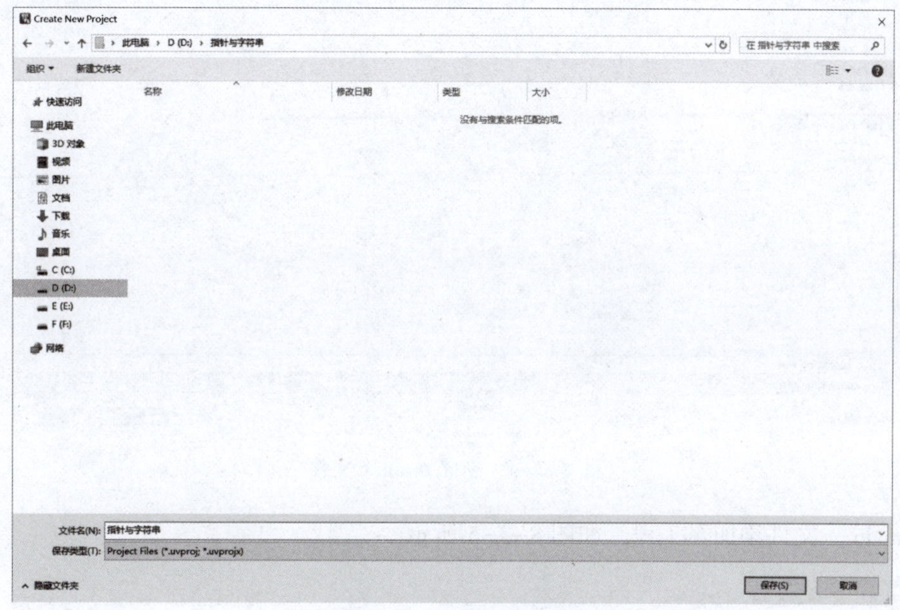

图 8-3-2　设置工程路径

图 8-3-3　工程创建完成

步骤二　创建 C 语言源程序文件 main. c，并添加到工程中

创建 main. c 文件，如图 8-3-4 所示。

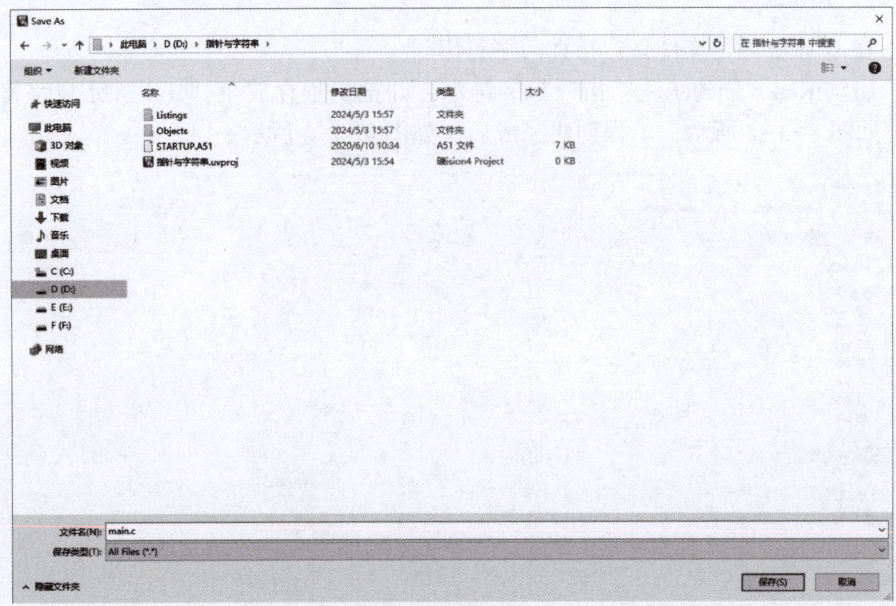

图 8-3-4　创建 main. c 文件

将 main. c 文件添加至工程，如图 8-3-5 所示。

图 8-3-5　将 main. c 文件添加至工程

把 STC15 单片机的头文件 15W4KxxS4. h 复制到工程所在文件夹中。

步骤三　编写 C 语言源程序

编写 C 语言源程序，如图 8-3-6 所示。

```
/***********************************
*功能：指针与字符串，字符数组保存字符串，字符指针保存字符串
*作者：***
*日期：2024-*-* V2.0
*************************************/
#define MAIN_Fosc        11059200L   //定义主时钟
#include    "15W4KxxS4.H"
#define  uint16   unsigned int
#define  uint8    unsigned char
//包含相应的头文件
#include"stdio.h"
int main()
{
  char c[] = {'H','u','a','w','e','i'};
  char d[] = {'H','u','a','w','e','i','\0'};
  char e[10] = {'H','u','a','w','e','i'};
  char d2[] = {"Huawei"};
  char d3[] = "Huawei";
  char *pstr = "Huawei";
  char *pstr2;
  SCON = 0x03; /*UART#1输出设置*/
  pstr2 = "Huawei";
  printf("1:%s\n",c);
  printf("2:%s\n",d);
  printf("3:%s\n",e);
  printf("特殊简便用法:%s\n",d2);
  printf("省略{}写法:%s\n",d3);
  printf("定义指针变量时赋初值:%s\n",pstr);
  printf("先定义指针变量,后赋值:%s\n",pstr2);
  return 0;
}
```

图 8-3-6　编写 C 语言源程序

```
/*************************************
*功能:指针与字符串,字符数组保存字符串,字符指针保存字符串
*作者:***
*日期:2024-*-*V2.0
*************************************/
#define MAIN_Fosc      11059200L  //定义主时钟
#include    "15W4KxxS4.H"
#define  uint16  unsigned int
#define  uint8   unsigned char
//包含相应的头文件
#include"stdio.h"
int main()
{
    char c[]={'H','u','a','w','e','i'};
    char d[]={'H','u','a','w','e','i','\0'};
    char e[10]={'H','u','a','w','e','i'};
    char d2[]={"Huawei"};
    char d3[]="Huawei";
    char *pstr="Huawei";
```

```
    char *pstr2;
    SCON=0x03;/* UART#1 输出设置 */
    pstr2="Huawei";
    printf("1:%s\n",c);
    printf("2:%s\n",d);
    printf("3:%s\n",e);
    printf("特殊简便用法:%s\n",d2);
    printf("省略{}写法:%s\n",d3);
    printf("定义指针变量时赋初值:%s\n",pstr);
    printf("先定义指针变量,后赋值:%s\n",pstr2);
    return 0;
}
```

步骤四　编译程序

编译程序，如果有警告、错误，则修改程序，重新编译，结果如图 8-3-7 所示。

Build Output
Build target 'Target 1'
assembling STARTUP.A51...
compiling main.c...
linking...
Program Size: data=73.1 xdata=0 code=1693
"指针与字符串" - 0 Error(s), 0 Warning(s).

图 8-3-7　程序编译结果

配置工程属性，生成 HEX 文件，如图 8-3-8 所示。

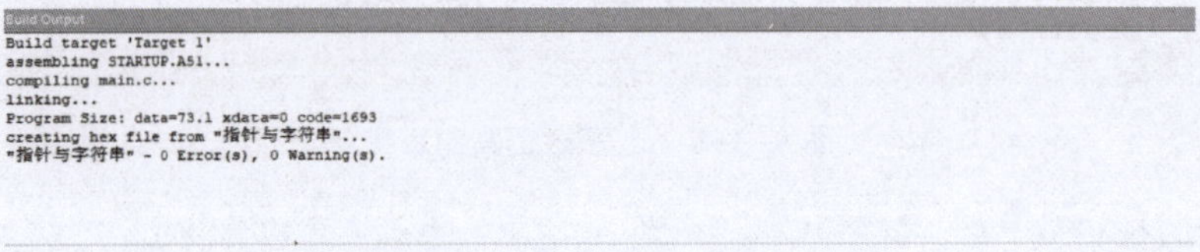

Build Output
Build target 'Target 1'
assembling STARTUP.A51...
compiling main.c...
linking...
Program Size: data=73.1 xdata=0 code=1693
creating hex file from "指针与字符串"...
"指针与字符串" - 0 Error(s), 0 Warning(s).

图 8-3-8　程序编译生成 HEX 文件

步骤五　在 UART #1 窗口输出

调试程序，在 UART#1 窗口中，观察程序执行输出结果，如图 8-3-9 所示。

UART #1
1:HuaweiHuawei
2:Huawei
3:Huawei
特殊简便用法:Huawei
省略{}写法:Huawei
定义指针变量时赋初值:Huawei
先定义指针变量,后赋值:Huawei
Command
UART #1

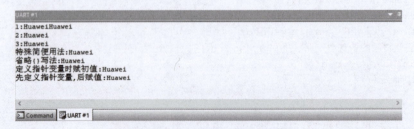

图 8-3-9　UART #1 窗口输出

任务评价

序号	一级指标	分值	得分	备注
1	单片机 C 语言工程	10		
2	C 语言源文件创建与添加至工程	10		
3	C 语言源程序编程：实现用 char 型数组保存字符串、编程实现用字符指针指向一个字符串	30		
4	源程序调试与生成 HEX 文件	20		
5	观察输出，分析程序	20		
6	素养评价（代码质量、标准规范、文档描述）	10		
合计		100		

素养小天地

本任务是输出字符串“Huawei”，通过此任务，学生可以更深入地理解指针在 C 语言中的作用，以及如何通过指针来操作字符串。这不仅仅是技术知识的学习，更是对计算机底层原理的一种探索，要时刻保持一种探索精神。华为作为全球知名的科技企业，代表着中国的创新能力和国际竞争力，为有这样的高科技企业而自豪，我们要向华为学习。

思考练习

1. 在 C 语言中，字符串是以什么形式存储的？(　　)

A. 字符数组　　B. 字符指针

C. 单独的字符变量　　D. 结构体

2. 在以下代码中，哪个变量不存储字符串的地址？(　　)

```
char str[]="Huawei";
char *ptr=str;
char ch='H';
```

A. str　　B. ptr　　C. ch　　D. 都不存储

3. （多选）下列哪个选项正确地声明了一个指向字符的指针，并初始化为指向字符串"Hello" 的第一个字符？(　　)

A. `char *p="Hello";`　　B. `char p="Hello";`

C. `char *p;p="Hello";`　　D. `char p[]="Hello";`

4. 字符串"Hello"在内存中实际存储的形式是 Hello 后面跟随一个__________字符。

5. 假设 str 是一个指向字符的指针，指向一个字符串，那么 str 的第 i 个字符可以通过__________来访问。

6. 如果 p 是一个指向字符的指针，并且 p 被初始化为指向一个字符串 str，那么 *p 的值是字符串 str 的第一个字符，*(p+1)是第二个字符，以此类推。p++将 p 移动到指向字符串的__________个字符。

7. （判断题）字符串" Hello" 在内存中以空字符('\0')结尾。　　(　　)

8. （判断题）字符串数组 char str[ ] = "Huawei"；中的字符串是可修改的。（　　）

9. 任务实施中的语句 printf("1:%s\n",c)；的执行结果是 Huawei Huawei，请分析其原因，并编程验证。

10. 使用以下语句：

```
char d[ ] = "Huawei";
char *pstr;
pstr=d;
```

编写程序，观察实验输出结果，是否能够实现 char * 指针保存字符串？

任务拓展

根据本任务的程序设计方法，思考以下情景时任务的实现方法，并进行编程实现：

① 使用字符型指针保存一个字符串。

② 使用循环结构，输出指针保存的字符串的每个字符。

③ 输出指针保存的字符串的中间部分字符。

项目九

让我的单片机功能化——自定义数据类型

项目简介

C 语言中提供了一些已经定义好的数据类型，比如 int，short，long，char，float，double 等，在定义变量时可以用来保存对应类型的数据。当要解决比较复杂的问题时，仅仅使用系统提供的简单数据类型不能高效地解决问题时，C 语言允许我们自己设计新的数据类型，并用来定义变量，以便更好地实现单片机的功能化开发与应用。

本项目通过 3 个任务的学习与实践，逐步掌握结构体、枚举和联合体类型的相关知识。

项目目标

本项目通过 3 个任务，学习 C 语言中的结构体、枚举、联合体等构造类型。要求掌握的内容包括：

①结构体的定义及引用。

②结构体数组。

③枚举类型。

④联合体类型。

⑤类型标识符的自定义。

C 语言中的结构体是一种复合数据类型，它可以包含不同类型的数据成员。通过结构体、枚举和联合体的教学，让学生理解在解决实际问题时，掌握如何有效地组织和处理数据是非常重要的，并培养学生的系统思维和逻辑分析能力。

鼓励学生在掌握基本知识和技能的基础上，勇于尝试新的方法和技术，在结构体、枚举、联合体和 STC15 单片机的应用中，引导学生探索不同的设计思路和实现方式，培养创新精神和实践能力。

工作任务

深入学习 C 语言的知识，以任务驱动的方式实现以下 3 个任务：

（1）LED 灯、数码管和蜂鸣器组成交响乐团

（2）让我告诉你今天星期几

（3）让我们手拉手亮起来

任务一　LED 灯、数码管和蜂鸣器组成交响乐团

任务描述

通过设计结构体，定义结构体变量、初始化与引用，实现控制 LED、数码管和蜂鸣器。

① 状态 1：LED 灯显示低 4 个灯、数码管显示 1，蜂鸣器响；

② 状态 2：LED 灯显示高 4 个灯、数码管显示 2，蜂鸣器不响；

③ 两种状态间隔 1s 相互转换。

任务目标

通过对控制 LED 灯、数码管和蜂鸣器状态的控制，掌握设计结构体类型、定义结构体类型变量、引用结构体变量等知识。

知识准备

在实际生活和程序设计中，有些数据是有内在联系的。例如，一位同学的学号、姓名、性别、年龄、成绩等，是同属于一位同学的，如表 9-1-1 所示。其中，学号 num、姓名 name、性别 sex、年龄 age、成绩 score 都属于 Zhan San 同学的信息。如果把学号 num、姓名 name、性别 sex、年龄 age、成绩 score 分别定义为单独的变量，它们之间的内在联系就难以反映出来，这时需要一种新的数据类型，那么如何设计一种新型的数据类型呢？

表 9-1-1　Zhan San 同学信息

学号	姓名	性别	年龄	成绩
num	name	sex	age	score
201804101	Zhan San	M	17	85

C 语言允许用户基于已有的数据类型（int，char，float，double 等）创造和组装，设计组合型的数据类型，这种新的数据类型称为结构体。

小贴士

结构体不是变量，是一种数据类型，是由用户设计的一种自定义的类型。

在程序中建立一个结构体类型，用来表示表 9-1 中所表示的数据结构。

```
struct Student
{
    long num;              //学号为 long int
    char name[20];         //姓名为字符串,字符数组
    char sex;              //性别为字符型
    int age;               //年龄为 int
    float score;           //成绩为 float
};                         //注意:最后有一个分号;
```

以上是结构体类型的定义，struct 是关键字，struct 后的 Student 是结构体名。

声明一个结构体类型的一般形式为：

```
struct 结构体名
{
    成员列表
};
```

花括号内的成员列表是该结构体所包含的子项，称为结构体的成员。例如上面程序中的 num，name，sex，age，score 等都是成员。

对各成员都需要进行类型声明，即

```
类型名 成员名;
```

类似定义变量一样，都必须基于已有的数据类型，可以是 int，char，float 等基本类型，也可以是已定义的结构体类型。

小贴士

新类型的名字是 struct Student，是一个合法的数据类型，而不是 Student。

在 C 语言中，涉及结构体的类型名，必须带有关键字 struct，否则编译系统会报错。

在程序中，可以设计许多种的结构体类型，例如 struct Student，struct Teacher，struct Mode 等，每种结构体类型包含不同的成员。

现在有了 struct Student 这一结构体数据类型，可以用来定义变量，表示与学生相关的一些信息。

在前面已经定义了结构体类型 struct Student，现在用该类型定义变量：

```
struct Student boy1,girl2;
```

其中，struct Student 是数据类型，boy1，girl2 是变量，其类型是 struct Student。与定义整型变量的写法类似。

```
int a,b;
```

声明类型和定义变量分离，在声明类型后，可以根据需要随时定义变量，比较灵活。

两个变量 boy1，girl2 的空间情况如图 9-1-1 所示。

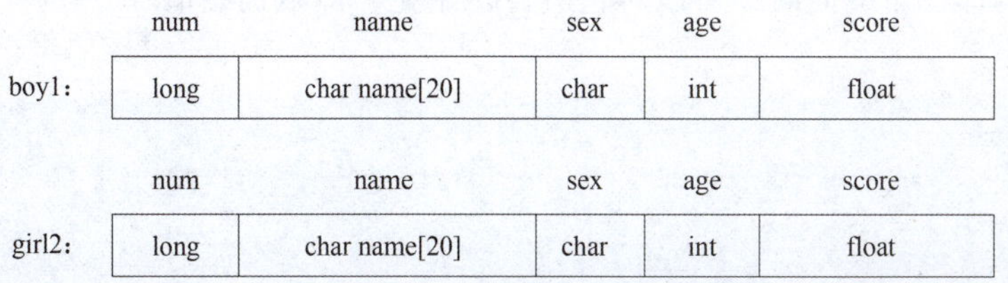

图 9-1-1　结构体变量的空间情况

由 5 部分组成：num、name、sex、age、score。这些组成部分就是按照结构体类型定义时所规定的各个成员及顺序来组织的。在 num 区域存放学生的学号，name 区域存放学生的姓名，sex 区域存放学生的性别，age 区域存放学生的年龄，score 区域存放学生的成绩，使用一个 struct Student 类型的变量就可以存储一名学生的整套相关信息。boy1，girl2 两个变量分别存放 2 名学生的信息，互不干扰。

（1）在声明类型的同时定义变量。

例如：

```
struct Student
{
    long num;            //学号为 long int
    char name[20];       //姓名为字符串,字符数组
    char sex;            //性别为字符型
    int age;             //年龄为 int
    float score;         //成绩为 float
}boy3,girl4;             //定义 2 个变量;
```

上面程序的作用于第一种方式相同，在定义 struct Student 类型的同时定义两个 struct Student 类型的变量 boy3 和 girl4。

这种定义方式的一般形式为：

```
struct 结构体名
{
    成员列表;
}变量名列表;
```

这种方式能够直接看到结构体的结构组成，比较直观，在写较小的程序时使用比较方便。

（2）不指定类型名，直接定义结构体类型变量。

一般形式为：

```
struct
{
    成员列表;
}变量名列表;
```

设计了一个无名的结构体类型，没有出现结构体名，针对一次性使用的结构体变量比较方便。该结构体类型不能再定义新的变量了。

（3）结构体变量的初始化与引用。

在定义结构体变量的同时，可以对它进行初始化，即赋初始值。

例如：

```
struct Student
{
    long num;
    char name[20];
    char sex;
    int age;
    float score;
} boy3 = {201804101,"LiMing",'M',17,85.2};
struct Student girl4 = {201804105,"Li li",'F',16,80.5};
```

程序中声明了一个结构体名为 Student 的结构体类型 struct Student，有 5 个成员。在声明结构体类型的同时定义了结构体变量 boy3，并进行了初始化。在变量名 boy3 后面的花括号内提供了各成员的值，将 201804101,"LiMing", 'M'，17，85.2 按顺序依次分别赋给 boy3 变量的成员 num、name、sex、age、score。

在声明结构体类型后，定义了结构体变量 girl4，进行初始化。在变量名 girl4 后面的花括号内提供了各成员的值，将 201804105,"Li li", 'F'，16，80.5 按顺序依次分别赋给 girl4 变量的成员 num、name、sex、age、score。

① 在定义结构体变量时，可以对它的成员初始化。初始化列表使用花括号括起来，花括号内的各个常量，依次赋值给结构体变量中的各个成员。

② 引用结构体变量中的成员，引用方式为：

```
结构体变量名.成员名
```

这里的符号点（.）称为成员选择符，相当于“的”，在所有的运算符中优先级最高。可以把 boy3.num 作为一个整体来看待，相当于一个变量。

例如：

```
boy3.num=2018041010;
strcpy(boy3.name,"Wang wu");  //strcpy 函数的功能--将字符串保存到数组中。
boy3.sex='M';
boy3.age=18;
boy3.score=68.0;
```

③ 对结构体变量的成员可以像普通变量一样进行各种运算。

例如：

```
girl4.score=boy3.score;                     //赋值
girl4.age++;                                //自加运算
age_sum=boy3.age+girl4.age;                 //加法
```

④ 同类型的结构体变量之间可以相互赋值，例如：

```
girl4=boy3;
```

⑤ 可以引用结构体变量成员的地址，也可以引用结构体变量的地址。

```
&boy3.num          //boy3.num 的地址
&boy3              //结构体变量 boy3 的起始地址
```

电路连接准备

在本项目中，使 LED 灯控制接口连接 STC15 单片机 P0 口，一位数码管连接 P1 口，蜂鸣器 beep 连接 P3^7 引脚，如表 9-1-2 所示，连接线示意图如图 9-1-2 所示。

表 9-1-2　LED 灯、数码管和蜂鸣器与 STC15 单片机接口对应关系

LED 灯	STC15 单片机	数码管	STC15 单片机	蜂鸣器	STC15 单片机
LED0	P0.0	a	P1.0	beep	P3.7
LED1	P0.1	b	P1.1		

续表

LED 灯	STC15 单片机	数码管	STC15 单片机	蜂鸣器	STC15 单片机
LED2	P0. 2	c	P1. 2		
LED3	P0. 3	d	P1. 3		
LED4	P0. 4	e	P1. 4		
LED5	P0. 5	f	P1. 5		
LED6	P0. 6	g	P1. 6		
LED7	P0. 7	dp	P1. 7		

图 9-1-2　连接线示意图

任务实施

结构体变量

步骤一　创建 STC15 单片机的 C 语言工程

（1）在 D 盘下创建文件夹：结构体变量。

（2）启动 Keil，创建工程：结构体变量，并把工程存放至“D:\结构体变量”文件夹下，如图 9-1-3 所示，工程创建完成后，如图 9-1-4 所示。

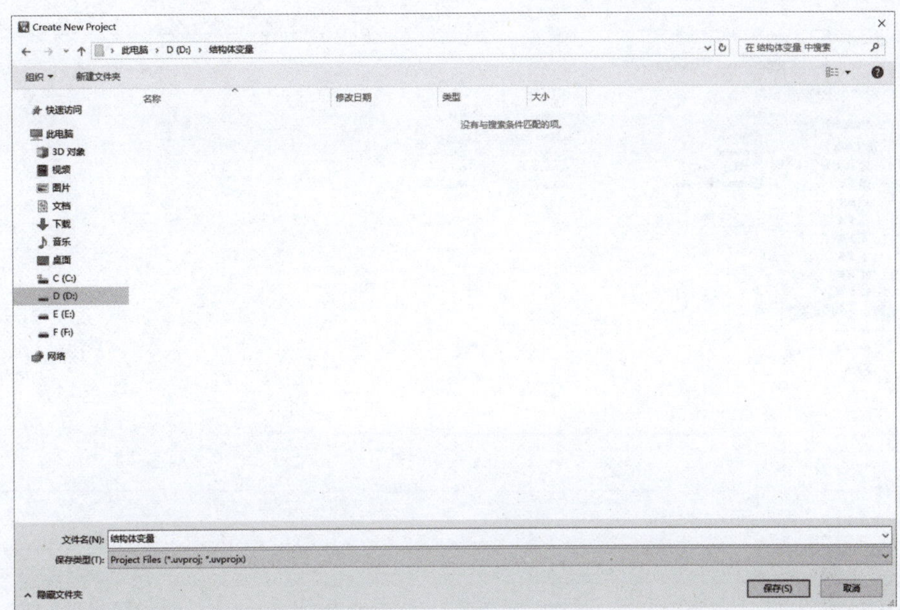

图 9-1-3　设置工程路径

图 9-1-4　创建工程完成

步骤二　创建 C 语言源程序文件 main. c，并添加到工程中

创建 main. c 文件，如图 9-1-5 所示。

将 main. c 文件添加至工程，如图 9-1-6 所示。

把 STC15 单片机的头文件 15W4KxxS4. h 复制到工程所在文件夹中。

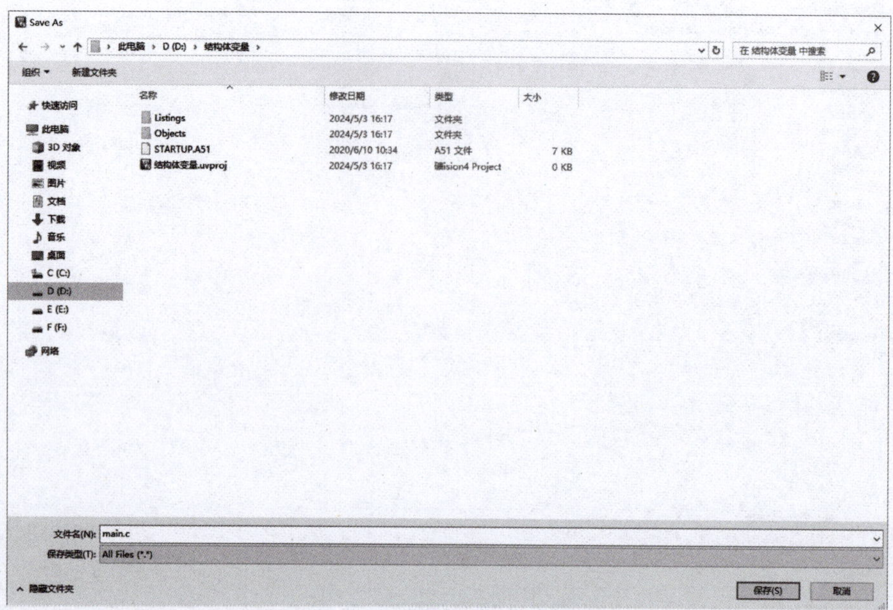

图 9-1-5　创建 main. c 文件

图 9-1-6　将 main. c 文件添加至工程

步骤三　编写 C 语言源程序

编写 C 语言源程序，如图 9-1-7 所示。

```
/***********************************
*功能：结构体变量定义与引用
*作者：***
*日期：2024-*-* V2.0
***********************************/
#define MAIN_Fosc        11059200L    //定义主时钟
#include     "15W4KxxS4.H"
#define  uint16   unsigned int
#define  uint8    unsigned char
sbit BEEP = P3 ^ 7;
//共阳数码管段码数组
/*{0xc0, 0xf9, 0xa4, 0xb0, 0x99, 0x92, 0x82, 0xf8,
   0x80, 0x90, 0x88, 0x83, 0xc6, 0xa1, 0x86, 0x8e};*/
void delay_ms(unsigned int ms);
int main()
{
    //定义结构体
    struct Mode
    {
        int led;
        char shuMaGuan;
        short beep;
    };
    //定义结构体变量md1并初始化
    struct Mode md1 = {0xF0, 0xF9, 0};
    //定义结构体变量md2
    struct Mode md2;
    md2.led = 0x0F;
    md2.shuMaGuan = 0xA4;
    md2.beep = 1;
    P0M1 = 0;
    P0M0 = 0;
    P1M1 = 0;
    P1M0 = 0;
    P3M0 &= ~0x80;
    P3M1 &= ~0x80;
    //两种状态切换，中间间隔1s
    while (1)
    {
        //状态1
        P0 = md1.led;
        P1 = md1.shuMaGuan;
        BEEP = md1.beep;
        delay_ms(1000);
        //状态2
        P0 = md2.led;
        P1 = md2.shuMaGuan;
        BEEP = md2.beep;
        delay_ms(1000);
    }
}
/****************************************
功能描述：延时函数
入口参数：uint16 x ，该值为1时，延时1ms
返回值：无
****************************************/
void delay_ms(uint16 x)
{
    uint16 j, i;
    for (j = 0; j < x; j++)
    {
        for (i = 0; i < 1100; i++);
    }
}
```

图 9-1-7　编写 C 语言源程序

任务实现的编程过程中，重点包括：

创建结构体：

```
struct Mode
    {
        int led;
        char shuMaGuan;
        short beep;
    };
```

定义结构体变量并初始化结构体：

```
    //定义结构体变量 md1 并初始化
    struct Mode md1 = {0xF0,0xF9,0};
    //定义结构体变量 md2
    struct Mode md2;
    md2.led = 0x0F;
    md2.shuMaGuan = 0xA4;
    md2.beep = 1;
```

引用结构体变量：

```
    //状态 1
    P0 = md1.led;
    P2 = md1.shuMaGuan;
    BEEP = md1.beep;

    //状态 2
    P0 = md2.led;
    P2 = md2.shuMaGuan;
    BEEP = md2.beep;
```

完整代码如下：

```
/***********************************
* 功能:结构体变量定义与引用
* 作者:***
* 日期:2024-*-* V2.0
*************************************/
#define MAIN_Fosc      11059200L   //定义主时钟
#include    "15W4KxxS4.H"
#define  uint16  unsigned int
#define  uint8   unsigned char
sbit BEEP = P3 ^7;
//共阳数码管段码数组
/* {0xc0,0xf9,0xa4,0xb0,0x99,0x92,0x82,0xf8,
    0x80,0x90,0x88,0x83,0xc6,0xa1,0x86,0x8e}; */
void delay_ms(unsigned int ms);
int main()
{
    //定义结构体
    struct Mode
```

```
    {
        int led;
        char shuMaGuan;
        short beep;
    };
    //定义结构体变量 md1 并初始化
    struct Mode md1 = {0xF0,0xF9,0};
    //定义结构体变量 md2
    struct Mode md2;
    md2.led = 0x0F;
    md2.shuMaGuan = 0xA4;
    md2.beep = 1;
    P0M1 = 0;
    P0M0 = 0;
    P1M1 = 0;
    P1M0 = 0;
    P3M0 &= ~0x80;
    P3M1 &= ~0x80;
    //两种状态切换,中间间隔 1s
    while(1)
    {
        //状态 1
        P0 = md1.led;
        P1 = md1.shuMaGuan;
        BEEP = md1.beep;
        delay_ms(1000);
        //状态 2
        P0 = md2.led;
        P1 = md2.shuMaGuan;
        BEEP = md2.beep;
        delay_ms(1000);
    }
}
/****************************************
功能描述:延时函数
入口参数:uint16 x,该值为 1 时,延时 1ms
返回值:无
****************************************/
void delay_ms(uint16 x)
{
    uint16 j,i;
    for(j = 0;j<x;j++)
    {
        for(i = 0;i<1100;i++);
    }
}
```

步骤四　编译程序

编译程序，如果有警告、错误，则修改程序，重新编译，结果如图 9-1-8 所示。

```
Build Output
Build target 'Target 1'
assembling STARTUP.A51...
compiling main.c...
linking...
Program Size: data=19.0 xdata=0 code=360
"结构体变量" - 0 Error(s), 0 Warning(s).
```

图 9-1-8　程序编译结果

配置工程属性，生成 HEX 文件，如图 9-1-9 所示。

```
Build Output
Build target 'Target 1'
assembling STARTUP.A51...
compiling main.c...
linking...
Program Size: data=19.0 xdata=0 code=360
creating hex file from "结构体变量"...
"结构体变量" - 0 Error(s), 0 Warning(s).
```

图 9-1-9　程序编译生成 HEX 文件

步骤五　写入单片机

把生成的 HEX 文件写入单片机，观察现象，验证功能，并进行成果展示。

任务评价

序号	一级指标	分值	得分	备注
1	单片机 C 语言工程	10		
2	C 语言源文件创建与添加至工程	10		
3	C 语言源程序编程：设计结构体、定义结构体变量并初始化、结构体变量引用	30		
4	源程序调试与生成 HEX 文件	20		
5	写入单片机，验证功能，成果展示	20		
6	素养评价（代码质量、标准规范、文档描述）	10		
合计		100		

素养小天地

本任务是 LED、数码管和蜂鸣器组成交响乐团，在交响乐中，各种乐器需要紧密配合才能演奏出和谐的乐章。同样，在单片机控制 LED、数码管和蜂鸣器时，也需要各个组件之间相互协调，共同完成任务。这体现了团队协作的重要性。鼓励学生发挥想象力，通过编程创造出独特的 LED 闪烁模式、数码管显示内容和蜂鸣器声音，模拟出不同的音乐节奏和旋律，这有助于培养学生的创新精神。

思考练习

1. 在程序中建立一个结构体类型：

```
struct Student
{
    long num;           //学号为 long int
    char name[20];      //姓名为字符串,字符数组
    char sex;           //性别为字符型
    int age;            //年龄为 int
    float score;        //成绩为 float
};                      //注意:最后有一个分号;
```

以下选项中错误的是（　　）。

A. 以上是结构体类型的定义

B. struct 是关键字

C. struct 后的 Student 是新类型的名字

D. 结构体是变量

2. 假设我们有以下结构体定义：

```
struct point {
    int led;
    char shuMaGuan;
    short beep;
};
```

以下哪个选项正确地声明了一个包含 10 个 point 结构体的数组？（　　）

A. `struct point points[10];`　　B. `struct points[10];`

C. `point[10] pts;`　　D. `points[10] pt;`

3. 以下关于结构体的说法，错误的是（　　）。

A. 结构体是变量

B. 结构体是一种数据类型

C. 结构体是由用户设计的一种自定义类型

D. 定义结构体类型时，必须使用关键字 struct

4. 假设有一个结构体定义如下：

```
struct Rectangle {
    float length;
    float width;
};
```

要声明一个名为 rect 的 Rectangle 类型的变量，应使用语句：__________。

5. 给定以下结构体定义和变量初始化：

```
struct Time {
    int hours;
    int minutes;
} currentTime={12,30};
```

要获取 currentTime 的小时数，应使用：__________。

6. 给定以下结构体和变量：

```
struct Point {
    int x;
    int y;
};
struct Point ptOrigin={0,0};
```

要通过点 ptOrigin 修改 y 成员的值，应使用表达式：__________。

7. （判断题）在 C 语言中，涉及结构体的类型名，必须带有关键字 struct，否则编译系统会报错。 （　　）

8. 如何引用结构体变量中的成员。

9. 设计一个结构体（包括年、月、日），并定义一个结构体类型的变量。

任务拓展

1. 结构体数组。

一个结构体类型变量可以存放一组相关的数据，如果需要多个同类型的数据，可以应用数组。一个数组，其各元素都是同一种结构体类型的结构体变量，称为结构体数组。

小贴士

结构体数组与项目六介绍的数值型数组的区别：结构体数组的每个元素都是一个结构体类型的数据。

定义结构体数组的一般形式：

① struct 结构体名。

```
{成员列表} 数组名[数组长度];
```

② 先设计一个结构体类型（如 struct Mode），然后再用此类型定义结构体数组：

```
结构体类型 数组名[数组长度];
```

任务描述：通过设计结构体类型，定义结构体类型变量，初始化与引用，实现控制 LED 灯、数码管和蜂鸣器状态的切换：

① 数码管显示 0~8；

② LED 亮相应数量的灯，数码管显示 8 时，LED 灯全亮；

③ 数码管显示偶数，蜂鸣器响；数码管显示奇数，蜂鸣器不响。

在任务一的基础上，编写 C 语言程序。任务实现的编程过程中，重点包括：

创建结构体：

```
struct Mode
{
    int led;
    char shuMaGuan;
    short beep;
};
定义结构体数组:
struct Mode md[10];
//初始化
md[0] = {0xFF,0xC0,0};
```

完整代码如下：

```
/**************************************
* 功能:结构体变量数组,并实现板子状态切换
* 作者:***
* 日期:2024-*-* V2.0
****************************************/
//包含相应的头文件
#define MAIN_Fosc      11059200L  //定义主时钟
#include    "15W4KxxS4.H"
#define  uint16  unsigned int
#define  uint8    unsigned char
sbit BEEP=P3^7;
//共阳数码管段码数组
char  SEG[]={0xc0,0xf9,0xa4,0xb0,0x99,0x92,0x82,0xf8,
                              0x80,0x90,0x88,0x83,0xc6,0xa1,0x86,0x8e};
//蜂鸣器状态
uint8 beepMode[]={0,1,0,1,0,1,0,1,0,1};
void delay_ms(uint16 ms);

int main()
{
      int j;
      //定义结构体与别名
      typedef struct Mode
      {
          int led;
          char shuMaGuan;
          short beep;
      } Mod;

      //使用别名定义结构体数组
      Mod mode[10];
      //初始化第一个结构体数组元素
```

```
    mode[0].led=0xFF;
    mode[0].shuMaGuan=0xC0;
    mode[0].beep=0;
    for(j=1;j<=8;j++)
    {
        mode[j].led=0xFF<<j;
        mode[j].shuMaGuan=SEG[j];
        mode[j].beep=beepMode[j];
    }
        P0M1=0;
    P0M0=0;
    P1M1=0;
    P1M0=0;
    P3M0 &=~0x80;
    P3M1 &=~0x80;
    //状态切换,中间间隔 0.5s
    while(1)
    {
        for(j=0;j<=8;j++)
        {
            P0=mode[j].led;
            P1=mode[j].shuMaGuan;
            BEEP=mode[j].beep;
            delay_ms(1000);
        }
    }
}
/****************************************
功能描述:延时函数
入口参数:uint16 x,该值为 1 时,延时 1ms
返回值:无
****************************************/
void delay_ms(uint16 x)
{
    uint16 j,i;
    for(j=0;j<x;j++)
    {
        for(i=0;i<1100;i++);
    }
}
```

其余操作：编译程序；配置工程属性，生成 HEX 文件；写入单片机；验证功能，成果展示。

2. 类型定义符 typedef。

绰号，是另一种称呼。给熟悉的朋友起绰号，则叫他的绰号和叫他本人的名字，可起到相同效果，都是叫他。在 C 语言中，可以用 typedef 由我们为某个数据类型起任意一个绰号，即别名。

注意：typedef 是给数据类型起绰号的，是声明新类型名。

例如：用 typedef 为 int 起别名为 INTEGER：

```
typedef  int  INTEGER;
```

最后的分号；必不可少。

定义整型变量时，int a，b；与 INTEGER a，b；是完全等效的。

用 typedef 为结构体类型起别名能够为编程带来方便。例如：

```
typedef struct Mode
{
        int led;
        char shuMaGuan;
        short beep;
} Mod;
```

则 Mod 是 struct Mode 类型的别名，以后就可以用 Mod 来直接定义结构变量、结构体数组等。

```
Mod mode1,mode2;
Mod md[10];
```

注意，不能写为 struct Mod mode1，mode2；因为 Mod 已经代表了 struct Mode，不能再在前面添加 struct。

对 typedef 的准确理解应该是：用与定义变量相同的方式来定义别名（前面加 typedef），这里的“变量名”就是类型的名字。

也就是按照定义变量的方式，把变量名换上新类型名，并且在最前面加 typedef，就声明了新类型名代表原来的类型。

练一练：

可以修改拓展任务中的程序：

```
/************************************
* 功能:结构体变量数组,并实现板子状态切换
* 作者:***
* 日期:2024-*-*V2.0
*************************************/
//包含相应的头文件
#define MAIN_Fosc      11059200L  //定义主时钟
#include    "15W4KxxS4.H"
#define  uint16  unsigned int
#define  uint8    unsigned char
sbit BEEP=P3^7;
//共阳数码管段码数组
char  SEG[]={0xc0,0xf9,0xa4,0xb0,0x99,0x92,0x82,0xf8,
                    0x80,0x90,0x88,0x83,0xc6,0xa1,0x86,0x8e};
//蜂鸣器状态
uint8 beepMode[]={0,1,0,1,0,1,0,1,0,1};
void delay_ms(uint16 ms);

int main()
{
  int j;
    //定义结构体与别名
```

```
    typedef struct Mode
    {
        int led;
        char shuMaGuan;
        short beep;
    } Mod;

    //使用别名定义结构体数组
    Mod mode[10];
    //初始化第一个结构体数组元素
    mode[0].led=0xFF;
    mode[0].shuMaGuan=0xC0;
    mode[0].beep=0;
    for(j=1;j<=8;j++)
    {
        mode[j].led=0xFF<<j;
        mode[j].shuMaGuan=SEG[j];
        mode[j].beep=beepMode[j];
    }
        P0M1=0;
    P0M0=0;
    P1M1=0;
    P1M0=0;
    P3M0 &=~0x80;
    P3M1 &=~0x80;
    //状态切换,中间间隔 0.5s
    while(1)
    {
        for(j=0;j<=8;j++)
        {
            P0=mode[j].led;
            P1=mode[j].shuMaGuan;
            BEEP=mode[j].beep;
            delay_ms(1000);
        }
    }
}
/****************************************
功能描述:延时函数
入口参数:uint16 x,该值为 1 时,延时 1ms
返回值:无
****************************************/
void delay_ms(uint16 x)
{
    uint16 j,i;
    for(j=0;j<x;j++)
    {
        for(i=0;i<1100;i++);
    }
}
```

其余操作：编译程序；配置工程属性，生成 HEX 文件；写入单片机；验证功能，成果展示。

任务二　让我告诉你今天星期几

任务描述

通过枚举类型数据演示实例来实现“让我告诉你今天星期几”的任务，掌握枚举类型的相关知识：

① 枚举类型的定义；

② 枚举变量的定义；

③ 枚举元素的引用。

任务目标

通过枚举类型数据演示实例“让我告诉你今天星期几”的实现，掌握枚举类型的定义、枚举变量的定义、枚举元素的引用等相关知识。

知识准备

在实际应用中，有的变量只有几种可能取值。如人的性别只有两种可能取值，星期只有 7 种可能取值。在 C 语言中，可以将这样取值比较特殊的变量定义为枚举类型。所谓枚举是指将变量的值一一列举出来，变量只限于在列举出来的值中取值，如：

```
enum Weekday{mon,tue,wed,thu,fri,sat,sun};
```

以上声明了一个枚举类型 enum Weekday。花括号中的 mon，tue，wed，thu，fri，sat，sun 称为枚举元素或者枚举常量。它们是用户指定的名字。

用枚举类型定义变量，例如：

```
enum Weekday workday;
```

其中，workday 被定义为枚举变量。枚举变量的特殊之处：枚举变量的值只限于花括号中指定的值之一。

声明枚举类型的一般形式：

```
enum 枚举名{枚举成员列表};
```

其中，枚举成员列表是以逗号“,”相分隔。

或者：

```
enum 枚举名{枚举元素 1,枚举元素 2,枚举元素 3...};
```

其中，枚举名遵循标识符命名规则。

如同结构体（struct）一样，枚举变量也可用不同的方式说明，即先定义后说明、同时定义说明或直接说明。设有变量 a、b、c 被说明为上述的 weekday，可采用下述任一种方式：

```
enum weekday{sun,mon,tue,wed,thu,fri,sat};     //定义枚举类型
enum weekday a,b,c;                            //定义 3 个枚举类型的变量
```

```
enum weekday{sun,mon,tue,wed,thu,fri,sat} a,b,c;//定义枚举类型的同时,定义 3 个变量
enum{sun,mon,tue,wed,thu,fri,sat}a,b,c;//枚举名可省略,但后面不能再定义新的枚举变量
```

枚举常量的值如下：

例如：

```
enum Weekday
{
   mon,tue,wed,thu,fri,sat,sun
};
```

该枚举名为 Weekday，枚举值共有 7 个，即一周中的七天。

像上面那样，当不写对应的值，枚举值默认从 0 开始，即等同于：

```
enum Weekday
{
        mon=0,
        tue=1,
        wed=2,
        thu=3,
        fri=4,
        sat=5,
        sun=6
};
```

当然，也可以像这样简写：

```
enum Weekday
{
        mon=1,
        tue,
        wed,
        thu,
        fri,
        sat,
        sun
};
```

这样枚举值就会从 1 开始递增。

用 typedef 关键字将枚举类型定义成别名，并利用该别名进行变量声明：

```
typedef enum Workday   //此处的 workday 可以省略,或者改成其他,不会影响后面
{
   sun,
   mon,
   tue,
   wed,
   thu,
   fri,
   sat
} workday;//此处的 workday 为枚举型 enum Workday 的别名,类似于 int
```

```
workday today,tomorrow;
//变量 today 和 tomorrow 的类型为枚举型 workday,也即 enum Workday
```

在程序中可以直接使用某个枚举中的枚举元素，从而大大增加程序的可读性。例如

```
typedef enum
{
  LED1 = 0,
  LED2 = 1,
  LED3 = 2,
  LED4 = 3
} Led_TypeDef;
```

说明：

① 在 C 编译器中对枚举元素按常量处理，因此也称为枚举常量（注意：不能对枚举元素进行赋值）。

② 枚举元素作为常量，它是有值的，C 语言编译时按定义时的顺序使它们的值为 0，1，2，3，…，也可以改变枚举元素的值，在定义时直接指定元素的值。

③ 枚举值可以用来做比较判断，枚举值的比较规则是按其在定义时的顺序号比较。如果定义时未人为指定，则第一个枚举元素的值默认为 0。

④ 一个整数不能直接赋给一个枚举常量，它们属于不同的类型，应先进行强制类型转换才能赋值。

⑤ 内存的分配。enum 是枚举型，所占内存空间恒等于 4 字节。

⑥ 不能定义同名的枚举类型。

⑦ 不能包含同名的枚举成员。

电路连接准备

在本项目中，使 LED 灯控制接口连接 STC15 单片机 P0 口，如表 9-2-1 所示，连接线示意图如图 9-2-1 所示。

表 9-2-1　LED 灯与 STC15 单片机接口关系

LED 灯	STC15 单片机
LED0	P0. 0
LED1	P0. 1
LED2	P0. 2
LED3	P0. 3
LED4	P0. 4
LED5	P0. 5
LED6	P0. 6
LED7	P0. 7

图 9-2-1　连接线示意图

任务实施

枚举类型演示

步骤一　创建 STC15 单片机的 C 语言工程

（1）在 D 盘下创建文件夹：枚举类型演示。

（2）启动 Keil，创建工程：枚举类型演示，并把工程存放至“D:\枚举类型演示”文件夹下，如图 9-2-2 所示，工程创建完成后，如图 9-2-3 所示。

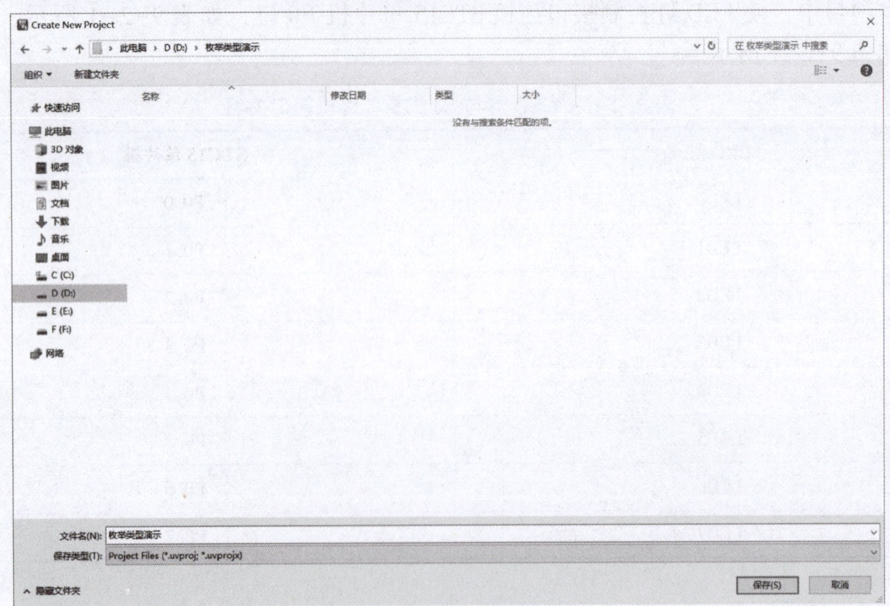

图 9-2-2　设置工程路径

图 9-2-3　工程创建完成

步骤二　创建 C 语言源程序文件 main. c，并添加到工程中

创建 main. c 文件，如图 9-2-4 所示。

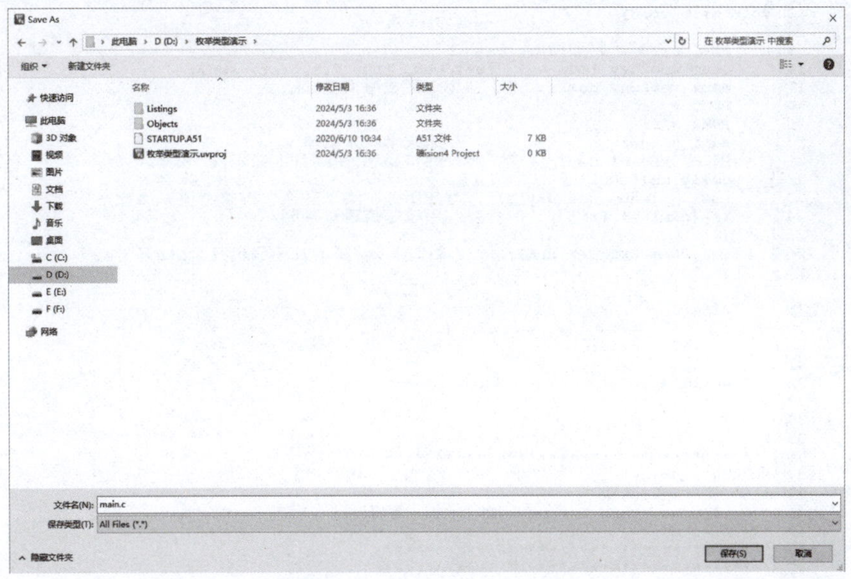

图 9-2-4　创建 main. c 文件

将 main. c 文件添加至工程，如图 9-2-5 所示。

把 STC15 单片机的头文件 15W4KxxS4. h 复制到工程所在文件夹中。

步骤三　编写 C 语言源程序

编写 C 语言源程序，如图 9-2-6 所示。

图 9-2-5　将 main. c 文件添加至工程

```
/*************************************
*功能：枚举类型数据演示
*作者：***
*日期：2024-*-* V2.0
**************************************/
#define MAIN_Fosc          11059200L    //定义主时钟
#include          "15W4KxxS4.H"

#define  uint16   unsigned int
#define  uint8    unsigned char

void delay_ms(uint16 ms);
void main(void)
{
    //定义枚举数据类型weekday
    enum weekday {mon = 1, tue, wed, thu, fri, sat, sun};
    enum weekday num1;          //定义枚举变量num1
    P0M0 = 0;
    P0M1 = 0;
    num1 = tue;                 //给枚举变量赋值
    P0 = 0xFF >> num1;          //P0口显示,星期几--显示几个LED灯
    delay_ms(5000);
    num1 = (enum weekday)5;     //使用强制类型转换，将整型值赋给枚举变量
    if (num1 == fri)            //用枚举值进行判断
    {
        P0 = 0xFF >> num1;      //P0口显示,星期几--显示几个LED灯
    }
    else
    {
        P0 = 0x55;              //提示：没有正确显示
    }
    while (1)
    {
    }
}
/****************************************
*函数名：delay
*功  能：延时函数
*参  数：unsigned int ms，延时时长，单位ms
*返回值：无
****************************************/
/****************************************
功能描述：延时函数
入口参数：uint16 x ，该值为1时，延时1ms
返回值：无
****************************************/
void delay_ms(uint16 x)
{
    uint16 j, i;
    for (j = 0; j < x; j++)
    {
        for (i = 0; i < 1100; i++);
    }
}
```

图 9-2-6　编写 C 语言源程序

```
/***********************************
* 功能:枚举类型数据演示
* 作者:***
* 日期:2024-*-*V2.0
***********************************/
#define MAIN_Fosc       11059200L  //定义主时钟
#include    "15W4KxxS4.H"

#define  uint16  unsigned int
#define  uint8    unsigned char

void delay_ms(uint16 ms);
void main(void)
{
    //定义枚举数据类型 weekday
    enum weekday {mon=1,tue,wed,thu,fri,sat,sun};
    enum weekday num1;          //定义枚举变量 num1
    P0M0=0;
    P0M1=0;
    num1=tue;//给枚举变量赋值
    P0=0xFF >> num1;//P0 口显示,星期几--显示几个 LED 灯
    delay_ms(5000);
    num1=(enum weekday)5;  //使用强制类型转换,将整型值赋给枚举变量
    if(num1==fri)           //用枚举值进行判断
    {
        P0=0xFF >> num1;//P0 口显示,星期几--显示几个 LED 灯
    }
    else
    {
        P0=0x55;//提示:没有正确显示
    }
    while(1)
    {
    }
}
/************************************
* 函数名:delay
* 功  能:延时函数
* 参  数:unsigned int ms,延时时长,单位 ms
* 返回值:无
************************************/
/************************************
功能描述:延时函数
入口参数:uint16 x,该值为 1 时,延时 1ms
返回值:无
************************************/
void delay_ms(uint16 x)
{
    uint16 j,i;
    for(j=0;j<x;j++)
```

```
    {
        for(i=0;i<1100;i++);
    }
}
```

步骤四　编译程序

编译程序，如果有警告、错误，则修改程序，重新编译，结果如图 9-2-7 所示。

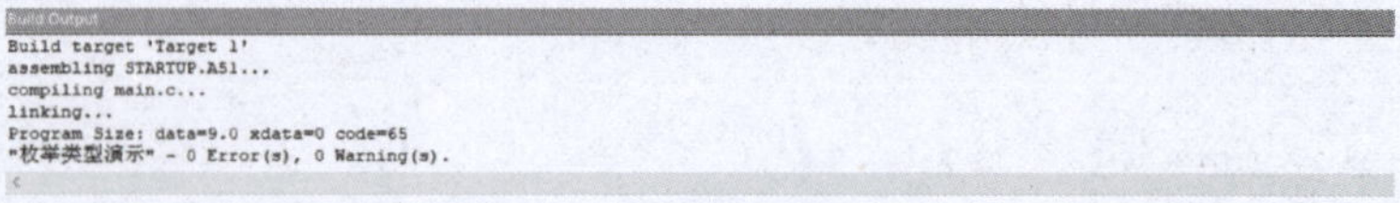

```
Build Output
Build target 'Target 1'
assembling STARTUP.A51...
compiling main.c...
linking...
Program Size: data=9.0 xdata=0 code=65
"枚举类型演示" - 0 Error(s), 0 Warning(s).
```

图 9-2-7　程序编译结果

配置工程属性，生成 HEX 文件，如图 9-2-8 所示。

```
Build Output
assembling STARTUP.A51...
compiling main.c...
linking...
Program Size: data=9.0 xdata=0 code=65
creating hex file from "枚举类型演示"...
"枚举类型演示" - 0 Error(s), 0 Warning(s).
```

图 9-2-8　程序编译生成 HEX 文件

步骤五　写入单片机

把生成的 HEX 文件，写入单片机，观察现象，验证功能，并进行成果展示。

任务评价

序号	一级指标	分值	得分	备注
1	单片机 C 语言工程	10		
2	C 语言源文件创建与添加至工程	10		
3	C 语言源程序编程 枚举类型的定义 枚举变量的定义 枚举元素的引用	30		
4	源程序调试与生成 HEX 文件	20		
5	写入单片机，验证功能，成果展示	20		
6	素养评价（代码质量、标准规范、文档描述）	10		
合计		100		

素养小天地

本任务是“让我告诉你今天星期几”，枚举类型限制了变量的可能取值，减少了输入错误数值的机会，从而提高了代码的健壮性，在编程中使用枚举体现了程序员对代码的责任心和关注细节的态度。

通过为每个星期赋予一个明确的名称，减少了出错的可能性，这反映了对工作质量的追求和对用户负责的态度。

在工作中使用枚举等规范化编程实践，体现了其专业素养和对工作质量的重视，展现了职业素养。

思考练习

1. 枚举类型可以用于哪些场景？（　　）

A. 表示一组有限的常量　　B. 作为数组的索引

C. 作为函数的参数　　D. 所有以上选项

2. 假设有以下枚举类型定义：

```
enum Color {
    RED,
    GREEN,
    BLUE
};
```

RED 的值是什么？（　　）

A. -1　　B. 0　　C. 1　　D. 2

3. 如果枚举类型从非零整数值开始：

```
enum Color {
    RED=10,
    GREEN,
    BLUE
};
```

GREEN 的值是什么？（　　）

A. 10　　B. 11　　C. 12　　D. 无法确定

4. 在 C 语言中，枚举类型是一种特殊的类型，它允许为一组整型常量赋予__________。

5. 假设有一个枚举类型定义如下：

```
enum Days {SUN,MON,TUE,WED,THU,FRI,SAT};
```

如果 enum Days day；是一个枚举变量的声明，那么 day 的默认值是__________。

6. 枚举类型可以提高代码的__________，并且使代码更易于阅读和维护。

7. （判断题）不能定义同名的枚举类型。（　　）

8. （判断题）不能包含同名的枚举成员。（　　）

9. 使用枚举类型的好处是什么？

提示：增加程序的可读性，我们都知道在计算机中所有信息都是用二进制来表示的，如果你用二进制来表示某件事务是非常不直观的，为了使程序更加直观我们引入枚举。

10. 请使用枚举类型定义蜂鸣器的工作状态。

任务拓展

根据本任务的程序设计方法，思考以下情景时任务的实现方法，并进行编程实现。

① 用 typedef 关键字将枚举类型定义成别名，并利用该别名进行变量声明。

```
typedef enum workday  //此处的 workday 可以省略,或者改成其他,不会影响后面
{
    saturday,
    sunday,
    monday,
    tuesday,
    wednesday,
    thursday,
    friday
} workday;//此处的 workday 为枚举型 enum workday 的别名,类似于 int
```

不要枚举名 worday，参考代码如下：

```
typedef enum
{
    saturday,
    sunday,
    monday,
    tuesday,
    wednesday,
    thursday,
    friday
} workday;//此处的 workday 为枚举型 enum workday 的别名
workday today,tomorrow;//变量 today 和 tomorrow 的类型为枚举型 workday,也即 enum
workday
```

② 单片机开发过程中常用的几个枚举类型。

```
typedef enum {RESET=0,SET=! RESET} FlagStatus,ITStatus;
typedef enum {DISABLE=0,ENABLE=! DISABLE} FunctionalState;
typedef enum {ERROR=0,SUCCESS=! ERROR} ErrorStatus;

#define IS_FUNCTIONAL_STATE(STATE)((STATE==DISABLE)||(STATE==ENABLE))
```

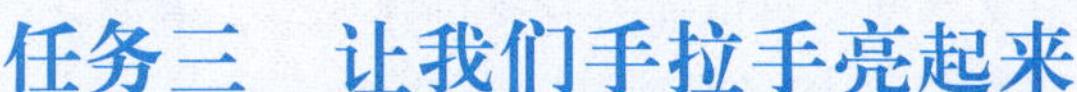

任务三　让我们手拉手亮起来

任务描述

乘法、除法运算和求余运算需要的计算量对于电脑来说可能不算什么负担，但是对于单片机这类控制芯片却是巨大的负担。由于 STC15 单片机的运算能力有限，特别是乘法、除法运算效率较低，开销特别大，所以在 STC15 单片机程序中应该尽量避免大量的乘法、除法运算。而 STC15 单片机编程中，经常会遇到从一个 int 型变量中提取高 8 位（高位字节）和低 8 位（低位字节）的要求，在短时间内需要进行很多次这样的运算无疑会给程序带来巨大的负担。

其实进行这些操作的时候，我们需要的仅仅是提取高 8 位（高位字节）和低 8 位的数据而已，有没有更快速简单的方法呢?

利用联合体，只需很少的开销，就能实现提取高 8 位（高位字节）和低 8 位的操作。要求掌握以下内容：

①设计联合体类型；

②定义联合体类型变量；

③引用联合体变量；

④理解联合体的内存存储。

任务目标

设计联合体类型，快速实现提取高 8 位（高位字节）和低 8 位。通过该任务，掌握联合体类型、定义联合体类型变量、引用联合体变量的方法；了解联合体的内存存储，并应用联合体完成特定任务。

知识准备

任务一中的结构体（struct）是一种构造类型或复杂类型，它可以包含多个类型不同的成员。

在 C 语言中，还有另外一种和结构体非常类似的语法，叫做联合体（union），它的定义格式为：

```
union 联合体名{
    成员列表
};
```

联合体有时也被称为共同体、共用体，这也是 union 这个单词的本意。

结构体和联合体的区别在于：结构体的各个成员会占用不同的内存，互相之间没有影响；而联合体的所有成员占用同一段内存，修改一个成员会影响其余所有成员。

结构体占用的内存大于或等于所有成员占用的内存的总和（成员之间可能会存在缝隙），联合体占用的内存等于最长的成员占用的内存。联合体使用了内存覆盖技术，同一时刻只能保存一个成员的值，如果对新的成员赋值，就会把原来成员的值覆盖掉。

联合体也是一种自定义类型，可以通过它来创建变量，例如：

```
union data{
    int n;
    char ch;
    double f;
};
union data a,b,c;
```

上面是先定义联合体，再创建变量，也可以在定义联合体的同时创建变量：

```
union data{
    int n;
    char ch;
    double f;
} a,b,c;
```

如果不再定义新的变量，也可以将联合体的名字省略：

```
union{
    int n;
    char ch;
    double f;
} a,b,c;
```

联合体 data 中，成员 f 占用的内存最多，为 4 个字节（Keil 5 软件中），所以 data 类型的变量（也就是 a、b、c）也占用 4 个字节的内存。

要弄清成员之间究竟是如何相互影响的，需要了解各个成员在内存中的分布情况。

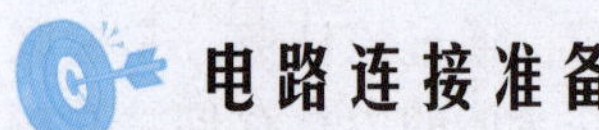

电路连接准备

在本项目中，使 LED 灯控制接口连接 STC15 单片机 P0 口，并使用同桌的 STC15 单片机板上的 LED 灯控制接口连接第一个 STC15 单片机 P2 口，连接 STC15 单片机板的 VCC、GND 至同桌的 STC15 单片机板的 VCC、GND，连接线示意图如图 9-3-1 所示。

图 9-3-1　连接线示意图

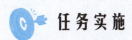

任务实施

联合体类型

步骤一　创建 STC15 单片机的 C 语言工程

（1）在 D 盘下创建文件夹：联合体类型。

（2）启动 Keil，创建工程：联合体类型，并把工程存放至“D:\联合体类型”文件夹下，如图 9-3-2 所示，工程创建完成后，如图 9-3-3 所示。

图 9-3-2　设置工程路径

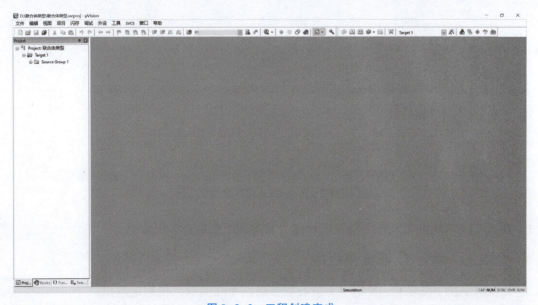

图 9-3-3　工程创建完成

步骤二　创建 C 语言源程序文件 main. c，并添加到工程中

创建 main. c 文件，如图 9-3-4 所示。

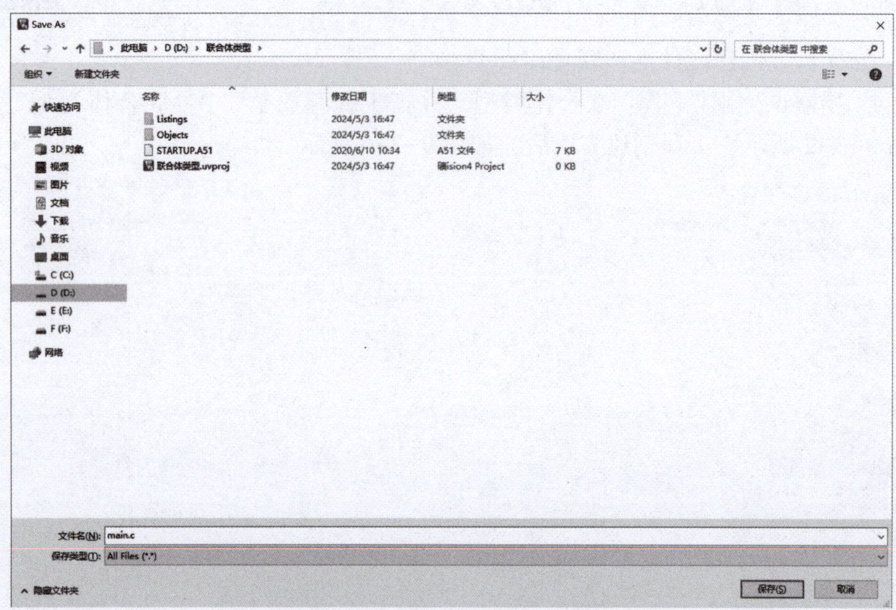

图 9-3-4　创建 main. c 文件

将 main. c 文件添加至工程，如图 9-3-5 所示。

图 9-3-5　将 main. c 文件添加至工程

把 STC15 单片机的头文件 15W4KxxS4. h 复制到工程所在文件夹中。

步骤三　编写 C 语言源程序

让我们手拉手亮起了，使用一个核心板控制两个功能板，快速地取出一个 int 型变量，即 16 位变量中的高 8 位与低 8 位。比如对于 25535 这个数，按照之前的方法，需要进行除

法运算和求余数运算，即

25535/256 的结果为 0x63，即高 8 位。

25535%256 的结果为 0xbf，即低 8 位。

利用联合体来实现提取高 8 位（高位字节）和低 8 位的任务，可以很容易降低这部分开销。

编写 C 语言源程序，如图 9-3-6 所示。

```
/************************************
*功能：共同体类型实现高低字节分离
*作者：***
*日期：2024-*-* V2.0
*************************************/
#define MAIN_Fosc        11059200L   //定义主时钟
#include     "15W4KxxS4.H"

#define  uint16   unsigned int
#define  uint8    unsigned char

int main()
{
    union chufa
    {
        int n;          //n中存放要进行分离高低字节的数据
        char a[2];      //在Keil c中一个整形占两个字节，char占一个字节
        //所以n与数组a占的字节数相同
    } test;

    test.n = 65535 - 40000;
    //test.n = 25535; //对应的二进制是0110 0011 1011 1111
    P0M1 = 0;
    P0M0 = 0;
    P2M1 = 0;
    P2M0 = 0;
    //下面通过访问test中数组a的数据来取出高低字节的数据
    P0 = test.a[0];     //test.a[0]中存储的是高位数据，这是由于Keil的特性
    //P0对应的值为:0110 0011
    P2 = test.a[1];     //test.a[1]中储存了test.n的低位数据
    //P2对应的值为:1011 1111
    return 0;
}
```

图 9-3-6　编写 C 语言源程序

完整代码如下：

```
/*************************************
*功能:联合体类型实现高低字节分离
*作者:***
*日期:2024-*-*V2.0
**************************************/
#define MAIN_Fosc      11059200L  //定义主时钟
#include     "15W4KxxS4.H"

#define  uint16  unsigned int
#define  uint8    unsigned char

int main()
{
    union chufa
    {
```

```
        int n;          //n 中存放要进行分离高低字节的数据
        char a[2];      //在 Keil c 中一个整型占两个字节,char 占一个字节
        //所以 n 与数组 a 占的字节数相同
    } test;
    test.n=65535-40000;
    //test.n=25535;//对应的二进制是 0110 0011 1011 1111
    P0M1=0;
    P0M0=0;
    P2M1=0;
    P2M0=0;
    //下面通过访问 test 中数组 a 的数据来取出高低字节的数据
    P0=test.a[0];//test.a[0]中存储的是高位数据,这是由于 Keil 的特性
    //P0 对应的值为:0110 0011
    P2=test.a[1];//test.a[1]中储存了 test.n 的低位数据
    //P2 对应的值为:1011 1111
    return 0;
}
```

步骤四　编译程序

编译程序，如果有警告、错误，则修改程序，重新编译，结果如图 9-3-7 所示。

```
Build Output
Build target 'Target 1'
assembling STARTUP.A51...
compiling main.c...
linking...
Program Size: data=11.0 xdata=0 code=31
"共同体类型" - 0 Error(s), 0 Warning(s).
```

图 9-3-7　程序编译结果

配置工程属性，生成 HEX 文件，如图 9-3-8 所示。

```
Build Output
Build target 'Target 1'
assembling STARTUP.A51...
compiling main.c...
linking...
Program Size: data=11.0 xdata=0 code=31
creating hex file from "共同体类型"...
"共同体类型" - 0 Error(s), 0 Warning(s).
```

图 9-3-8　程序编译生成 HEX 文件

步骤五　写入单片机

把生成的 HEX 文件，写入单片机，观察现象，验证功能，并进行成果展示。

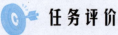

任务评价

序号	一级指标	分值	得分	备注
1	单片机 C 语言工程	10		
2	C 语言源文件创建与添加至工程	10		

续表

序号	一级指标	分值	得分	备注
3	C语言源程序编程：设计联合体类型、定义联合体类型变量、引用联合体变量	30		
4	源程序调试与生成HEX文件	20		
5	写入单片机，验证功能，成果展示	20		
6	素养评价（代码质量、标准规范、文档描述）	10		
合计		100		

素养小天地

本任务是“让我们手拉手亮起来”，在C语言中，联合体（union）是一种数据结构，它允许在相同的内存位置存储不同的数据类型。这种特性可以用于单片机编程中，以实现对硬件资源的高效利用，不断追求极致。通过“手拉手”的形象，强调个人与集体的关系，体现了团队合作、团结协作的重要性。鼓励学生在实现亮灯效果的过程中发挥创意，探索不同的亮灯模式和交互方式，展现创新精神。

思考练习

1. 联合体（union）的主要目的是（　　）。

A. 存储不同类型的数据　　B. 增加程序的可读性

C. 提高程序的执行速度　　D. 减少程序的内存使用

2. 以下哪个是有效的联合体声明？（　　）

A. union Data {int i;float f;char str[20];} data;

B. union {int i;float f;} *data;

C. union Data {int i;float f;char str[20];} *data;

D. 所有选项都是有效的

3. 关于联合体（union）和结构体（struct）的内存占用，以下说法正确的是（　　）。

A. 结构体的内存占用总是比联合体大

B. 联合体的内存占用总是比结构体大

C. 联合体的内存占用是其最大成员的大小

D. 结构体和联合体的内存占用相同

4. 在C语言中，union关键字用于定义一个可以同时包含多种不同数据类型的复合数据结构，这种结构被称为__________。

5. 联合体的所有成员共享相同的__________空间。

6. 给定以下联合体定义：

```
union Data {
    int i;
    char str[2];
};
```

union Data data；声明了一个联合体变量 data，此时 data. str［2］将会覆盖__________的存储空间。

7. （判断题）联合体的所有成员占用同一段内存，修改一个成员会影响其余所有成员。（　　）

8. （判断题）联合体使用了内存覆盖技术，同一时刻只能保存一个成员的值，如果对新的成员赋值，就会把原来成员的值覆盖掉。（　　）

9. 结构体和联合体的区别主要有哪些？

10. 简述联合体类型变量的各个成员在内存中的分布，并编程予以验证。

任务拓展

根据本任务的程序设计方法，思考以下情景时任务的实现方法，并进行编程实现：

① 如何实现 unsigned long int 型变量快速拆分为 4 个单个字符值？

② 如何把两个高低字节组合成一个 int 型值？

项目十

让我的单片机物联化——智能台灯

项目简介

随着科技的不断发展，智能家居已经成为现代家庭的重要组成部分。台灯作为家庭照明设备的重要一员，其智能化设计也越来越受到关注。

STC15 单片机作为一款高性能、低功耗的嵌入式微控制器，特别适用于智能家居控制系统的设计。

因此，基于 STC15 单片机的智能台灯设计旨在为用户提供更加便捷、舒适的照明体验，同时实现节能环保的目标。

应用 C 语言知识设计开发一款简易的智能台灯，在项目开发中，融合提升 C 语言知识和技能，同时体验感受物联网时代，智能产品的物联与便捷。

采用 STC15 单片机与 ESP8266 模块设计智能台灯的远程控制示意图，如图 10-0-1 所示。

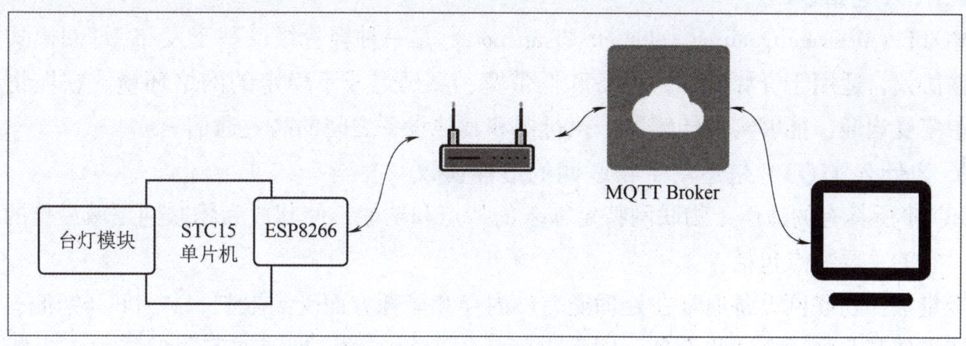

图 10-0-1　智能台灯的远程控制示意图

项目目标

本项目为 C 语言程序设计教程的综合实训项目，综合运行 C 语言知识，提升 C 语言程序设计，设计开发一个简易的智能台灯，体验使用 C 语言实现物联网功能的开发过程。理解项目开发的过程——设计思路、硬件设计、软件设计、功能实现。

要求理解 MQTT 通信协议，了解 MQTT Broker，了解 ESP8266 模块和使用方法，了解 STC 单片机串口通信，理解 C 语言处理命令的方法。

在简易智能台灯的设计与开发过程中，鼓励学生勇于创新，敢于尝试，培养学生的创新思维和实践能力。培养学生敬业精神和团队协作精神，如分工合作完成智能台灯的设计与开发，共同面对挑战和困难。引导学生关注市场需求和用户体验，鼓励学生提出更新颖的设计方案，不断优化产品设计，设计更智能的无线智能台灯，展示科技的魅力、实用性。

工作任务

根据“物联化的智能台灯”的远程控制系统结构，遵循项目开发流程，分为以下三项任务：

（1）智能台灯服务器搭建、自定义协议与测试

（2）WiFi 模块 ESP8266 与使用

（3）智能台灯 STC15 单片机功能设计与实现

任务一　智能台灯服务器搭建、自定义协议与测试

（一）MQTT 协议

MQTT 协议在物联网领域的应用非常广泛，它使得远程设备之间的通信变得更加简单、高效和可靠。在智能台灯的设计与工作过程中，MQTT 协议都可以为智能台灯提供稳定可靠的通信支持。

1. 什么是 MQTT

MQTT（Message Queuing Telemetry Transport）是一种轻量级、基于发布-订阅模式的消息传输协议，适用于资源受限的设备和低带宽、高延迟或不稳定的网络环境。它在物联网应用中广受欢迎，能够实现传感器、执行器和其他设备之间的高效通信。

2. 为什么 MQTT 是适用于物联网的最佳协议

MQTT 所具有的适用于物联网特定需求的特点和功能，使其成为物联网领域最佳的协议之一。它的主要特点包括：

轻量级：物联网设备通常在处理能力、内存和能耗方面受到限制。MQTT 开销低、报文小的特点使其非常适合这些设备，因为它消耗更少的资源，即使在有限的能力下也能实现高效的通信。

可靠：物联网网络常常面临高延迟或连接不稳定的情况。MQTT 支持多种 QoS 等级、会话感知和持久连接，即使在困难的条件下也能保证消息的可靠传递，使其非常适合物联网应用。

安全通信：安全对于物联网网络至关重要，因为其经常涉及敏感数据的传输。为确保数据在传输过程中的机密性，MQTT 提供传输层安全（TLS）和安全套接层（SSL）加密功能。此外，MQTT 还通过用户名/密码凭证或客户端证书提供身份验证和授权机制，以保护网络及其资源的访问。

双向通信：MQTT 的发布-订阅模式为设备之间提供了无缝的双向通信方式。客户端既

可以向主题发布消息，也可以订阅接收特定主题上的消息，从而实现了物联网生态系统中的高效数据交换，而无须直接将设备耦合在一起。这种模式也简化了新设备的集成，同时保证了系统易于扩展。

连续、有状态的会话：MQTT 提供了客户端与 Broker 之间保持有状态会话的能力，这使系统即使在断开连接后也能记住订阅和未传递的消息。此外，客户端还可以在建立连接时指定一个保活间隔，这会促使 Broker 定期检查连接状态。如果连接中断，Broker 会储存未传递的消息（根据 QoS 级别确定），并在客户端重新连接时尝试传递它们。这个特性保证了通信的可靠性，降低了因间断性连接而导致数据丢失的风险。

大规模物联网设备支持：物联网系统往往涉及大量设备，需要一种能够处理大规模部署的协议。MQTT 的轻量级特性、低带宽消耗和对资源的高效利用使其成为大规模物联网应用的理想选择。通过采用发布-订阅模式，MQTT 实现了发送者和接收者的解耦，从而有效地减少了网络流量和资源使用。此外，协议对不同 QoS 等级的支持使消息传递可以根据需求进行定制，确保在各种场景下获得最佳的性能表现。

语言支持：物联网系统包含使用各种编程语言开发的设备和应用。MQTT 具有广泛的语言支持，使其能够轻松与多个平台和技术进行集成，从而实现了物联网生态系统中的无缝通信和互操作性。

3. MQTT 的工作原理

要了解 MQTT 的工作原理，首先需要了解几个概念：MQTT 客户端、MQTT Broker、发布-订阅模式、主题、QoS。

MQTT 客户端

任何运行 MQTT 客户端库的应用或设备都是 MQTT 客户端。例如，使用 MQTT 的即时通信应用是客户端，使用 MQTT 上报数据的各种传感器是客户端，各种 MQTT 测试工具也是客户端。

MQTT Broker

MQTT Broker 是负责处理客户端请求的关键组件，包括建立连接、断开连接、订阅和取消订阅等操作，同时还负责消息的转发。一个高效强大的 MQTT Broker 能够轻松应对海量连接和百万级消息吞吐量，从而帮助物联网服务提供商专注于业务发展，快速构建可靠的 MQTT 应用。

发布-订阅模式

发布-订阅模式将发送消息的客户端（发布者）和接收消息的客户端（订阅者）进行了解耦。发布者和订阅者之间无须建立直接连接，通过 MQTT Broker 来负责消息的路由和分发。

图 10-1-1 展示了 MQTT 发布/订阅过程。温度传感器作为客户端连接到 MQTT Broker，并通过发布操作将温度数据发布到一个特定主题（例如 Temperature）。MQTT Broker 接收到该消息后会负责将其转发给订阅了相应主题（Temperature）的订阅者客户端。

主题

MQTT 协议根据主题来转发消息。主题通过“/”来区分层级，类似于 URL 路径，

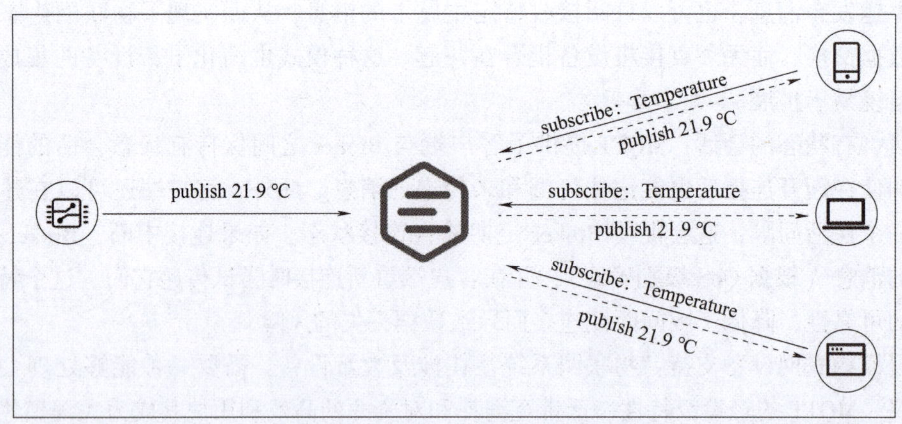

图 10-1-1　MQTT 发布/订阅过程

例如：

```
chat/room/1
sensor/10/temperature
sensor/+/temperature
```

MQTT 主题支持以下两种通配符：+和 #。

+：表示单层通配符，例如 a/+匹配 a/x 或 a/y。

#：表示多层通配符，例如 a/# 匹配 a/x、a/b/c/d。

注意：通配符主题只能用于订阅，不能用于发布。

QoS

MQTT 提供了三种服务质量（QoS），在不同网络环境下保证消息的可靠性。

QoS 0：消息最多传送一次。如果当前客户端不可用，它将丢失这条消息。

QoS 1：消息至少传送一次。

QoS 2：消息只传送一次。

4. MQTT 的工作流程

在了解了 MQTT 的基本组件之后，让我们来看看它的一般工作流程：

（1）客户端使用 TCP/IP 协议与 Broker 建立连接，可以选择使用 TLS/SSL 加密来实现安全通信。客户端提供认证信息，并指定会话类型（Clean Session 或 Persistent Session）。

（2）客户端既可以向特定主题发布消息，也可以订阅主题以接收消息。当客户端发布消息时，它会将消息发送给 MQTT Broker；而当客户端订阅消息时，它会接收与订阅主题相关的消息。

（3）MQTT Broker 接收发布的消息，并将这些消息转发给订阅了对应主题的客户端。它根据 QoS 等级确保消息可靠传递，并根据会话类型为断开连接的客户端存储消息。

（二）EMQX 服务器

您可以选择私有部署来建立自己的 MQTT Broker，或者使用免费的公共 Broker。

1. 私有部署

EMQX 是最具扩展性的开源 MQTT Broker，适用于物联网、工业物联网和车联网。EMQX 适配 Docker、Ubuntu、CentOS、苹果、Windows 等多种系统。

这里以 Windows 系统中的安装为例进行说明。

① 下载 EMQX 开源软件 emqx-4. 4. 2-otp24. 2. 1-windows-amd64. zip。

② 解压文件，比如解压至 E:\emqx。

③ 打开 cmd. exe，进入 emqx 目录。

④ 执行命令。

输入 bin \ emqx start 启动 EMQX 服务，如图 10-1-2 所示。

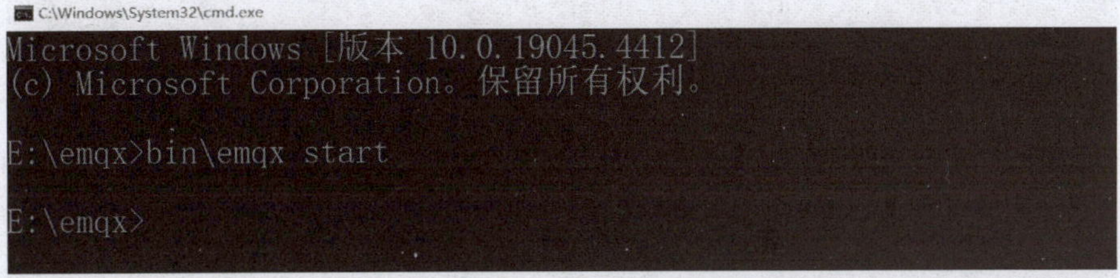

图 10-1-2　启动 EMQX 服务

⑤ 在浏览器中输入 http://localhost:18083/或者 http://127. 0. 0. 1:18083 登录控制台。

输入账号密码。默认用户名为 admin，密码为 public。

EMQX 登录界面如图 10-1-3 所示。EMQX 主界面如图 10-1-4 所示。

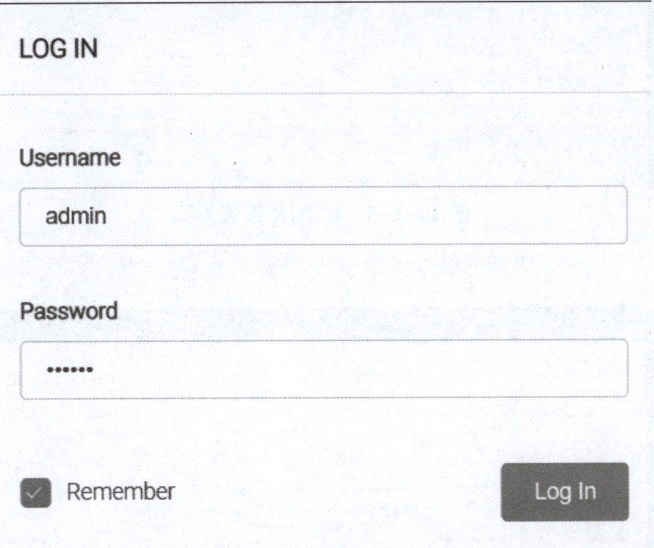

图 10-1-3　EMQX 登录界面

在 Settings 中，可以设置样式主题和语言，如图 10-1-5~图 10-1-6 所示。

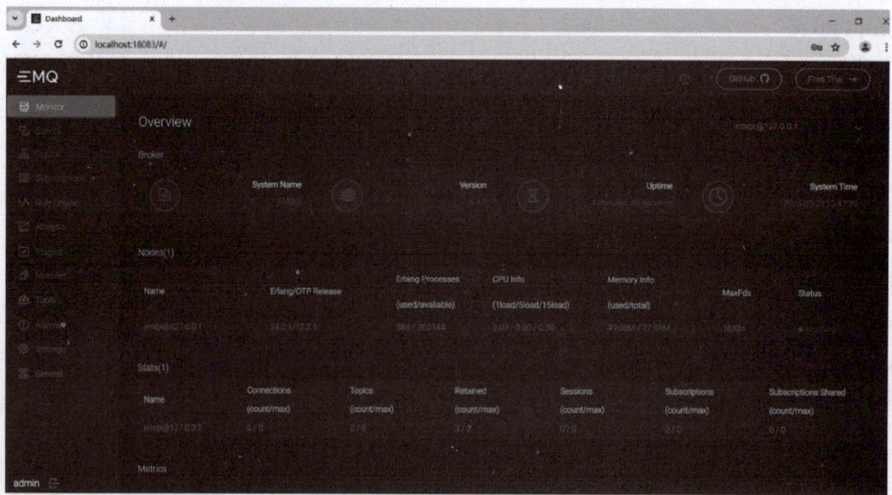

图 10-1-4　EMQX 主界面

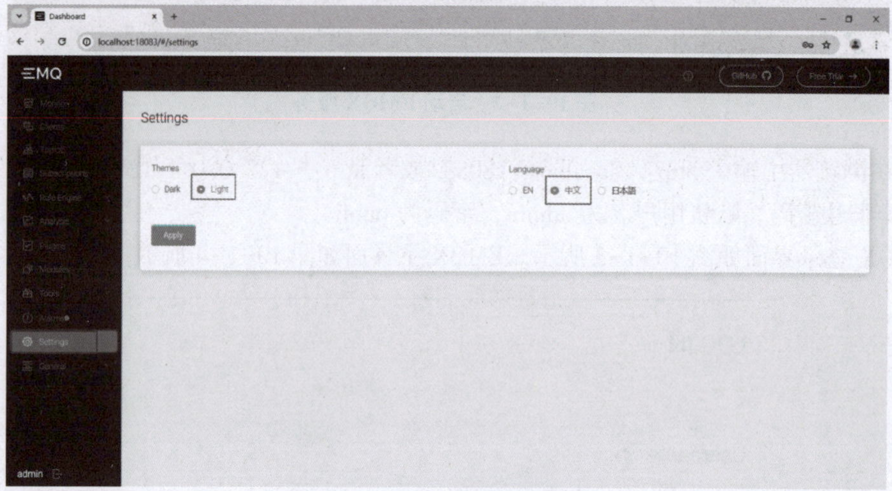

图 10-1-5　EMQX 设置界面

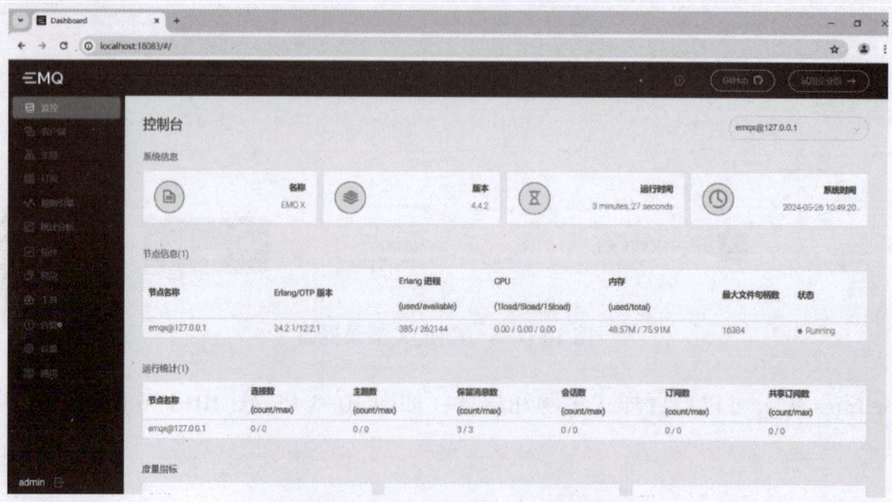

图 10-1-6　EMQX 汉化主界面

2. 免费的公共 MQTT Broker

EMQX 提供了免费公共的 MQTT Broker，它基于完全托管的 MQTT 云服务-EMQX Cloud 创建。

服务器信息如下：

```
Broker:broker.emqx.io
TCP 端口:1883
WebSocket 端口:8083
SSL/TLS 端口:8883
WebSocket Secure 端口:8084
```

（三）MQTTBox 客户端

MQTTBox 是一个用于创建和测试 MQTT 连接协议的开发者辅助程序。它支持在多种平台上运行，包括 Chrome、Linux、Mac、Web 和 Windows。MQTTBox 允许用户创建 MQTT 客户端来发布或订阅主题，创建 MQTT 虚拟设备，对 MQTT 设备或代理进行负载测试等。

使用 MQTTBox 时，用户可以初始化页面，创建 MQTT 客户端，填写 Host 和选择连接协议等配置信息，然后保存以创建连接。连接成功后，可以订阅主题和发布消息。

1. 创建 MQTT 连接

在使用 MQTT 协议进行通信之前，客户端需要创建一个 MQTT 连接来连接到 Broker。启动运行 MQTTBox 软件，如图 10-1-7 所示。

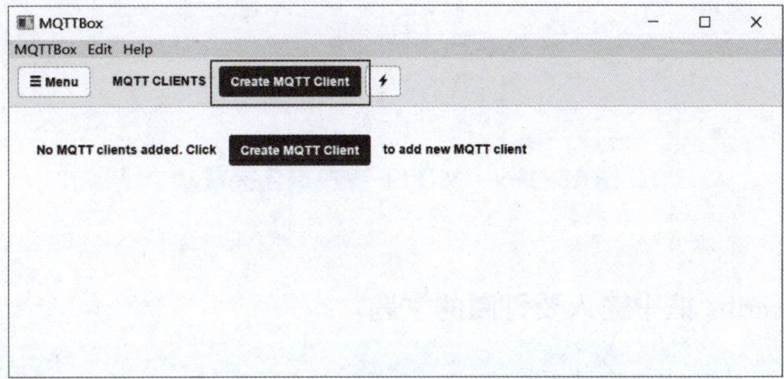

图 10-1-7　MQTTBox 启动界面

创建 MQTT 客户端，如图 10-1-8 所示。

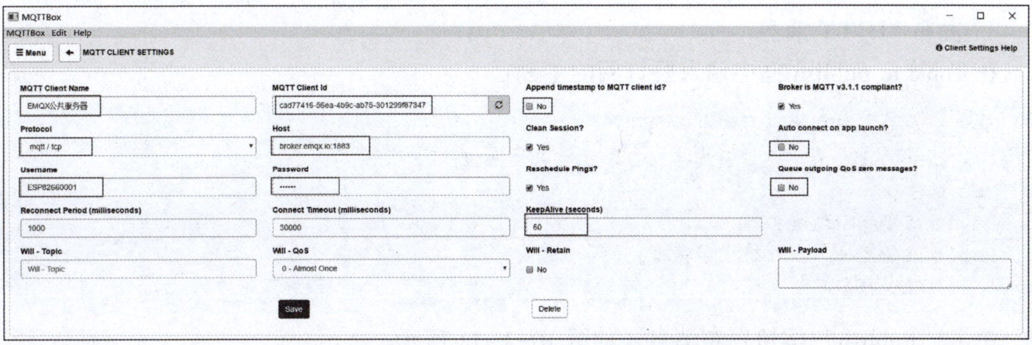

图 10-1-8　MQTT 客户端参数配置

注意：

Protocol　选择 mqtt/tcp。

Host　输入 MQTT Broker 的 IP 或者域名+端口号 1883。

MQTT Client Name　自行设定。

MQTT Clientid　单击输入框最后的生成按钮，自动生成。

Username 和 Password　可以为空，也可以随机，不强制验证，建议 Username 的最后两位为学号的后两位，全班同学的 Username，不要重复。

其他设置，参考图 10-1-8。

保存后，可以查看连接结果，确认是否连接成功，如图 10-1-9 所示。

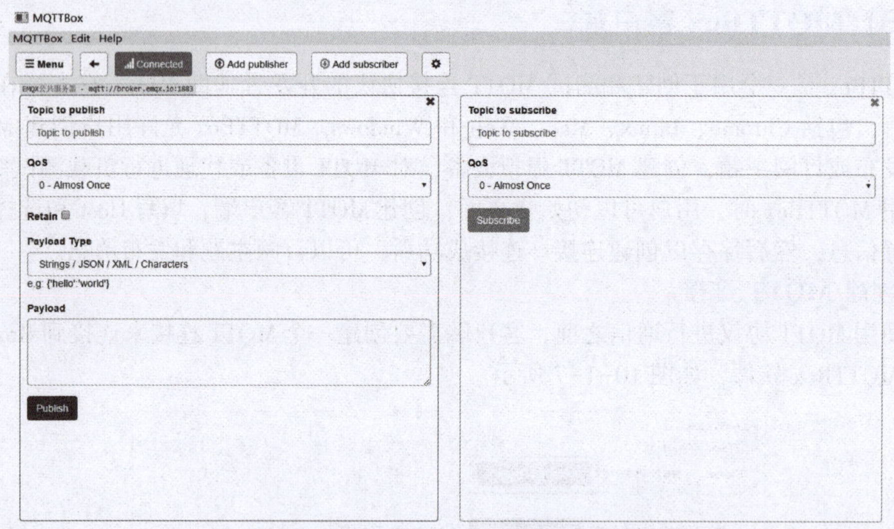

图 10-1-9　MQTT 客户端连接成功

2. 订阅主题

在 Topic to subscribe 框中输入要订阅的主题：

```
dev_pub_01
    dev_pub  表示是设备发布,01 表示学号后两位。
QoS 选择 0
```

单击“Subscribe”按钮订阅主题，如图 10-1-10 所示。

3. 发布 MQTT 消息

在 Topic to publish 框中输入要订阅的主题：

```
dev_pub_01,与刚才订阅的主题相同
    dev_pub  表示是设备发布,01 表示学号后两位。
Qos 选择 0
Payload Type 选择 JSON
Payload 中输入 json 格式字符串:
{"LEDSTA":0}
```

单击“Publish”按钮发布消息，如图 10-1-11 所示。

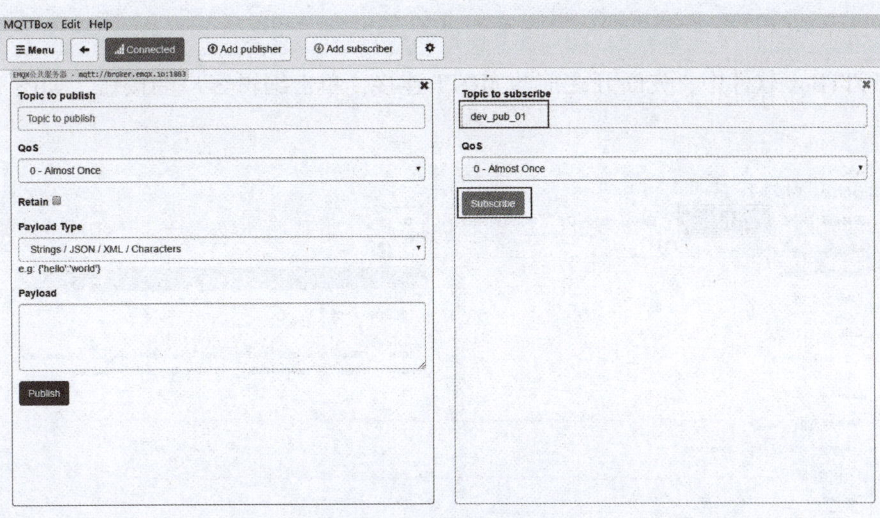

图 10-1-10　订阅主题

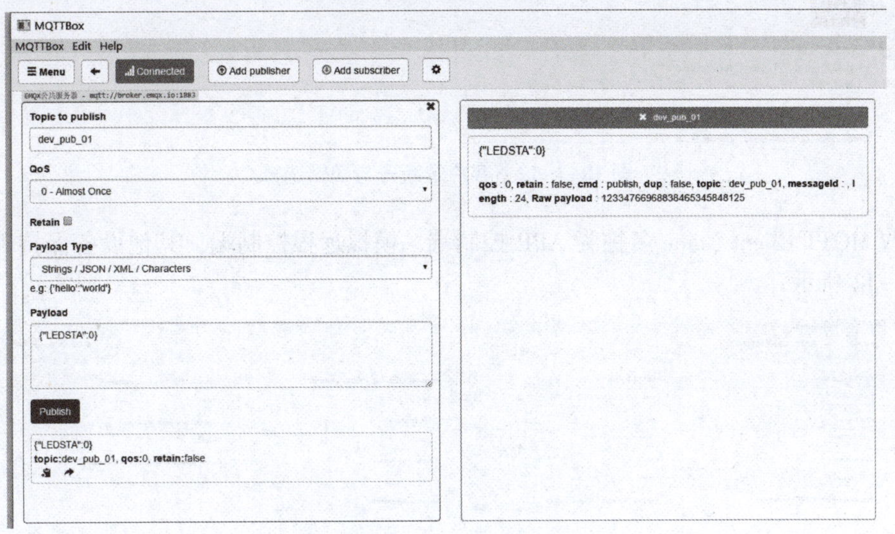

图 10-1-11　发布消息

4. 自定义协议

JSON（JavaScript Object Notation）是一种轻量级的数据交换格式。JSON 通常用于 Web 应用程序中数据的传输和存储，其简洁明了的格式也使它在程序员之间非常受欢迎。JSON 对象由键值对组成，其中键是字符串，值可以是字符串、数值、数组、真/假值或其他对象。

本项目中，制定 JSON 格式的通信协议格式如下：

远程控制端控制智能台灯的命令是：

```
{"LED":0}
```

智能台灯返回台灯状态至远程控制端的消息格式是：

```
{"LEDSTA":0}
```

在 MQTTBox 软件中，先断开之前的 MQTT 连接，单击编辑客户端按钮，如图 10-1-12 所示。

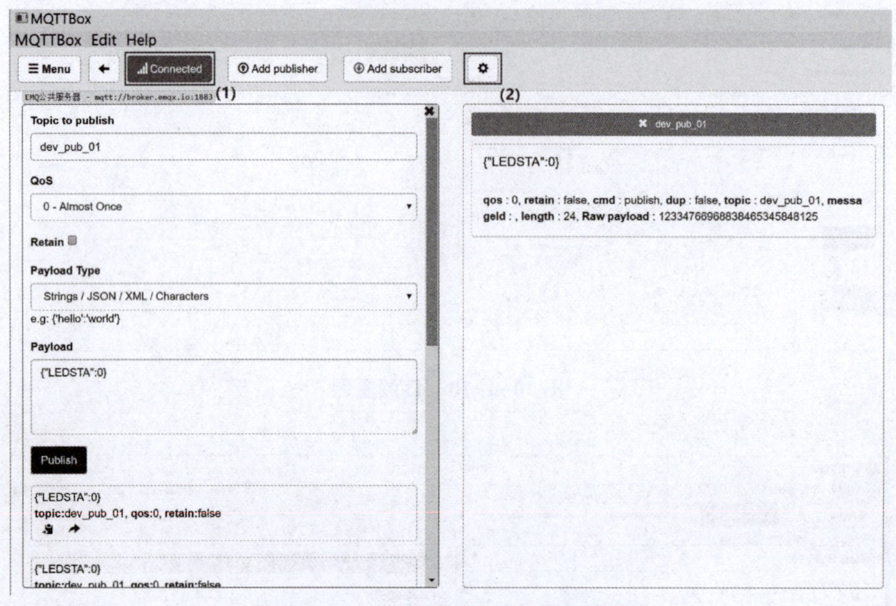

图 10-1-12　客户端断开与编辑选择

修改 MQTT Client Name 名称为 APP 控制端，模拟远程控制端，其他设备保持不变，如图 10-1-13 所示。

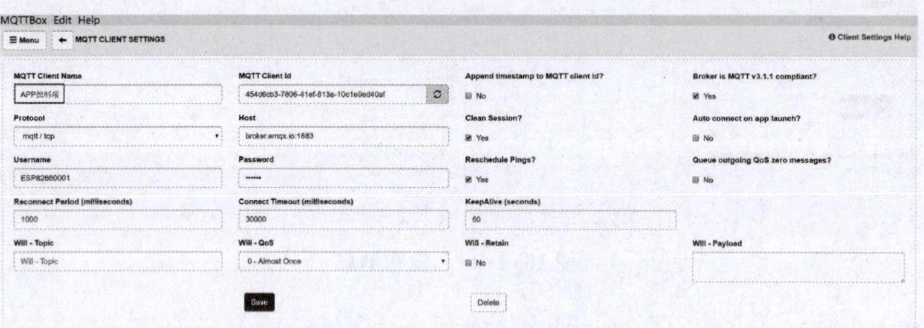

图 10-1-13　APP 控制端配置

保存后，查看 APP 控制端的连接结果，确认是否连接成功，如图 10-1-14 所示。

再次运行 MQTTBox 软件，单击 Create MQTT Client 按钮，创建一个 MQTT 客户端，如图 10-1-15 所示，模拟智能台灯。

注意：

MQTT Clientid　单击输入框最后的生成按钮，自动生成新的 Client id。

Protocol　选择 mqtt/tcp。

Host　Username 和 Password 与图 10-1-8 中设置保持一致。

保存后，查看智能台灯的连接结果，确认是否连接成功，如图 10-1-16 所示。

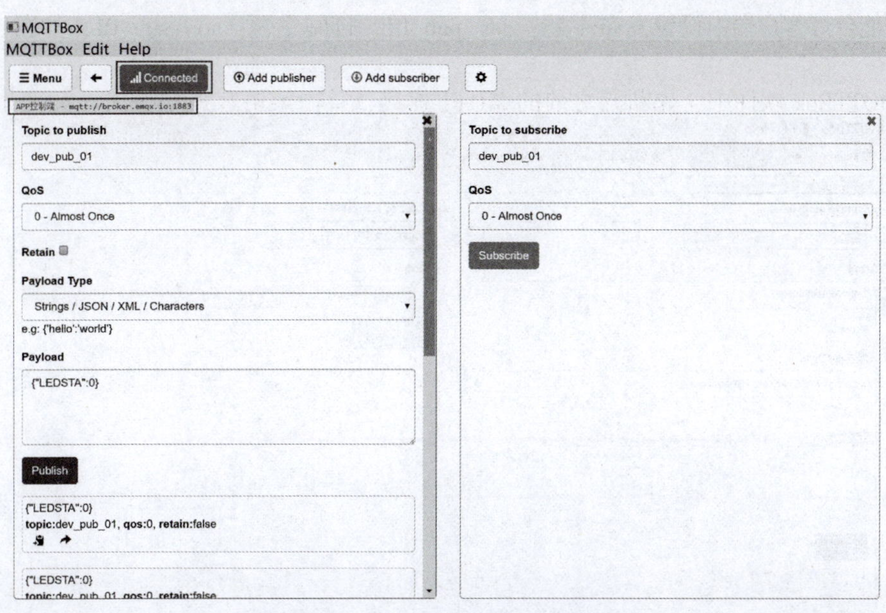

图 10-1-14　APP 控制端连接结果

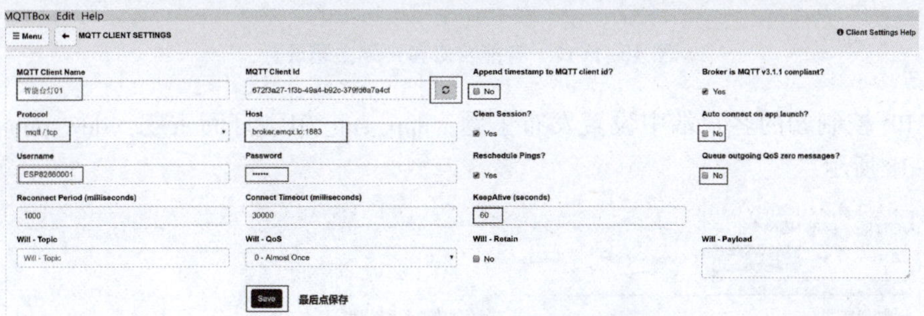

图 10-1-15　智能台灯客户端参数配置

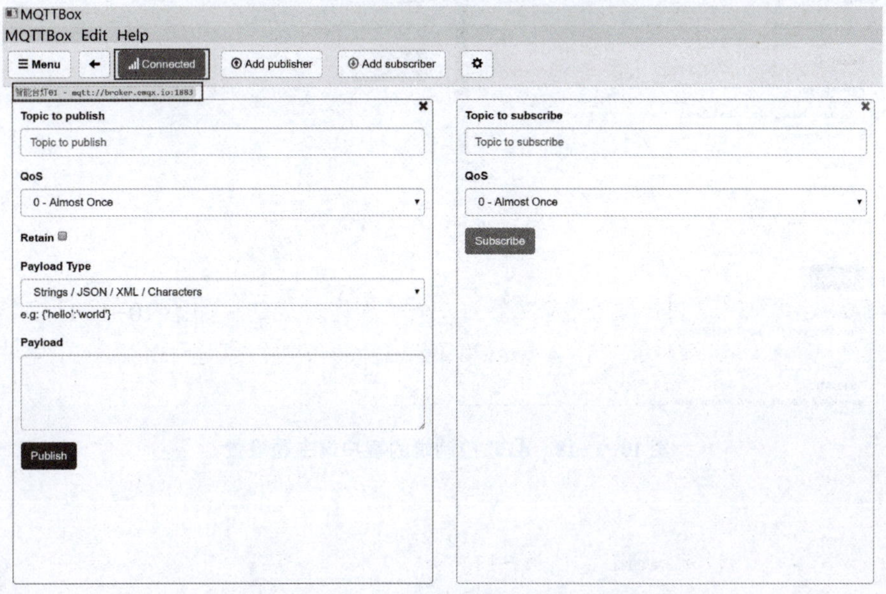

图 10-1-16　智能台灯客户端连接结果

在智能台灯客户端中设置发布主题：dev_pub_01、订阅主题：app_sub_01，如图 10-1-17 所示。

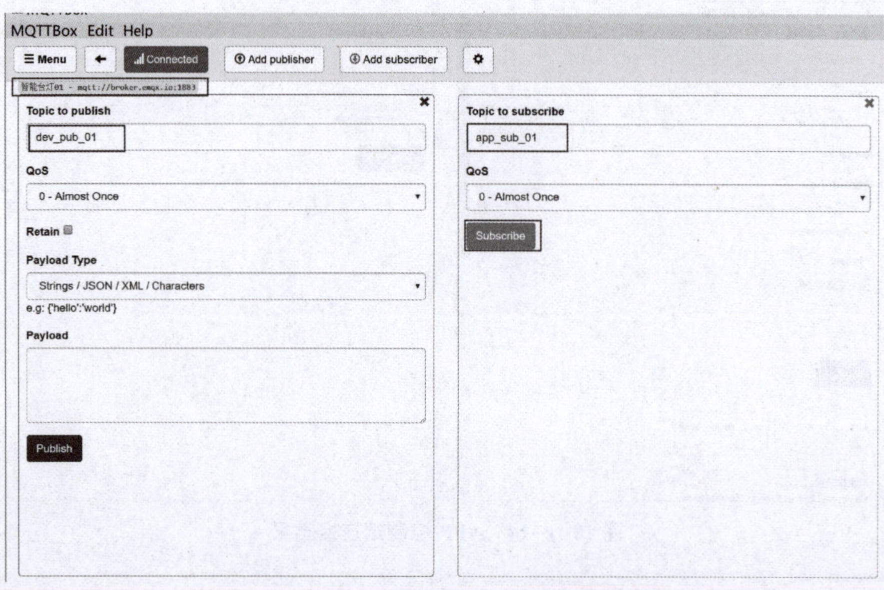

图 10-1-17　智能台灯客户端主题设置

在 APP 控制端的客户端中设置发布主题：app_sub_01、订阅主题：dev_pub_01，如图 10-1-18 所示。

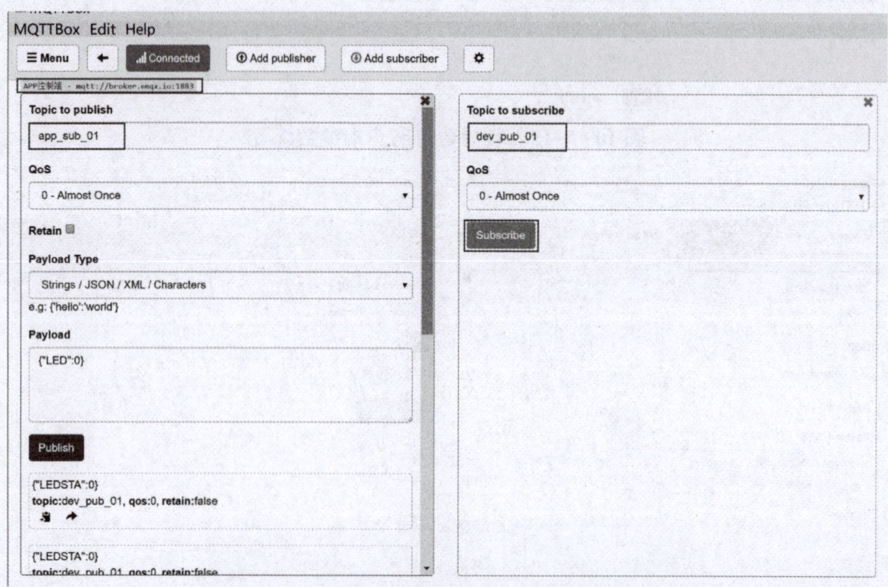

图 10-1-18　APP 控制端的客户端主题设置

在 APP 控制端发送控制命令：{"LED":0}，如图 10-1-19 所示，智能台灯端收到控制命令，如图 10-1-20 所示。

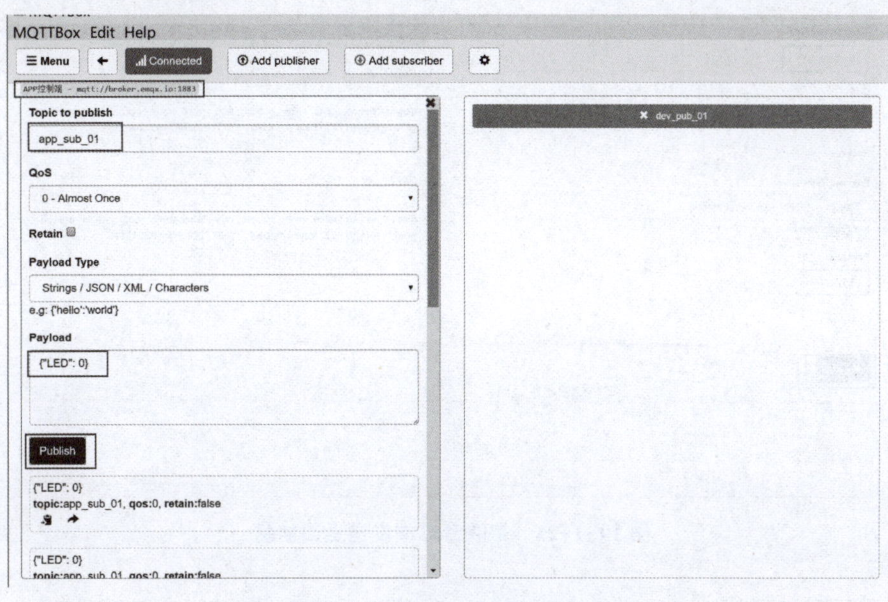

图 10-1-19　APP 控制端发送控制命令

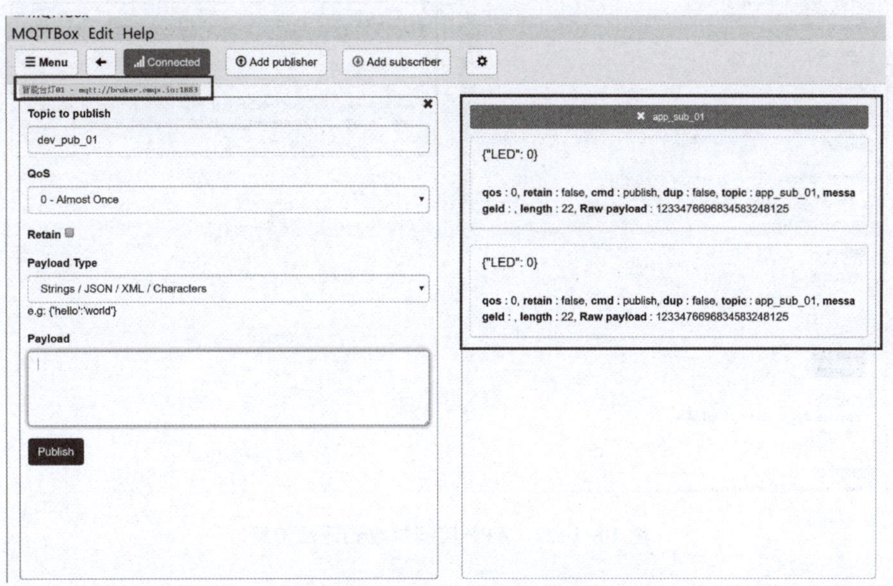

图 10-1-20　智能台灯端收到控制命令

在智能台灯端中，发送返回信息{"LEDSTA":0}，如图 10-1-21 所示，APP 控制端收到返回的信息，如图 10-1-22 所示。

至此，通过自定义通信协议，在远程控制端（APP 控制端客户端模拟）与智能台灯（智能台灯 01 客户端模拟）之间实现了控制与返回的闭环控制。

图 10-1-21　智能台灯端发送返回信息

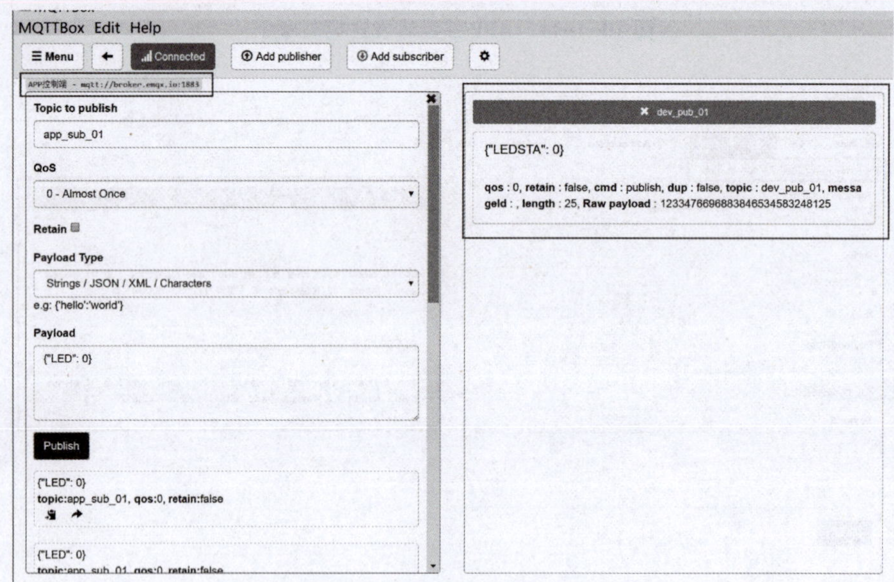

图 10-1-22　APP 控制端收到返回信息

自定义协议与模拟控制

任务二　WiFi 模块 ESP8266 与使用

（一）ESP8266 介绍

ESP8266 是一款非常流行的低成本 WiFi 模块，由中国的芯片制造商乐鑫信息科技（Espressif Systems）开发。该模块因其小尺寸、低功耗和易于编程的特点而在全球范围内受到电子爱好者和物联网（IoT）项目开发者的广泛欢迎。ESP8266 系列外形如图 10-2-1 所示。

图 10-2-1　ESP8266 系列外形

1. ESP8266 的一些关键特性

（1）无线网络功能：ESP8266 具备独立的 WiFi 网络连接能力，可以作为客户端连接到现有的 WiFi 网络，或者自身组建一个 AP（接入点）网络。

（2）串口通信：它提供了一个通用串行总线（UART）接口，可以用于与微控制器或其他设备的串行通信。

（3）协议支持：支持 TCP/IP 协议栈，可以实现网络浏览、文件传输等网络功能。

（4）编程方式：ESP8266 支持 Lua 脚本、AT 命令以及 SDK（软件开发工具包）方式进行编程。其中，Lua 脚本使开发简单易懂，而 SDK 则提供了更丰富的网络功能和接口。

（5）低功耗：ESP8266 在待机模式下的功耗非常低，这使它非常适合需要长时间工作的 IoT 设备。

（6）硬件接口：提供了 GPIO（通用输入输出）引脚，可以通过这些引脚控制各种电子元件，如 LED、传感器等。

（7）开发社区：由于其开源的性质，ESP8266 拥有一个活跃的在线社区，许多教程、库和项目都是公开可用的，这大大降低了新手入门的难度。

ESP8266 通常通过串口或 USB 进行编程，由于其易用性和成本效益，ESP8266 被广泛应用于智能家居、远程监控、传感器网络等多个领域。

（二）烧写 MQTT 固件

① 模块选择。

ESP8266_01 固件烧录一体化模块如图 10-2-2 所示。

② 固件选择。

去安信可官网下载即可：AT 固件汇总 | 安信可科技（ai-thinker. com），如图 10-2-3 所示。

图 10-2-2　ESP8266_01 固件烧录一体化模块

⑦、MQTT透传AT固件（固件号：1471）

下载地址：固件

更新时间：2020年5月15日

更新说明：1MB版本的AT MQTT固件 固件用法跟1112号一样，适用1MB（8Mbit）flash的模组

图 10-2-3　固件下载

01s 选这个固件。

③ 固件烧写。

使用软件：FLASH_DOWNLOAD_TOOL_V3. 6。

烧写软件设置界面如图 10-2-4 所示。

烧写 MQTT 固件

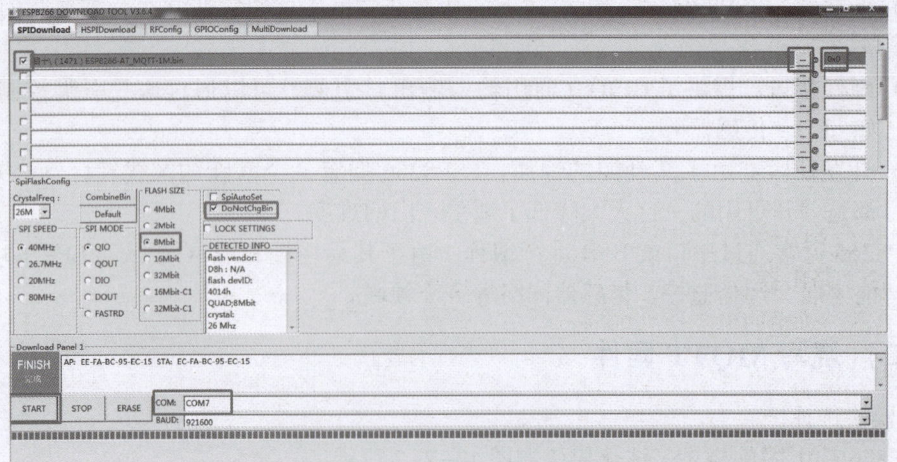

图 10-2-4　烧写软件设置界面

注意：COM：选择自己电脑 ESP8266 烧录一体化模块插入电脑后对应的 COM 口。

（三）ESP8266 MQTT AT 指令说明与测试

使用串口调试助手 AT 指令配置 ESP8266_01S 模块指令和步骤如下：

AT 基础命令

① 测试 AT 启动。

执行命令：AT

响应：OK

② ATE：开启或关闭 AT 回显功能。

执行命令：ATE0 或 ATE1

响应：OK

ATE0：关闭回显

ATE1：开启回显

AT 基础命令如图 10-2-5 所示。

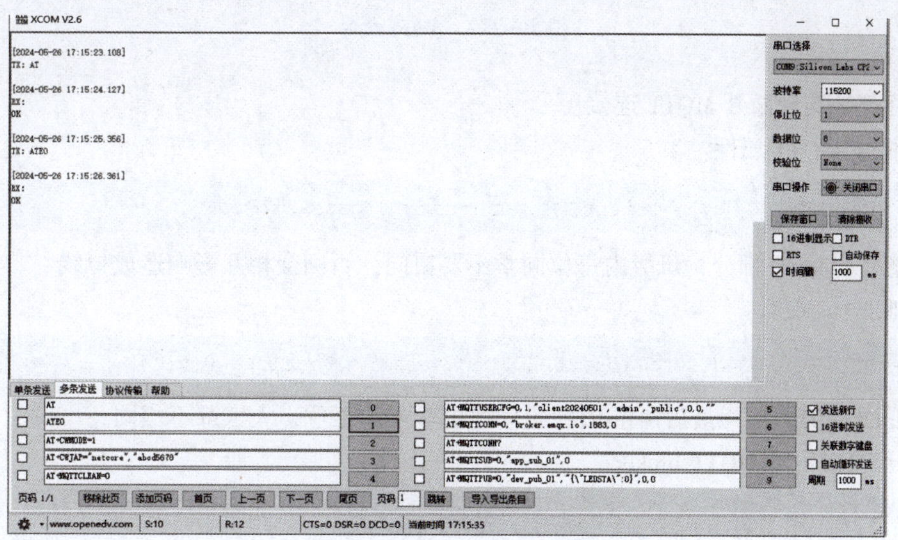

图 10-2-5　AT 基础命令

WiFi 命令

③ 配置 STA 模式：`AT+CWMODE=1`。

④ 连接路由器：`AT+CWJAP="wifiName","wifiPsd"`。

WiFi 命令如图 10-2-6 所示。

MQTT 命令

⑤ 功能：断开 MQTT 连接，释放资源。

命令：AT+MQTTCLEAN=0

响应：OK/ERROR

如果之前有 MQTT 连接，正常断开连接，返回 OK。

如果之前没有 MQTT 连接，会返回 ERROR，说明之前没有 MQTT 连接。

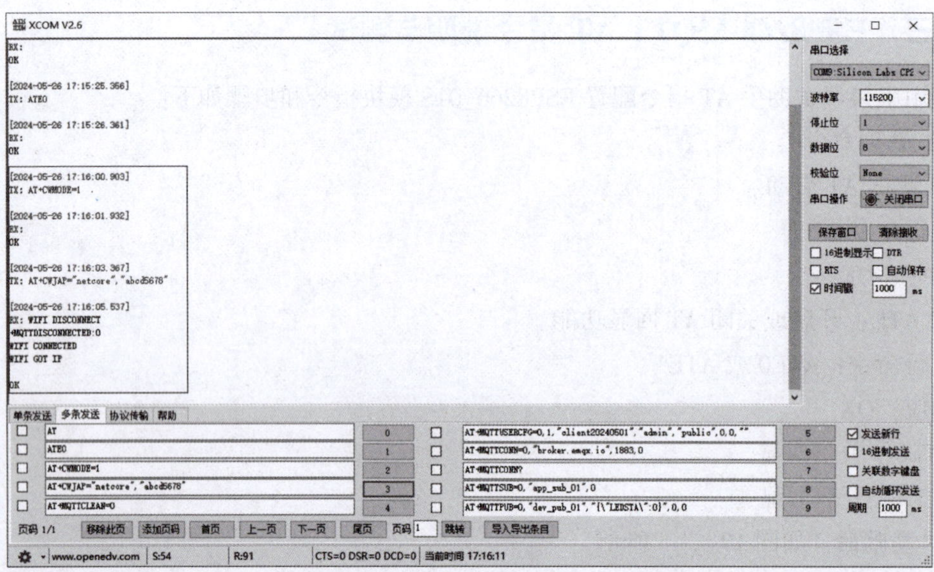

图 10-2-6　WiFi 命令

最终都是实现断开 MQTT 连接。

⑥ 配置 MQTT 属性：

```
AT+MQTTUSERCFG=0,1,"clientID","username","password",0,0,""
```

注意，clientID 部分，班级内每位同学不要雷同，否则会相互影响造成掉线。

比如：

```
AT+MQTTUSERCFG=0,1,"client20240501","admin","public",0,0,""
```

client20240501——最后两位 01，是学生的学号后两位，大家都不相同。

⑦ 连接指定的 MQTT broker：

```
AT+MQTTCONN=0,"broker.emqx.io",1883,0
```

⑧ 查询 MQTT 连接状态：

```
AT+MQTTCONN?
```

上面两步和 MQTT 软件客户端设置好后，再进行以下指令：

⑨ 订阅 Topic 数据：

```
AT+MQTTSUB=0,"app_sub_01",0
```

⑩ 发布 Topic 数据：

```
AT+MQTTPUB=0,"dev_pub_01","{\"LEDSTA\":0}",0,0
```

返回 OK。

在 MQTTBox 中观察订阅 dev_pub_01 主题的接收记录中，收到了命令{"LEDSTA":0}，如图 10-2-7 所示。

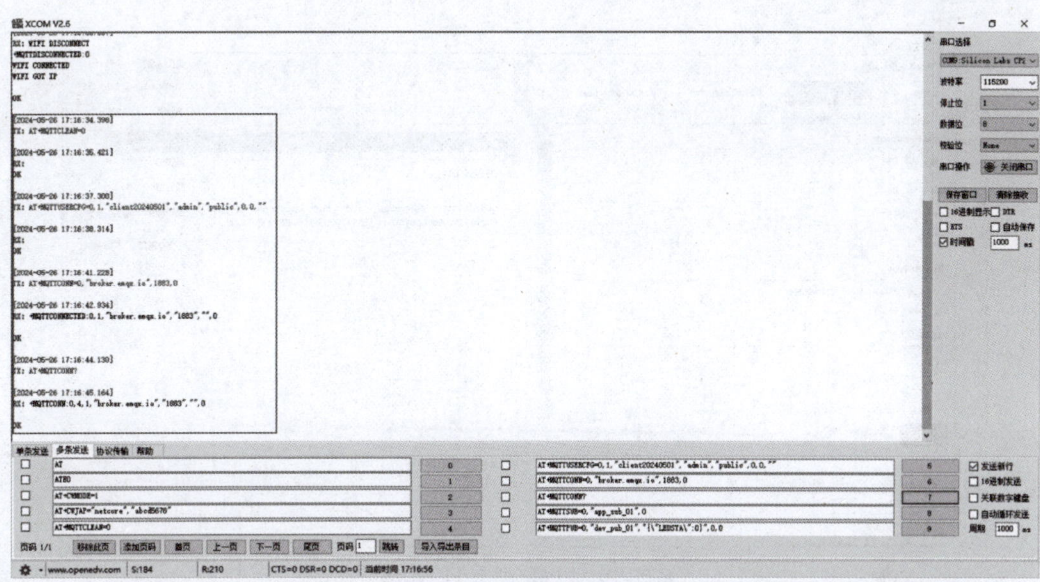

图 10-2-7　MQTT 命令

在 MQTTBox 中，向主题 app_sub_01 发送命令：

```
{"LED":0}
```

观察 ESP8266 的串口接收结果，可以看到收到了，如图 10-2-8 所示。

```
+MQTTSUBRECV:0,"app_sub_01",9,{"LED":0}
```

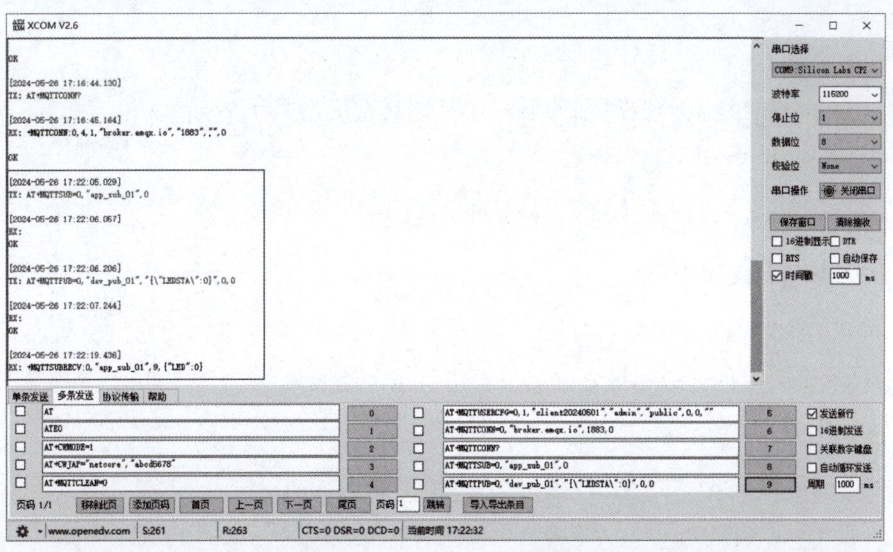

图 10-2-8　订阅 Topic 数据

以上过程，实现 ESP8266 模块通过 WiFi 连接至 MQTT Broker，与远程控制端 MQTTBox 通过主题订阅、发布，实现了交互，即完成了 ESP8266 物联化的测试与协议验证，如图 10-2-9 所示。

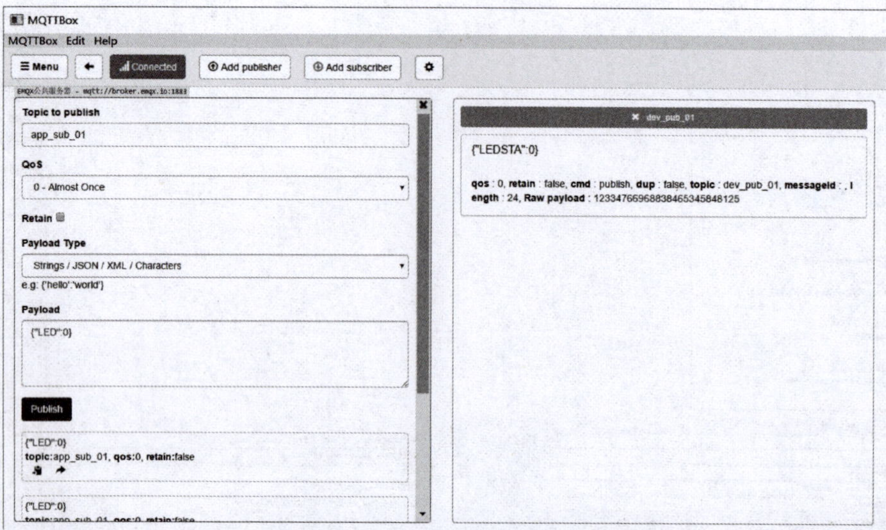

图 10-2-9　发布 Topic 数据

任务三　智能台灯 STC15 单片机功能设计与实现

（一）STC15 单片机串口功能说明

STC15 系列单片机根据型号的不同，具有不同数量的串口。STC15W4K56S4 系列单片机具有 4 个串口。

STC15 串口快速入门使用分为以下几个关键步骤：

1. 串口配置

（1）串口初始化。

设置串口工作模式：使用串口控制寄存器（SCON）的 SM0 和 SM1 位来设置串口的工作模式。例如，设置 SM0 和 SM1 都为 1，则串口工作在 8 位 UART 模式，波特率可变。

设置波特率：通常使用定时器 1 或定时器 2 的溢出率来计算波特率。具体设置依赖于所选的工作模式和波特率要求。例如，使用定时器 1 的模式 2 时，波特率=溢出率。

（2）定时器设置。

选择定时器：根据需求选择定时器 1 或定时器 2 作为波特率发生器。

设置定时器模式：使用 TMOD 寄存器设置定时器的工作模式。

设置波特率值：通过设置定时器的高位（TH1 或 T2H）和低位（TL1 或 T2L）寄存器的值来计算波特率。

（3）辅助寄存器设置。

串口模式控制：使用 AUXR 寄存器中的 UART_M0x 和 S1ST2 位来控制串口模式和波特率发生器的选择。

2. 串口中断配置

设置中断优先级：使用中断允许寄存器（IE）和中断优先级寄存器（IP）来设置串口中断的优先级和允许状态。

启动定时器：通过设置定时器的启动位（如 TR1 或 TR2）来启动定时器，从而开始计数并产生波特率。

3. 串口数据发送与接收

（1）数据发送。

写入数据：将要发送的数据写入串口数据寄存器（SBUF）。

等待发送完成：通过查询发送中断标志位（TI）或轮询方式等待发送完成。

清除标志位：在发送完成后，清除发送中断标志位（TI）。

（2）数据接收。

判断接收状态：通过查询接收中断标志位（RI）或轮询方式判断接收缓冲区中是否有数据。

读取数据：从串口数据寄存器（SBUF）中读取接收到的数据。

清除标志位：在读取数据后，清除接收中断标志位（RI）。

更详细的说明，请参看 STC15 单片机的技术手册或者 STC15 单片机应用技术教科书。

关于串口的相关功能，已经模块化在 uart. c 和 uart. h 中，可以直接调用相关函数。

```
void U1SendData(unsigned char ch);
void U1SendString(char *s);
void UartInit(void);
void U2SendData(unsigned char ch);
void U2SendString(char *s);
```

（二）硬件准备

1. 台灯电路设计与制作

请参照以下建议电路图，如图 10-3-1 所示。之后连接至 STC15 单片机板子的 P1. 5、P1. 6、P1. 7 口和 VCC 接口。模型如图 10-3-2 所示。

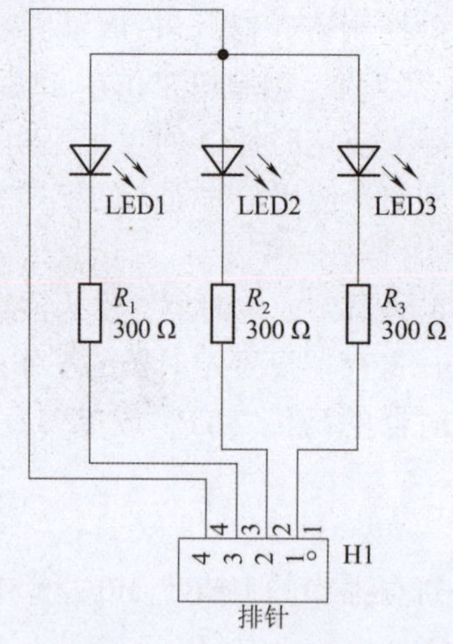

图 10-3-1　台灯电路示意图

2. ESP8266 模块连接至 STC15 的串口 2

请参照表 10-3-1，把 ESP8266 模块连接至 STC15 单片机板。

表 10-3-1　ESP8266 模块与 STC15 单片机板接口连接表

STC15 单片机板	ESP8266 模块
3. 3V	3V3
P3. 6	RST
P3. 5	EN
串口 2 RX	TX
串口 2 TX	RX
	IO0
	IO2
GND	GND

具体连接后，如模型图 10-3-2 所示。

图 10-3-2　台灯模型示意图

(三) 智能台灯程序流程图

智能台灯 STC15 单片机软件程序流程图如图 10-3-3 所示。

使用 C 语言编程实现智能台灯功能。

(四) 使用 C 语言编程实现智能台灯功能

(1) 在 C 盘下创建文件夹：ESP8266；

(2) 启动 Keil，创建工程：ESP8266，并把工程存放至“C:\ ESP8266”文件夹；

(3) 创建 main. c 源程序文件，并添加到工程中，如图 10-3-4 所示；

(4) 复制 STC15 单片机头文件 15W4KxxS4. h、串口文件 uart. h 和 uart. c、延时函数文件 delay. h 和 delay. c 到工程文件夹“C:\ ESP8266”中，并添加 delay. c 和 uart. c 到工程中，完成后的结果如图所示。

(5) 参照流程图 10-3-3，在 main. c 中编程，实现智能台灯功能。

```
#include "uart.h"                    //串行通信函数头文件
#include<string.h>                   //加入此头文件后,可使用 strstr 库函数
#include<stdio.h>

#defineBuf_Max 50
```

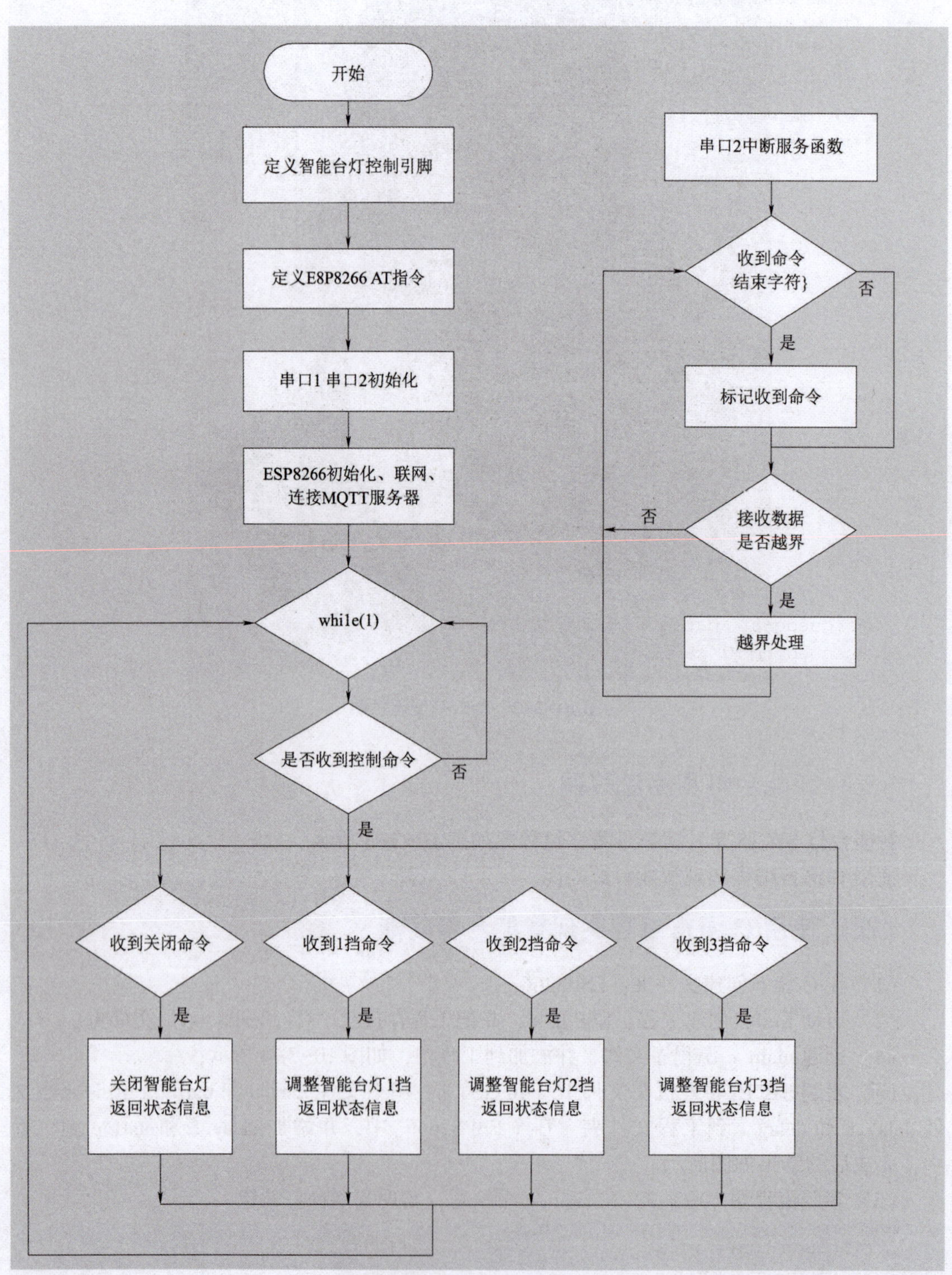

开始
定义智能台灯控制引脚
定义E8P8266 AT指令
串口1 串口2初始化
ESP8266初始化、联网、
连接MQTT服务器
while(1)
是否收到控制命令
否
是
收到关闭命令
收到1挡命令
收到2挡命令
收到3挡命令
是
关闭智能台灯
返回状态信息
调整智能台灯1挡
返回状态信息
调整智能台灯2挡
返回状态信息
调整智能台灯3挡
返回状态信息
串口2中断服务函数
收到命令
结束字符}
否
是
标记收到命令
接收数据
是否越界
否
是
越界处理

图 10-3-3　流程图

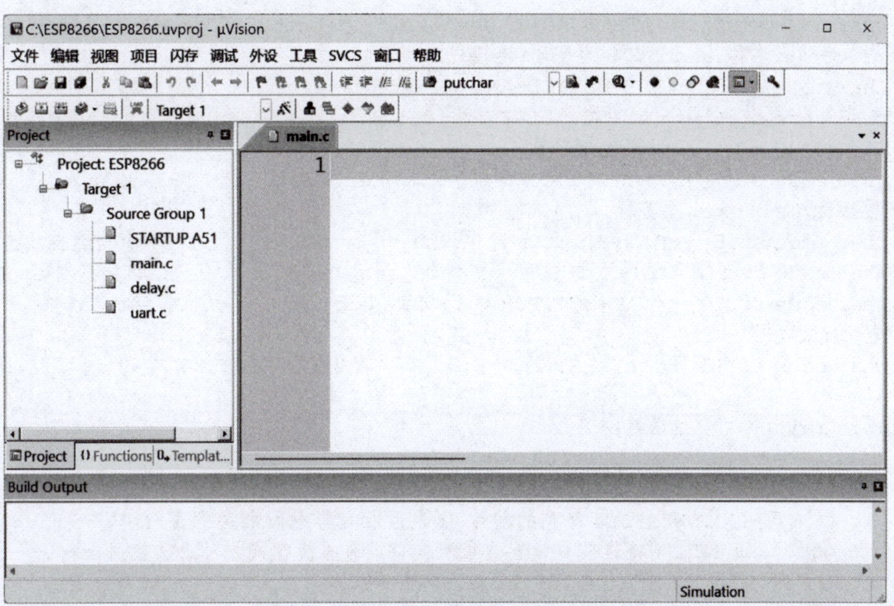

图 10-3-4　智能台灯 C 语言工程

```
unsignedchar xdata Rec_Buf[Buf_Max];
unsignedchar i=0;
char flag=0;
void CLR_Buf(void);
bit  Hand(unsigned char *a);
void PostMsg(unsigned char *msg);

/**********************
引脚别名定义
***********************/
sbit D0=P0 ^0;
sbit D1=P0 ^1;
sbit D2=P0 ^2;
sbit D3=P0 ^3;
sbit D4=P0 ^4;
sbit D5=P0 ^5;
sbit LED_1=P1 ^5;
sbit LED_2=P1 ^6;
sbit LED_3=P1 ^7;

sbit ESP_CHPD=P3 ^5;
sbit ESP_RST  =P3 ^6;

char code str1[]="AT\r\n";            //联机指令,返回"OK"
char code str2[]="ATE0\r\n";          //关闭回显
char code str3[]="AT+CWMODE=1\r\n"; //设置 ESP8266 的工作模式,返回"OK"或者"no change"
```

```
char code str4[] = "AT+CWJAP=\"netcore\",\"abcd5678\"\r\n";  //连接到 WiFi 热点,netcore 为热点名称,abcd5678 为密码;连接成功返回"OK"
char code str5[] = "AT+MQTTCLEAN=0\r\n";                     //断开 MQTT 连接
char code str6[] = "AT+MQTTUSERCFG=0,1,\"client20240501\",\"admin\",\"public\",0,0,\"\"\r\n";  //设置连接参数
char code str7[] = "AT+MQTTCONN=0,\"broker.emqx.io\",1883,0\r\n";
//连接至 MQTT Broker 服务器
char code str8[] = "AT+MQTTCONN? \r\n";                      //查询连接状态
char code str9[] = "AT+MQTTSUB=0,\"app_sub_01\",0\r\n";  //订阅主题 app_sub_01
char code str10[] = "AT+MQTTPUB=0,\"dev_pub_01\",\"{\\\"test\\\":1}\",0,0\r\n";  //发布测试数据
char code str11[] = "AT+RST\r\n";        //软件复位 ESP8266

void main()  //主函数
{
    ///////////////////////////////////////////////
    //注意:STC15W4K32S4 系列的芯片,上电后所有与 PWM 相关的 I/O 口均为
    //      高阻态,需将这些口设置为准双向口或强推挽模式方可正常使用
    //相关 IO:P0.6/P0.7/P1.6/P1.7/P2.1/P2.2
    //        P2.3/P2.7/P3.7/P4.2/P4.4/P4.5
    ///////////////////////////////////////////////
    P0M1=0;
    P0M0=0;//设置 P0.0~P0.7 为准双向口
    P1M1=0;
    P1M0=0;//设置 P1.0~P1.7 为准双向口
    P2M0=0;
    P2M1=0;//设置 P2.0~P2.7 为准双向口
    P3M1=0;
    P3M0=0;//设置 P3.0~P3.7 为准双向口
    P4M1=0;
    P4M0=0;//设置 P4.0~P4.7 为准双向口
    P5M1=0;
    P5M0=0;//设置 P5.0~P5.7 为准双向口
    ESP_CHPD=1;
    ESP_RST=1;
    UartInit();          //初始化串口
    ES=1;                  //串口 1 中断打开
    IE2=0x01;              //串口 2 中断打开
    EA=1;                  //总中断打开
    DelayMS(1000);         //延时一段时间,让 ESP8266 启动
    DelayUS(100);
    U1SendString("start...\r\n");
    U1SendString("Please wait while we are getting the device ready\r\n");
    CLR_Buf();             //清除缓存内容

    while(!Hand("OK"))  //判断是否握手成功,如果不成功延时一会儿,再发送 AT 握手指令
    {
        U2SendString(str1);//发送联机指令
        DelayMS(500);
    }

```

```
    CLR_Buf();
    U1SendString("OK,Succeed Establish connection with ESP8266\r\n");
    D0=0;

    while(! Hand("OK"))     //判断是否成功,否则再次发送
    {
       U2SendString(str2);//发送关闭回显命令
       DelayMS(500);
    }

    CLR_Buf();
    U1SendString("ESP8266 ATE0\r\n");

    while(! (Hand("OK")|Hand("no change")))     //判断是否设置成功
    {
       U2SendString(str3);//发送设置 ESP8266 工作模式指令
       DelayMS(500);
    }

     CLR_Buf();
     U1SendString("OK,ESP8266 has been set as Station Mode\r\n");
     D1=0;

     while(! Hand("OK")) //判断是否连接 WiFi 路由器,如不成功,延时后再次发送
     {
        U2SendString(str4);
        DelayMS(2000);
     }


     CLR_Buf();
     U1SendString("OK,Succeed establish connection with WiFi AP\r\n");
     D2=0;
     //先断开 MQTT 连接
     {
        U2SendString(str5);
        DelayMS(3000);
        U1SendString(Rec_Buf);
     }
    CLR_Buf();

     while(! Hand("OK"))     //判断参数设置是否成功
     {
        U2SendString(str6);
        DelayMS(2000);
        U1SendString(Rec_Buf);
     }

     CLR_Buf();
     U1SendString("OK,params set ok\r\n");
```

```
    D3 = 0;

    while(! Hand("OK"))  //判断连接 MQTT Broker 是否成功
    {
        U2SendString(str7);
    DelayMS(2000);
        U1SendString(Rec_Buf);
    }

    CLR_Buf();
    U1SendString("OK,Succeed establish connection with emqx \r \n");
    D4 = 0;

    while(! Hand("OK"))            //MQTT 连接状态查询
    {
        U2SendString(str8);
        DelayMS(2000);
        U1SendString(Rec_Buf);
    }

    CLR_Buf();

    while(! Hand("OK"))          //判断订阅主题是否成功
    {
        U2SendString(str9);
        DelayMS(2000);
        U1SendString(Rec_Buf);
    }

    D5 = 0;
    CLR_Buf();
    U1SendString("OK,Succeed sub from emqx \r \n");
    //发布测试数据
    {
        U2SendString(str10);//数据发送指令
        DelayMS(1000);
    }
    CLR_Buf();
    U1SendString("You can send data to mqtt broker now \r \n");

   while(1)  //主循环
    {
        if(flag = =1)
        {
            ES = 0;
            IE2 = 0x00;

            if(Hand("{ \"LED \":0}"))              //收到关闭 LED 的指令
            {
                LED_3 = 1;
```

```
                LED_2=1;
                LED_1=1;
                U1SendString("Cmd:Turn off LED,Executed! \r\n");
                PostMsg("{\\\"LEDSTA\\\":0}");
            }
            else if(Hand("{\"LED\":1}"))       //收到打开 LED 1 挡的指令
            {
                LED_3=0;
                LED_2=1;
                LED_1=1;
                U1SendString("Cmd:LED 1,Executed! \r\n");
                PostMsg("{\\\"LEDSTA\\\":1}");
            }
            else if(Hand("{\"LED\":2}"))       //收到打开 LED 2 挡的指令
            {
                LED_3=0;
                LED_2=0;
                LED_1=1;
                U1SendString("Cmd:LED 2,Executed! \r\n");
                PostMsg("{\\\"LEDSTA\\\":2}");
            }
            else if(Hand("{\"LED\":3}"))       //收到打开 LED 3 挡的指令
            {
                LED_3=0;
                LED_2=0;
                LED_1=0;
                U1SendString("Cmd:LED 3,Executed! \r\n");
                PostMsg("{\\\"LEDSTA\\\":3}");
            }

            flag=0;
            CLR_Buf();
            ES=1;
            IE2=0x01;
        }
    }
}

/****************************************
功能描述:向云平台发送消息
入口参数:unsigned char *msg
返回值:位
****************************************/
void PostMsg(unsigned char *msg)
{
    char str[50]={0};
    //memset(str,0,sizeof(str));  //str 清 0
    sprintf(str,"AT+MQTTPUB=0,\"dev_pub_01\",\"%s\",0,0\r\n",msg);
    U1SendString(str);
    U2SendString(str);
}
```

```
/****************************************
功能描述:握手成功与否函数
入口参数:unsigned char * a
返回值:位
****************************************/
bitHand(unsigned char * a)
{
    if(strstr(Rec_Buf,a)! =NULL)
    {
        return 1;
    }
    else
    {
        return 0;
    }
}

/****************************************
功能描述:清除缓存内容函数
入口参数:无
返回值:无
****************************************/
void CLR_Buf(void)
{
    unsignedchar k;

    for(k=0;k<Buf_Max;k++)
    {
        Rec_Buf[k]=0;
    }

    i=0;
}

/****************************************
功能描述:串口 1 中断服务函数
入口参数:无
返回值:无
****************************************/
void Uart1()interrupt 4 using 1
{
    ES=0;

    if(RI)
    {
        RI=0;//清除 RI 位
        Rec_Buf[i]=SBUF;
        i++;

        if(i > Buf_Max)
```

```
        {
            i=0;
        }
    }

    if(TI)
    {
        TI=0;//清除 TI 位
    }

    ES=  1;
}

/****************************************
功能描述:串口 2 中断服务函数
入口参数:无
返回值:无
****************************************/
void Uart2()interrupt 8 using 1
{
    IE2=0x00;

    if(S2CON & S2RI)
    {
        S2CON &=~S2RI;
        Rec_Buf[i]=S2BUF;

        if((Rec_Buf[i]=='}'))
        {
            flag=1;
        }

        i++;

        if(i > Buf_Max)
        {
            i=0;
        }
    }

    if(S2CON & S2TI)
    {
        S2CON &=~S2TI;
    }

    IE2=0x01;
}

```

（五）编译程序

编译程序，生成 HEX 文件。如果有警告、错误，请修改核实程序，重新编译，结果如图 10-3-5 所示。

```
Build Output
compiling delay.c...
compiling main.c...
compiling uart.c...
linking...
Program Size: data=85.1 xdata=50 code=3573
creating hex file from "..\Output\ESP8266"...
"..\Output\ESP8266" - 0 Error(s), 0 Warning(s).
Build Time Elapsed:  00:00:00
```

图 10-3-5　程序编译结果

（六）写入单片机

把生成的 HEX 文件，写入单片机，如图 10-3-6 所示。

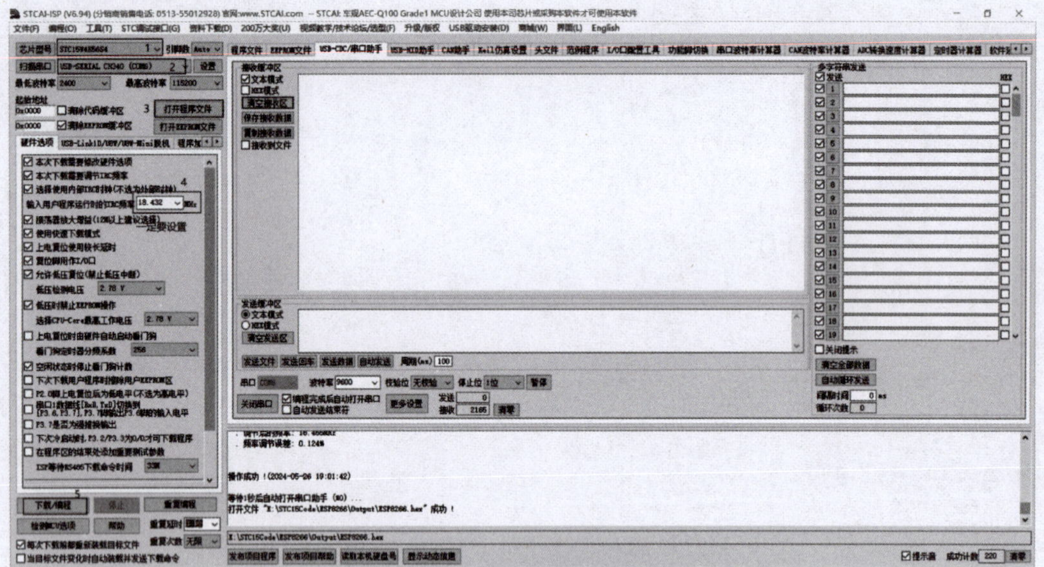

图 10-3-6　下载程序过程

用户程序运行时的 IRC 频率设置为 18.432 MHz，如图 10-3-6 中的步骤 4。

观察程序是否下载成功。

（七）智能台灯功能测试与验证

设置串口助手，并打开串口，观察串口接收的信息，如图 10-3-7 所示。

观察串口接收到的信息，判断：

ESP8266 AT 测试是否 OK；

ESP6266 WiFi 连接路由器是否 OK；

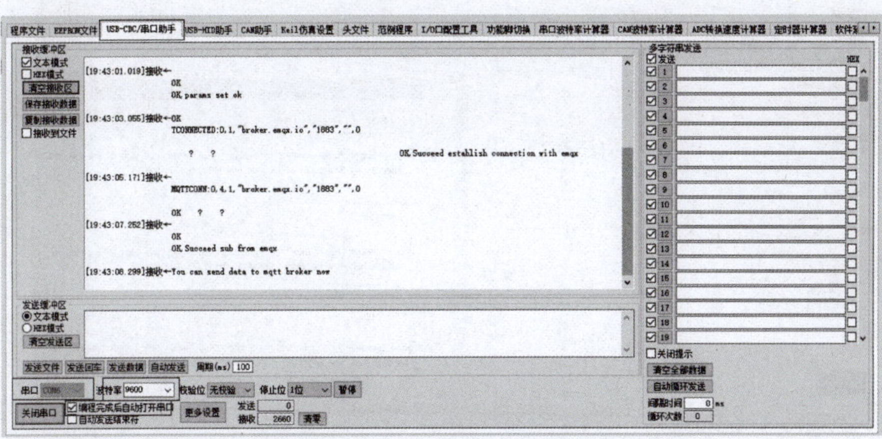

图 10-3-7　串口助手接收示意图

连接 MQTT Broker 是否 OK；

订阅主题是否 OK；

发布测试数据是否 OK。

在 MQTTBox 中观察是否收到测试数据，如图 10-3-8 所示。

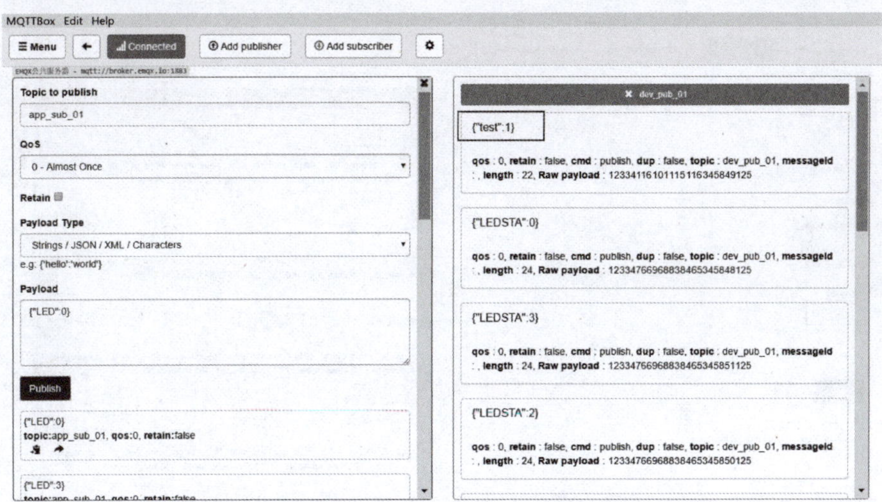

图 10-3-8　MQTTBox 测试数据 1

在 MQTT Box 中发布命令 1：

```
{"LED":0}
```

观察智能台灯的执行情况，是否关闭了，同时观察 MQTTBox 订阅中是否收到了智能台灯的状态返回信息，如图 10-3-9 所示。

在 MQTT Box 中发布命令 2：

```
{"LED":1}
```

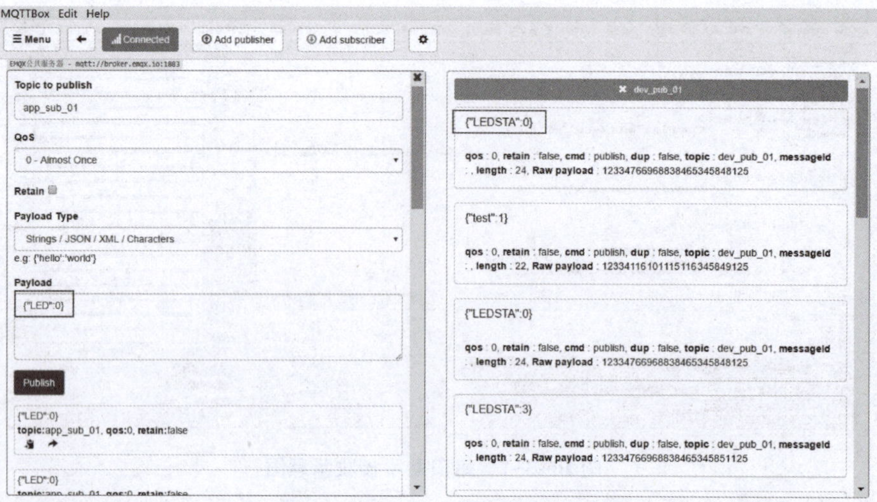

图 10-3-9　MQTTBox 测试数据 2

观察智能台灯的执行情况，如图 10-3-10 所示，是否调整至 1 挡，同时观察 MQTTBox 订阅中是否收到了智能台灯的状态返回信息。

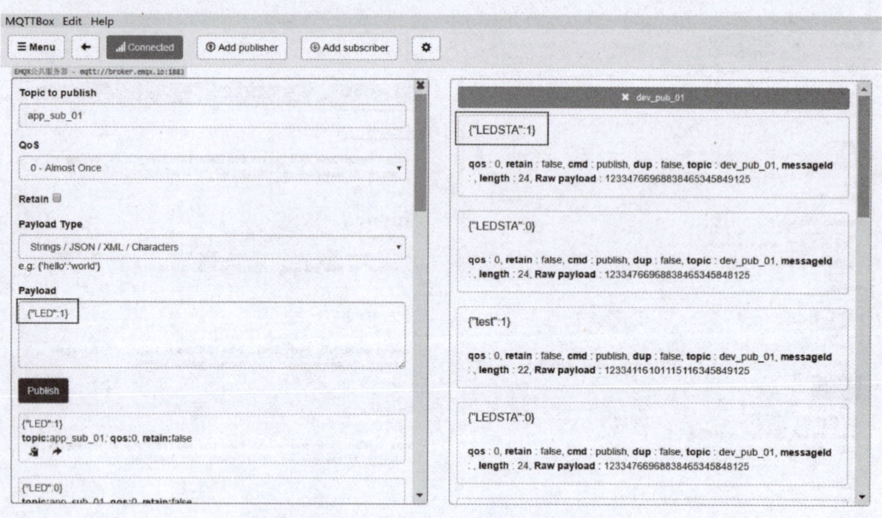

图 10-3-10　MQTTBox 测试数据 3

智能台灯工作示意图如图 10-3-11 所示。

请在 MQTT Box 中发布命令 3：

```
{"LED":2}
```

命令 4：

```
{"LED":3}
```

观察智能台灯的执行情况，是否调整至相应的挡位，同时观察 MQTTBox 订阅中是否收到了智能台灯的状态返回信息。

图 10-3-11　智能台灯工作示意图

智能台灯功能测试

项目完成评价

序号	一级指标	分值	得分	备注
1	台灯模块制作与连接	10		
2	MQTT Broker 选用	10		
3	单片机 C 语言工程	10		
4	C 语言源文件创建与添加至工程	10		
5	C 语言源程序编程	20		
6	源程序调试与生成 HEX 文件	20		
7	写入单片机，验证功能，成果展示	10		
8	素养评价（代码质量，标准规范，程序的功能描述、使用说明、安装指南等文档描述）	10		
合计		100		

眼界拓展

物联化智能台灯是智能家居领域中的一种创新产品，它通过连接互联网，实现了远程控制、智能调节和与其他智能设备的互联互通。通过专业知识与技能的深入学习，可以从以下方向拓展智能台灯：

① 远程控制：用户可以通过移动终端，比如智能手机、平板电脑远程控制台灯的开关、亮度和颜色。

② 场景模式：根据不同的使用场景（如阅读、放松、工作等），智能台灯可以自动调整亮度和色温。

③ 语音控制：集成语音助手，用户可以通过语音命令控制台灯。

④ 定时功能：设置定时开关，例如作为闹钟使用，或在特定时间自动关闭以节能。

⑤ 环境光感应：根据房间的光线强度自动调整亮度，以提供舒适的照明。

⑥ 教育功能：对于儿童智能台灯，可以集成学习应用，如定时提醒休息、阅读等。

⑦ 个性化定制：用户可以根据自己的喜好定制台灯的颜色、亮度等。

⑧ 安全功能：在检测到异常行为或声音时，智能台灯可以发送警报或通知用户。

这些功能不仅提升了用户的使用体验，还为节能和健康照明提供了新的解决方案，逐步成为 AIOT 台灯。

项目拓展

根据智能路灯的设计过程和使用的技术，思考以下情景，并尝试予以实现。

1. 智能台灯本地按键控制。

2. 智能台灯语音控制。

附录 1

C 语言关键字

C 语言关键字

auto	break	case	char	const	continue
default	do	double	else	enum	extern
float	for	goto	if	int	long
register	return	short	signed	sizeof	static
struct	switch	typedef	union	unsigned	void
volatile	while				

C51 扩展关键字

关键字	用途	说明
bit	位标量声明	声明一个位标量或位类型的函数
sbit	位标量声明	声明一个可位寻址变量
sfr	特殊功能寄存器声明	声明一个特殊功能寄存器
sfr16	特殊功能寄存器声明	声明一个 16 位的特殊功能寄存器
data	存储器类型说明	直接寻址的内部数据存储器
bdata	存储器类型说明	可位寻址的内部数据存储器
idata	存储器类型说明	间接寻址的内部数据存储器
pdata	存储器类型说明	分页寻址的外部数据存储器
xdata	存储器类型说明	外部数据存储器
code	存储器类型说明	程序存储器
interrupt	中断函数说明	定义一个中断函数
reentrant	再入函数说明	定义一个再入函数
using	寄存器组定义	定义芯片的工作寄存器

附录 2

ASCII

ASCII（American Standard Code for Information Interchange，美国信息交换标准代码）是基于拉丁字母的一套电脑编码系统，主要用于显示现代英语和其他西欧语言。它是现今最通用的单字节编码系统，并等同于国际标准 ISO/IEC 646。

ASCII 码使用指定的 7 位或 8 位二进制数组合来表示 128 或 256 种可能的字符。标准 ASCII 码也叫基础 ASCII 码，使用 7 位二进制数（剩下的 1 位二进制为 0）来表示所有的大写和小写字母，数字 0 到 9、标点符号，以及在美式英语中使用的特殊控制字符。其中：

0~31 及 127（共 33 个）是控制字符或通信专用字符（其余为可显示字符），如控制符为 LF（换行）、CR（回车）、FF（换页）、DEL（删除）、BS（退格）、BEL（响铃）等；通信专用字符为 SOH（文头）、EOT（文尾）、ACK（确认）等；ASCII 值为 8、9、10 和 13 分别转换为退格、制表、换行和回车字符。它们并没有特定的图形显示，但会依不同的应用程序而对文本显示有不同的影响。

32~126（共 95 个）是字符（32 是空格），其中 48~57 为 0 到 9 十个阿拉伯数字。

65~90 为 26 个大写英文字母，97~122 号为 26 个小写英文字母，其余为一些标点符号、运算符号等。

同时还要注意，在标准 ASCII 中，其最高位（b7）用作奇偶校验位。所谓奇偶校验，是指在代码传送过程中用来检验是否出现错误的一种方法，一般分奇校验和偶校验两种。奇校验规定：正确的代码一个字节中 1 的个数必须是奇数，若非奇数，则在最高位 b7 添 1；偶校验规定：正确的代码一个字节中 1 的个数必须是偶数，若非偶数，则在最高位 b7 添 1。

后 128 个称为扩展 ASCII 码。许多基于 x86 的系统都支持使用扩展（或“高”）ASCII。扩展 ASCII 码允许将每个字符的第 8 位用于确定附加的 128 个特殊符号字符、外来语字母和图形符号。

Bin（二进制）	Oct（八进制）	Dec（十进制）	Hex（十六进制）	缩写/字符	解释
0000 0000	0	0	00	NUL（null）	空字符
0000 0001	1	1	01	SOH（start of headline）	标题开始
0000 0010	2	2	02	STX（start of text）	正文开始
0000 0011	3	3	03	ETX（end of text）	正文结束
0000 0100	4	4	04	EOT（end of transmission）	传输结束
0000 0101	5	5	05	ENQ（enquiry）	请求

续表

Bin（二进制）	Oct（八进制）	Dec（十进制）	Hex（十六进制）	缩写/字符	解释
0000 0110	6	6	06	ACK（acknowledge）	收到通知
0000 0111	7	7	07	BEL（bell）	响铃
0000 1000	10	8	08	BS（backspace）	退格
0000 1001	11	9	09	HT（horizontal tab）	水平制表符
0000 1010	12	10	0A	LF（NL line feed，new line）	换行键
0000 1011	13	11	0B	VT（vertical tab）	垂直制表符
0000 1100	14	12	0C	FF（NP form feed，new page）	换页键
0000 1101	15	13	0D	CR（carriage return）	回车键
0000 1110	16	14	0E	SO（shift out）	不用切换
0000 1111	17	15	0F	SI（shift in）	启用切换
0001 0000	20	16	10	DLE（data link escape）	数据链路转义
0001 0001	21	17	11	DC1（device control 1）	设备控制 1
0001 0010	22	18	12	DC2（device control 2）	设备控制 2
0001 0011	23	19	13	DC3（device control 3）	设备控制 3
0001 0100	24	20	14	DC4（device control 4）	设备控制 4
0001 0101	25	21	15	NAK（negative acknowledge）	拒绝接收
0001 0110	26	22	16	SYN（synchronous idle）	同步空闲
0001 0111	27	23	17	ETB（end of trans. block）	结束传输块
0001 1000	30	24	18	CAN（cancel）	取消
0001 1001	31	25	19	EM（end of medium）	媒介结束
0001 1010	32	26	1A	SUB（substitute）	代替
0001 1011	33	27	1B	ESC（escape）	换码（溢出）
0001 1100	34	28	1C	FS（file separator）	文件分隔符
0001 1101	35	29	1D	GS（group separator）	分组符
0001 1110	36	30	1E	RS（record separator）	记录分隔符
0001 1111	37	31	1F	US（unit separator）	单元分隔符
0010 0000	40	32	20	（space）	空格
0010 0001	41	33	21	!	叹号
0010 0010	42	34	22	"	双引号
0010 0011	43	35	23	#	井号
0010 0100	44	36	24	$	美元符
0010 0101	45	37	25	%	百分号
0010 0110	46	38	26	&	和号
0010 0111	47	39	27	′	闭单引号
0010 1000	50	40	28	(	开括号

续表

Bin（二进制）	Oct（八进制）	Dec（十进制）	Hex（十六进制）	缩写/字符	解释
0010 1001	51	41	29	)	闭括号
0010 1010	52	42	2A	*	星号
0010 1011	53	43	2B	+	加号
0010 1100	54	44	2C	,	逗号
0010 1101	55	45	2D	-	减号/破折号
0010 1110	56	46	2E	.	句号
00101111	57	47	2F	/	斜杠
00110000	60	48	30	0	数字 0
00110001	61	49	31	1	数字 1
00110010	62	50	32	2	数字 2
00110011	63	51	33	3	数字 3
00110100	64	52	34	4	数字 4
00110101	65	53	35	5	数字 5
00110110	66	54	36	6	数字 6
00110111	67	55	37	7	数字 7
00111000	70	56	38	8	数字 8
00111001	71	57	39	9	数字 9
00111010	72	58	3A	:	冒号
00111011	73	59	3B	;	分号
00111100	74	60	3C	<	小于
00111101	75	61	3D	=	等号
00111110	76	62	3E	>	大于
00111111	77	63	3F	?	问号
01000000	100	64	40	@	电子邮件符号
01000001	101	65	41	A	大写字母 A
01000010	102	66	42	B	大写字母 B
01000011	103	67	43	C	大写字母 C
01000100	104	68	44	D	大写字母 D
01000101	105	69	45	E	大写字母 E
01000110	106	70	46	F	大写字母 F
01000111	107	71	47	G	大写字母 G
01001000	110	72	48	H	大写字母 H
01001001	111	73	49	I	大写字母 I
01001010	112	74	4A	J	大写字母 J
01001011	113	75	4B	K	大写字母 K

续表

Bin（二进制）	Oct（八进制）	Dec（十进制）	Hex（十六进制）	缩写/字符	解释
01001100	114	76	4C	L	大写字母 L
01001101	115	77	4D	M	大写字母 M
01001110	116	78	4E	N	大写字母 N
01001111	117	79	4F	O	大写字母 O
01010000	120	80	50	P	大写字母 P
01010001	121	81	51	Q	大写字母 Q
01010010	122	82	52	R	大写字母 R
01010011	123	83	53	S	大写字母 S
01010100	124	84	54	T	大写字母 T
01010101	125	85	55	U	大写字母 U
01010110	126	86	56	V	大写字母 V
01010111	127	87	57	W	大写字母 W
01011000	130	88	58	X	大写字母 X
01011001	131	89	59	Y	大写字母 Y
01011010	132	90	5A	Z	大写字母 Z
01011011	133	91	5B	[	开方括号
01011100	134	92	5C	\	反斜杠
01011101	135	93	5D	]	闭方括号
01011110	136	94	5E	^	脱字符
01011111	137	95	5F	_	下划线
01100000	140	96	60	`	开单引号
01100001	141	97	61	a	小写字母 a
01100010	142	98	62	b	小写字母 b
01100011	143	99	63	c	小写字母 c
01100100	144	100	64	d	小写字母 d
01100101	145	101	65	e	小写字母 e
01100110	146	102	66	f	小写字母 f
01100111	147	103	67	g	小写字母 g
01101000	150	104	68	h	小写字母 h
01101001	151	105	69	i	小写字母 i
01101010	152	106	6A	j	小写字母 j
01101011	153	107	6B	k	小写字母 k
01101100	154	108	6C	l	小写字母 l
01101101	155	109	6D	m	小写字母 m
01101110	156	110	6E	n	小写字母 n

续表

Bin（二进制）	Oct（八进制）	Dec（十进制）	Hex（十六进制）	缩写/字符	解释
01101111	157	111	6F	o	小写字母 o
01110000	160	112	70	p	小写字母 p
01110001	161	113	71	q	小写字母 q
01110010	162	114	72	r	小写字母 r
01110011	163	115	73	s	小写字母 s
01110100	164	116	74	t	小写字母 t
01110101	165	117	75	u	小写字母 u
01110110	166	118	76	v	小写字母 v
01110111	167	119	77	w	小写字母 w
01111000	170	120	78	x	小写字母 x
01111001	171	121	79	y	小写字母 y
01111010	172	122	7A	z	小写字母 z
01111011	173	123	7B	{	开花括号
01111100	174	124	7C	|	垂线
01111101	175	125	7D	}	闭花括号
01111110	176	126	7E	~	波浪号
01111111	177	127	7F	DEL（delete）	删除

附录 3

运算符

优先级	运算符	名称或含义	使用形式	结合方向	说明
1	[ ]	数组下标	数组名［常量表达式］	左到右	
	( )	圆括号	（表达式）/函数名（形参表）		
	.	成员选择（对象）	对象．成员名		
	->	成员选择（指针）	对象指针->成员名		
2	-	负号运算符	-表达式	右到左	单目运算符
	（类型）	强制类型转换	（数据类型）表达式		
	++	自增运算符	++变量名/变量名++		单目运算符
	--	自减运算符	--变量名/变量名--		单目运算符
	*	取值运算符	*指针变量		单目运算符
	&	取地址运算符	&变量名		单目运算符
	！	逻辑非运算符	！表达式		单目运算符
	~	按位取反运算符	~表达式		单目运算符
	sizeof	长度运算符	sizeof（表达式）		
3	/	除	表达式/表达式	左到右	双目运算符
	*	乘	表达式*表达式		双目运算符
	%	余数（取模）	整型表达式/整型表达式		双目运算符
4	+	加	表达式+表达式	左到右	双目运算符
	-	减	表达式-表达式		双目运算符
5	<<	左移	变量<<表达式	左到右	双目运算符
	>>	右移	变量>>表达式		双目运算符
6	>	大于	表达式>表达式	左到右	双目运算符
	>=	大于等于	表达式>=表达式		双目运算符
	<	小于	表达式<表达式		双目运算符
	<=	小于等于	表达式<=表达式		双目运算符
7	==	等于	表达式==表达式	左到右	双目运算符
	！=	不等于	表达式！=表达式		双目运算符
8	&	按位与	表达式&表达式	左到右	双目运算符
9	^	按位异或	表达式^表达式	左到右	双目运算符

续表

<table>
<tr><th>优先级</th><th>运算符</th><th>名称或含义</th><th>使用形式</th><th>结合方向</th><th>说明</th></tr>
<tr><td>10</td><td>|</td><td>按位或</td><td>表达式|表达式</td><td>左到右</td><td>双目运算符</td></tr>
<tr><td>11</td><td>&&</td><td>逻辑与</td><td>表达式 && 表达式</td><td>左到右</td><td>双目运算符</td></tr>
<tr><td>12</td><td>||</td><td>逻辑或</td><td>表达式||表达式</td><td>左到右</td><td>双目运算符</td></tr>
<tr><td>13</td><td>?:</td><td>条件运算符</td><td>表达式 1? 表达式 2: 表达式 3</td><td>右到左</td><td>三目运算符</td></tr>
<tr><td rowspan="11">14</td><td>=</td><td>赋值运算符</td><td>变量=表达式</td><td rowspan="11">右到左</td><td></td></tr>
<tr><td>/=</td><td>除后赋值</td><td>变量/=表达式</td><td></td></tr>
<tr><td>*=</td><td>乘后赋值</td><td>变量*=表达式</td><td></td></tr>
<tr><td>%=</td><td>取模后赋值</td><td>变量%=表达式</td><td></td></tr>
<tr><td>+=</td><td>加后赋值</td><td>变量+=表达式</td><td></td></tr>
<tr><td>-=</td><td>减后赋值</td><td>变量-=表达式</td><td></td></tr>
<tr><td><<=</td><td>左移后赋值</td><td>变量<<=表达式</td><td></td></tr>
<tr><td>>>=</td><td>右移后赋值</td><td>变量>>=表达式</td><td></td></tr>
<tr><td>&=</td><td>按位与后赋值</td><td>变量 &=表达式</td><td></td></tr>
<tr><td>^=</td><td>按位异或后赋值</td><td>变量^=表达式</td><td></td></tr>
<tr><td>|=</td><td>按位或后赋值</td><td>变量|=表达式</td><td></td></tr>
<tr><td>15</td><td>,</td><td>逗号运算符</td><td>表达式，表达式，…</td><td>左到右</td><td>从左向右顺序运算</td></tr>
</table>

说明：优先级口诀

括号成员排第一；

全体单目排第二；

乘除余三，加减四；

移位五，关系六；

等于不等排第七；

位与异或和位或；

“三分天下”八九十；

逻辑或跟与；

十二和十一；

条件高于赋值；

逗号运算级最低！

附录 4

Keil C51 常见编译错误

Keil C51 常见错误警告提示信息

1. Warning 280：'I'：unreferenced local variable

说明：局部变量 i 在函数中未作任何的存取操作。

解决方法：消除函数中 i 变量的宣告。

2. Warning 206：'Music3'：missing function-prototype

说明：Music3（ ）函数未作宣告或未作外部宣告所以无法给其他函数调用。

解决方法：将叙述 void Music3（void）写在程序的最前端作宣告如果是其他文件的函数则要写成 extern void Music3（void），即作外部宣告。

3. Compiling ：C：\ 8051 \ MANN. C

Error：318：can't open file 'beep. h'

说明：在编译 C：\ 8051 \ MANN. C 程序过程中由于 main. c 用了指令#include "beep. h"，但却找不到所致。

解决方法：编写一个 beep. h 的包含档并存入到 C：\ 8051 的工作目录中。

4. Compiling：C：\ 8051 \ LED. C

Error 237：'LedOn'：function already has a body

说明：LedOn（ ）函数名称重复定义即有两个以上一样的函数名称。

解决方法：修正其中的一个函数名称使得函数名称都是独立的。

5. * * * WARNING 16：UNCALLED SEGMENT，IGNORED FOR OVERLAY PROCESS

SEGMENT：? PR? _DELAYX1MS? DELAY

说明：DelayX1ms（ ）函数未被其他函数调用也会占用程序记忆体空间。

解决方法：去掉 DelayX1ms（ ）函数或利用条件编译#if ….. #endif，可保留该函数并不编译。

6. * * * WARNING 6：XDATA SPACE MEMORY OVERLAP

FROM ：0025H

TO：0025H

说明：外部资料 ROM 的 0025H 重复定义地址。

解决方法：外部资料 ROM 的定义如下

Pdata unsigned char XFR_ADC _at_0x25

其中 XFR_ADC 变量的名称为 0x25，请检查是否有其他的变量名称也是定义在 0x25 处并修正它。

7. WARNING 206：'DelayX1ms'：missing function-prototype

C：\ 8051 \ INPUT. C

Error 267 ：' DelayX1ms '：requires ANSI-style prototype C：\ 8051 \ INPUT. C

说明：程序中有调用 DelayX1ms 函数但该函数没定义即未编写程序内容或函数已定义但未作宣告。

解决方法：编写 DelayX1ms 的内容编写完后也要作宣告或作外部宣告可在 delay. h 的包含档宣告成外部以便其他函数调用。

8. ＊＊＊WARNING 1：UNRESOLVED EXTERNAL SYMBOL

SYMBOL：MUSIC3

MODULE：C：\ 8051 \ MUSIC. OBJ（MUSIC）

＊＊＊WARNING 2：REFERENCE MADE TO UNRESOLVED EXTERNAL

SYMBOL：MUSIC3

MODULE：C：\ 8051 \ MUSIC. OBJ（MUSIC）

ADDRESS：0018H

说明：程序中有调用 MUSIC 函数但未将该函数的含扩档 C 加入到工程档 Prj 作编译和连接。

解决方法：设 MUSIC3 函数在 MUSIC C 里将 MUSIC C 添加到工程文件中去。

9. ＊＊＊ERROR 107：ADDESS SPACE OVERFLOW

SPACE：DATA

SEGMENT：_DATA_GOUP_

LENGTH：0018H

＊＊＊ERROR 118：REFERENCE MADE TO ERRONEOUS EXTERNAL

SYMBOL：VOLUME

MODULE：C：\ 8051 \ OSDM. OBJ（OSDM）

ADDRESS：4036H

说明：data 存储空间的地址范围为 0~0x7f，当公用变量数目和函数里的局部变量如果存储模式设为 SMALL，则局部变量先使用工作寄存器 R2~R7 作暂存，当存储器不够用时则会以 data 型别的空间作暂存，个数超过 0x7f 时就会出现地址不够的现象。

解决方法：将以 data 型别定义的公共变量修改为 idata 型别的定义。

附录 5

原理图和 PCB 图

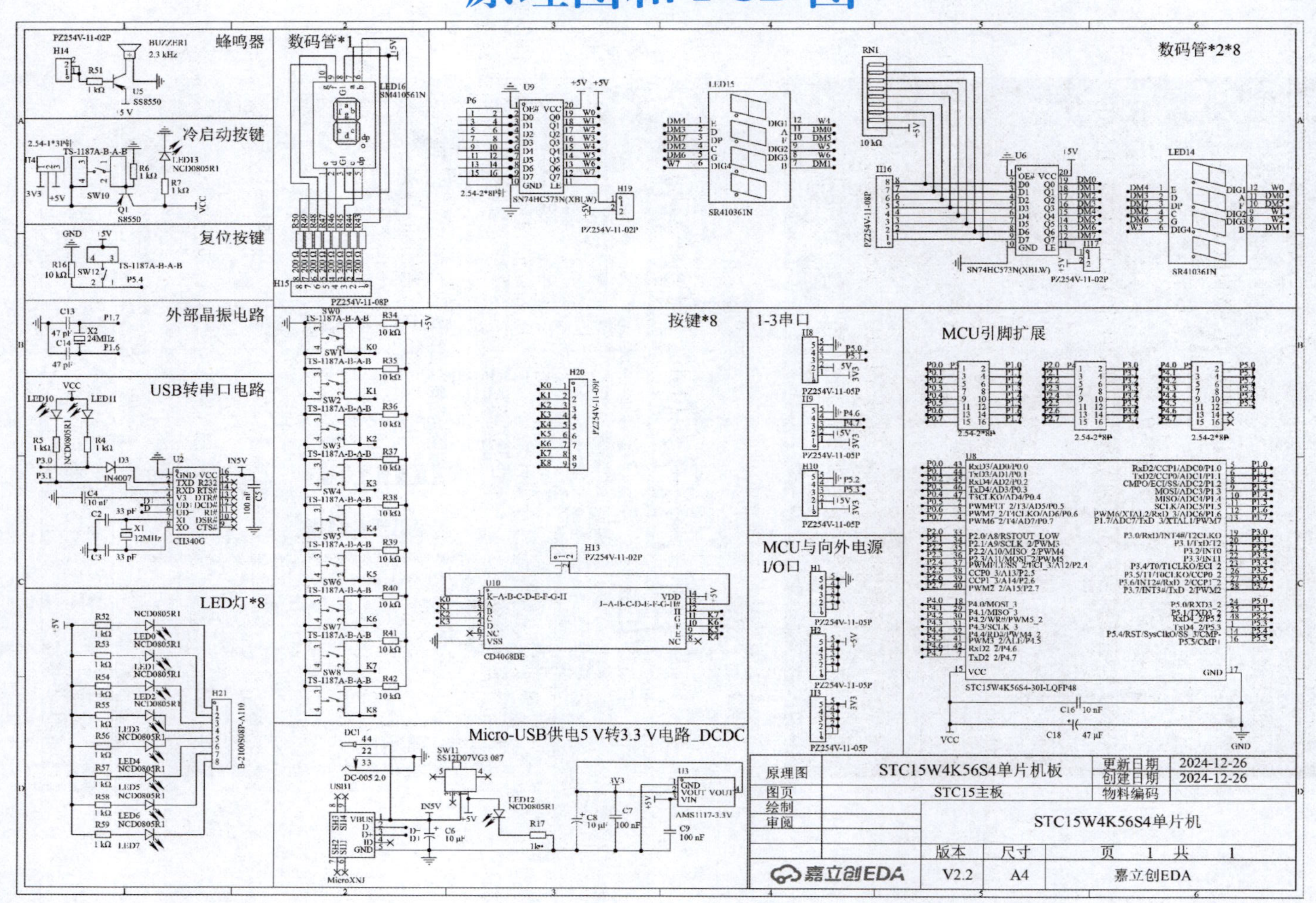

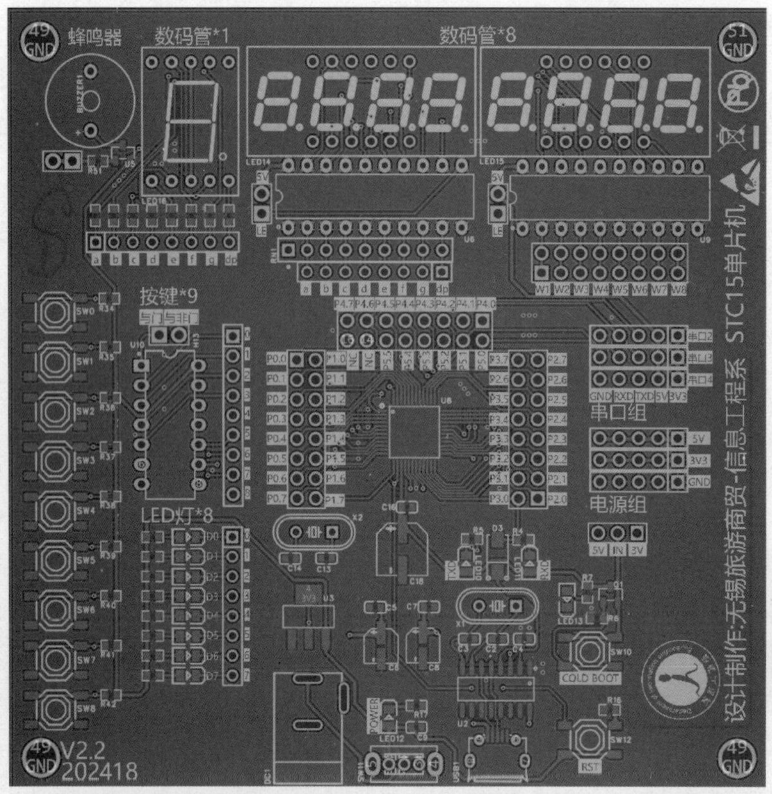
蜂鸣器
数码管*1
数码管*8
按键*9
LED灯*8
串口组
电源组
COLD BOOT
RST
V2.2
202418
设计制作:无锡旅游商贸-信息工程系 STC15单片机

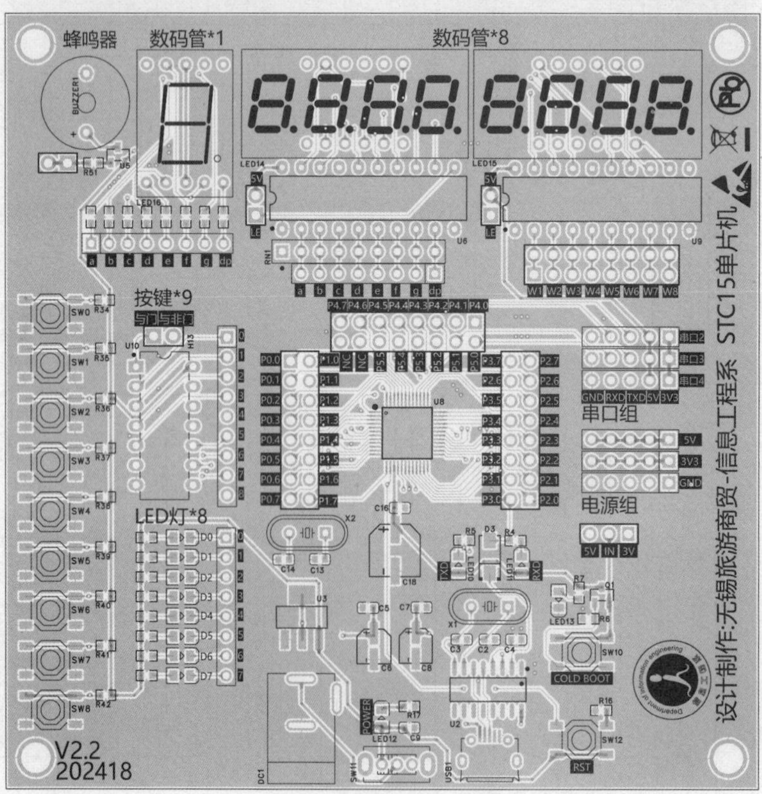
蜂鸣器
数码管*1
数码管*8
按键*9
LED灯*8
串口组
电源组
COLD BOOT
RST
V2.2
202418
设计制作:无锡旅游商贸-信息工程系 STC15单片机

附录 6

仿真平台 Proteus

在 C 语言程序设计的教学实践中，有时可能会遇到因硬件资源限制、实验条件不足或其他实际困难，导致无法直接利用真实的单片机开发板进行 C 语言程序的测试与验证。面对这样的挑战，一个高效且实用的替代方案是利用 Proteus 仿真平台来进行程序的模拟验证。

Proteus 是一款功能强大的电子设计自动化（EDA）软件，它集成了电路设计与仿真、微控制器调试等多种功能于一体，尤其适合在没有实际硬件的情况下，对电路设计和微控制器程序进行模拟与测试。

因此，可以将 C 语言编译器（如 Keil 等）编译生成的 HEX 文件导入 Proteus 平台，结合虚拟的电路元件和单片机模型，观察程序运行的效果，验证程序逻辑的正确性以及功能的实现情况，从而有效弥补硬件条件限制，确保教学与学习的连续性和有效性。

这是一张展示"项目二任务二：编写我的第一个 C 程序"中所涉及案例在 Proteus 仿真平台中运行效果的图片。通过该图片，可以直观地观察到程序在虚拟环境中的执行结果，包括单片机端口的电平变化、LED 灯的亮灭状态等，从而验证所编写 C 程序的正确性和功能实现情况。

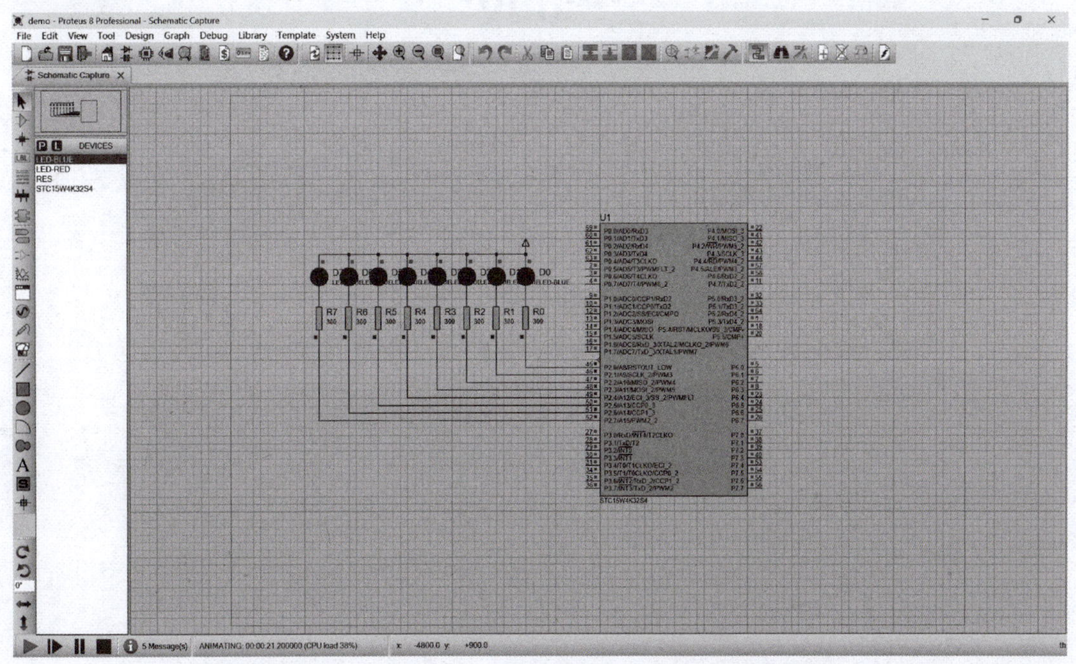

附录 7

教材配套资源

1. 配套课件
2. 配套源程序
3. 书中使用的软件

链接：https：//pan. baidu. com/s/14ZAbFnHssNdMor6a5dczDw

提取码：cn5x

参考文献

[1] 谭浩强. C 程序设计（第五版）. 北京：清华大学出版社，2017.

[2] 郭天祥. 新概念 51 单片机 C 语言教程——入门、提高、开发、拓展全攻略（第 2 版）［M］. 北京：电子工业出版社，2018.

[3] 宋雪松. 手把手教你学 51 单片机——C 语言版（第 2 版）（计算机科学与技术丛书）［M］. 北京：清华大学出版社，2020.

[4] 布莱恩. C 程序设计语言（第 2 版·新版）［M］. 北京：机械工业出版社，2022.

[5] 明日科技. C 语言从入门到精通［M］. 北京：清华大学出版社，2023.

[6] ［美］K. N. 金（K. N. King）. C 语言程序设计现代方法（第 2 版·修订版）［M］. 北京：人民邮电出版社，2021.

[7] 王云. 51 单片机 C 语言程序设计教程［M］. 北京：人民邮电出版社，2018.

[8] 刘平，刘钊. STC15 单片机实战指南（C 语言版）［M］. 北京：清华大学出版社，2016.

[9] 孙月红，袁小平. 单片机应用技术［M］. 北京：电子工业出版社，2017.

[10] 江苏国芯科技有限公司. STC15W/15F/15L 系列单片机技术参考手册. http://www.stcmcudata.com/datasheet/stc/stc-ad-pdf/stc15.pdf

[11] 李燕云. 物联网在智能家居中的应用研究［J］. 自动化应用，2024，65（14）：273-276.

[12] 钟世达. 立创 EDA（专业版）电路设计与制作快速入门［M］. 北京：电子工业出版社，2022.

[13] 刘云浩. 物联网导论［M］. 北京：清华大学出版社，2016.

[14] 范延滨. 嵌入式系统设计［M］. 北京：电子工业出版社，2018.

[15] 靳晖，柴晶，赵菊敏，等. 无源感知系统中的能量管理和通信优化研究［J］. 微电子学与计算机，2019（12）：42-47.

[16] Richter MM, Weber RO. Case-Based Reasoning. Springer-Verlag, 2016.